ドクター・ハルの
折り紙数学教室

著●
トーマス・ハル
Thomas Hull

訳●
羽鳥公士郎
HATORI Koshiro

日本評論社

PROJECT ORIGAMI (2nd ed)
by Thomas Hull

Copyright © 2013 by Taylor & Francis Group, LLC
All Rights Reserved. Authorized translation from
English language edition published by CRC Press
part of Taylor & Francis Group LLC.

Japanese translation published by arrangement with
Taylor & Francis Group LLC. through The English Agency
(Japan) Ltd.

はじめに

●本書を書いた理由

　本書は，本格的な折り紙の数学の本としては最初のものであり，あとにさまざまな本が続くことを願って書かれた．本書の 2 つの主題，すなわち折り紙と数学に対して，筆者は半生にわたって情熱を傾けてきた．筆者が折り紙を始めたのは 8 歳のときで，叔父が折り紙の本を買ってくれたことがきっかけだった．その本は日本語から翻訳されたもので，説明の多くが暗号のようだったが，それでも多くの作品を折ることができ，いつの間にか折り紙のとりこになってしまった．同じころ，算数も好きになっていた．足し算や引き算のパターンを見つけて覚えるのが楽しかった．そして，折り紙と数学とのあいだに関連があることに気がついた．筆者は，例えば折り鶴を折ったとして，それを作品箱にしまうのではなく，注意深く広げて，折り目のパターンを楽しんでいた．そこに数学が潜んでいることは明らかなように思われた．折り目のパターンは何らかの幾何学的規則に従っているに違いない．しかし，その規則を理解することは，当時の筆者には途方もないことのように感じられた．

　再び折り紙と数学の交差点を訪れたのは，大学生のときだった．そのころまでには，「コンプレックス折り紙」と呼ばれる複雑な折り紙作品も作れるようになり，ジョン・モントロール，ロバート・ラング，前川淳，ピーター・エンゲルといった折り紙作家の本に夢中だった．（[Eng89], [Kas83], [Lang95], [Mon79] 参照．）毎年ニューヨークで開催されているコンベンション（主催は現在の OrigamiUSA）にも何度か参加し，自分でも折り紙作品をいくつか創作した．一方，多くの数学の授業を受けているうちに，数学者の道に進もうと考え始めた．そのようなときに，笠原邦彦と高濱利恵による古典的な折り紙の本 *Origami for the Connoisseur* [Kas87] に出会った．筆者は当初，これはコンプレックス折り紙の本だと思っていた．実際，この

本を購入した理由は，ジョン・モントロールの「ステゴサウルス」の折り方が載っているからだった．この作品は，正方形の紙1枚を切らずに折るだけで作る「不切正方形1枚折り」の傑作の1つだ．その本に，筆者の心を万力のようにつかんで離さないものがほかにあろうとは，思いもしなかった．

　筆者は，この本で初めて「ユニット折り紙」を知った．ユニット折り紙では，多数の正方形の紙を折って同一の「ユニット」を作り，それらを組み合わせてさまざまな形を作る．*Origami for the Connoisseur* に掲載されているユニットからは，プラトンの立体のすべて，すなわち正四面体，立方体，正八面体，正十二面体，正二十面体を作ることができた．筆者はそれまで，これらの立体について通り一遍の知識しか持っていなかったが，数百枚ものユニットを折ってさまざまな多面体を作るうちに，それらの形が頭にしみ込んだ．ユニット折り紙は筆者にとって，多面体幾何学の「教師」であった．

　ただし，それは今から振り返ってわかったことで，当時の筆者は，美しい幾何学的な作品で寮の部屋を飾るのを楽しんでいただけだった．それでも，筆者は折り紙から多くのことを学んだ．作品を作るには多面体のさまざまな性質を研究する必要があったからだ．立方八面体を作るには，各頂点のまわりでユニットをどう組み合わせればよいか．二十・十二面体をきれいに彩色するには，何色のユニットが何枚必要か．

　その後，大学院を経て，最初にメリマック大学，次にウェスタンニューイングランド大学で数学を教えながら，筆者は折り紙の数学に関するあらゆることを収集し続けた．入手するのが難しい資料や，かすかなヒントが示されているだけの資料が数多くあるため，断片をつなぎ合わせるための調査が必要になることもしばしばだった．その過程で，幾何だけでなく，代数，数論，組合せ論といった数学のさまざまな分野が折り紙と交わっていることがわかった．調べれば調べるほど，数学の多くの領域が折り紙に重なっていった．

　情報の収集と並行して，折り紙の数学について，大学生や高校生，そして高校の教師に講義するようになった．その中で，折り紙には数学教育の道具として利点があることがはっきりしてきた．筆者は多くの教師から，折り紙を授業で使うためのさらなる情報を求められた．そのような書籍はないことはなく，例えば [Fra99] はユニット折り紙を使って幾何を教える方法を示しているが，大学レベルの数学を扱う本もなければ，さまざまな話題に触れた

本もなかった．

そのため，本書が誕生した．筆者の目標は，折り紙の数学に関する話題をできるだけ多く取り上げ，それらを大学や高校の授業ですぐに使えるように提示することだ．

◉ 本書の利用方法

本書には 30 のプロジェクトがあり，数学のさまざまな分野をカバーしている．その目的は，大学や高校のどのような授業であっても，利用できる素材を見つけられるようにすることだ．

付録に，それぞれの科目で利用できるプロジェクトのリストを添えた．

ただし，多くのプロジェクトがさまざまな科目のさまざまなレベルで利用できることに注意してほしい．例えばプロジェクト 7「折り紙で角の 3 等分」は，高校の幾何の教師に人気があるが，ガロア理論の授業でも利用できる．また，プロジェクト 17「折り紙フラーレン」は，教養課程の数学の授業に適している一方，グラフ理論の授業では 3 次平面的グラフの 3 辺彩色と四色定理との関係に触れることができるし，専門課程の幾何の授業ではジオデシックドームの分類につなげることができる．

要するに，本書は「自由に」使ってほしい．

各プロジェクトに演習問題があるが，それを授業で利用する場合は，授業の内容や時間，そして折り紙に対する興味に応じて，利用方法を考えてほしい．例えば，プロジェクト 1「正方形から正三角形を折る」とプロジェクト 7「折り紙で角の 3 等分」を同じ授業で扱うとよいかもしれない．あるいは，演習問題の一部分のみを用いたり問いを追加したりするとよいかもしれないし，すべてを宿題としたり追加の単位のための課題としたりするとよいかもしれない．プロジェクトの中には，学位論文の題材となるものもあるだろう．また，大学や高校の数学クラブで，いくつかのプロジェクトに取り組んでもよいだろう．

実際，本書のプロジェクトを試してくれた教師の多くは，演習問題に手を入れて使っていた．図だけコピーし文章や問いを自分で書いた人もいれば，いくつかの問いを省略したり，いくつかのプロジェクトを 1 つにまとめたりした人もいる．もちろん，学生のために説明を書き足した人もいる．結局，

学生のことを最もよく知っているのはそれぞれの教師なのだから，プロジェクトには好きなように手を入れてほしい．

● **発見に基づく学習**

本書のプロジェクトは，講義ではなく発見に基づく教育法を前提としている．それには理由がある．

折り紙を使って数学を教えることの利点は，学生が手を動かして参加しなければならないことだ．プロジェクト 29「剛体折り 1」で，みなが双曲放物面を折っているときに，教室の後ろでおとなしくしていたり居眠りしていたりすることはできない．折り紙は，必然的に参加型学習をもたらす．さらに，紙を折っているとき，特に幾何学的作品を折っているときには，意識していなくとも常に数学を学んでいると言える．30 枚の PHiZZ ユニットを使って正十二面体を作ろうとすれば，この多面体の基本的な性質を必然的に理解することになる．

したがって，数学の授業で折り紙を使うなら，学生自身に発見させることが効果的だ．このような数学教育法，つまり学生に実験させ原理や定理を発見させる方法を大学レベルの幾何の授業にいち早く取り入れたのは，デビド・ヘンダーソンだ ([Hen01] 参照)．この教育法の目的は，学生が自分で探求することに加えて，探求の過程で正しい問いを立てる方法を学ぶことだ．

本書のプロジェクトは，そのことを意識して構成されている．いくつかのプロジェクト，例えばプロジェクト 11「芳賀の『オリガミクス』」は，定理につながるような正しい問いへ学生を導くように作られている．また，プロジェクト 21「1 頂点平坦折り」などには，決まった正解がない．そのような「オープンエンド」の課題の目的は，予想を立てる経験を積むことだ．

このような教育法の採用にしり込みしないでほしい．予想を立てる方法を学生に指導する必要があると考えている教師も多いが，それを教える最もよい方法は，自分で予想を立てさせることだ．学生の中には，待ってましたとばかりに取り組み始め，止まらなくなる人がいるだろう．反対に，オープンエンドの演習に戸惑う学生もいるだろう．それは，問いを立てる方法がわからないからだ．その場合，「ソクラテス式対話」が有効だ．

例えば，1 頂点平坦折り紙に何のパターンも見つけられない学生に対して

は，「山折りと谷折りに関して何か気づくことはないか」と問うことが考えられる．それが不十分なら，より具体的に「山折り線と谷折り線は何本あるだろう」と問えばよい．このような対話によって，学生は，手にしている紙が「実験室」であることに気づくだろう．数学はもはや，抽象的な，頭の中にのみ存在するものではなく，実際に手で触って数えたりデータを集めたりすることで，パターンを見つけ，予想を立て，定理を証明するものになる．

そのような発見に学生の名前をつけることほど，学生の意欲を引き出すものはない．1 頂点平坦折り紙で山折り線の数と谷折り線の数との差が常に 2 であるという事実は「前川定理」として知られているが（プロジェクト 21「1 頂点平坦折り」参照），その事実を授業の中で発見した学生がいれば，それを証明しているあいだは学生の名前を冠して「鈴木予想」などとしておこう．

ただし，そのような授業がどの教師にも合うわけではないことに注意しなければならない．講義に基づく教育法が向いている教師であれば，例えば最初の 20 分間を演習問題にあて，残りの時間で，ポイントと学生の発見をまとめた講義をしてもよいだろう．その場合でも，学生の考えを聞くことは興味深いはずだ．何かを発見した学生には，それを発表させるとよい．

発見に基づく教育法の価値は，学生が数学研究を体験できることにある．学生が数学の研究者を目指しているなら，あるいは学位を取得するための研究をしているなら，この教育法を試してみるべきだ．そのためには，今までの授業に大きな変更を加える必要があるかもしれない．例えば，数学の研究者にとって，失敗を是とすることがとても重要だ．発見には失敗がつきものだからだ．したがって，本書のプロジェクトに授業で取り組む際には，学生が間違えることを期待し，間違いに対して準備しなければならない．準備と言えば，ほかにもいくつかの準備が必要だ．

● **授業の準備**

本書のプロジェクトを授業で取り上げるには，以下のような準備がいる．

まず，プロジェクトの中で折り紙作品（ユニット折り紙や羽ばたく鳥など）を折る場合，教師はあらかじめ折り方を練習しておく必要がある．そればかりでなく，教室で折り方を説明する方法を考えておく必要がある．折り紙の折り方を教えるのは，数学を教えるのとはだいぶ違う．折り紙では，3

次元の動きを「見せて伝える」必要がある．演習問題に記載した折り図が助けになるだろうが，2次元の折り図から3次元の紙の動きを読みとるのは，難しい場合がある．一対一で折り方を教えなければならない学生が必ず何人かいるはずだ．

書画カメラがあると，大変役に立つ．カメラの下で紙を折れば，スクリーンに映写される．それにより，手の細かな動きを教室全体に見せることができる．筆者の経験では，これが教室で折り紙を教える最も効率的な方法だ．ユニット折り紙の組み方を見せるのにも適している．個々のユニットは小さいことが多いが，最近の書画カメラならズームができるだろう．

ただし，必ずしもすべての作品をあらかじめ作る必要はない．例えばプロジェクト 17「折り紙フラーレン」では，事前に 30 枚の正十二面体を作って PHiZZ ユニットの折り方と組み方に習熟しておくべきだが，270 枚のフラーレンや 84 枚のトーラスを作る時間は，教師にはないだろう．このようなユニット数の多い作品は，学生に作らせたほうがよい．教師も作ったことがないという事実が，学生の達成感を高めるだろう．

折り紙についてはこれくらいにしよう．言うまでもないことだが，本書のプロジェクトを授業で使うには，それぞれの授業に合わせて変更を加える必要がある．授業を成功させる鍵は，プロジェクトを使う目的や目標を明確にすることだ．目標は，オイラーの公式を理解することだろうか．あるいは $\mathbb{Z}_n$ の演算を応用することだろうか．はたまた，学生が授業に積極的に参加することや数学研究を体験することが主な目的だろうか．

授業の目標をはっきりさせれば，それに応じたプロジェクトの使い方や時間配分がわかるだろう．折り紙作品は授業の中で折るべきだろうか，それとも事前に折ってくるよう指示するべきだろうか．授業の中で学生が多くの予想を立てると期待できるだろうか．もちろん，最初の授業は実験的にならざるを得ない．発見に基づく参加型授業は特にそうだ．しかし，2度目からは準備が大幅に少なくて済むだろう．

● 参考文献

本書では，それぞれのプロジェクトの中に参考文献や関連文献を記載するようにした．

折り紙の数学に対する興味が増しているため，この分野に焦点を置いた書籍が何冊か書かれている．また，一部分を折り紙にあてた書籍や，折り紙の国際会議の論文集もある．中でも重要な文献を以下に挙げる．

デビッド・コックス著，*Galois Theory* [Cox04]（邦訳：『ガロワ理論』） この本の第 10 章が幾何の作図をテーマにしており，その第 3 節が折り紙にあてられている．これはおそらく，折り紙による作図をガロア理論から説明した文献としてはベストだろう．プロジェクト 6「放物線を折る」，プロジェクト 7「折り紙で角の 3 等分」，プロジェクト 8「三次方程式を解く」を専門レベルの代数の授業で使おうと考えているなら，この本を読んでおくべきだ．

エリック・ドメイン，ジョセフ・オルーク著，*Geometric Folding Algorithms: Linkages, Origami, Polyhedra* [Dem07]（邦訳：『幾何的な折りアルゴリズム——リンケージ，折り紙，多面体』） この本は，計算折り紙に興味を持つ人にとっての必読書だ．題名の通り，リンケージ（これは 1 次元の折り紙とみることができる），折り紙，多面体を折ったり広げたりすることが主題となっている．この本を読めば，計算折り紙が計算機科学の中でも盛んに研究されている分野であること，そしてロボット工学や生化学など多くの分野に応用されていることがわかるだろう．なお，この本の数学的構成は，本書とほとんど同じだ．

ロベルト・ゲレトシュレーガー著，*Geometric Origami* [Ger08]（邦訳：『折り紙の数学』） これは折り紙による作図に関する本であり，公理論的アプローチを採用している．幾何学が好きな人や，プロジェクト 6「放物線を折る」およびプロジェクト 7「折り紙で角の 3 等分」に取り組む人には，特に楽しめるだろう．

芳賀和夫著，*Origamics: Mathematical Explorations Through Paper Folding* [Haga08]　この本は，芳賀が日本語で著したいくつかの文献を英語に訳したものだ．〔訳注：芳賀の日本語の著作には『オリガミクス I』および『オリガミクス II』などがある．〕幾何学的で簡単な折り方によって数学的発見を促す芳賀の「オリガミクス」は独特で，好き嫌いがあるかもしれない．そのような教育法が好きなら，この本を買うべきだ．

Origami[3] [Hull02-2]，*Origami*[4] [Lang09]，*Origami*[5] [Wang11]　この 3 冊の本は，それぞれ第 3 回，第 4 回，第 5 回折り紙の科学・数学・教育国際会議（OSME）の論文集だ．第 1 回と第 2 回はそれぞれイタリア（1989 年）と日本（1994 年）で開催されたが，その論文集はどちらも一般向けには出版されておらず，入手は極めて困難だ．第 3 回以降の論文集は入手可能で，それぞれの時点での折り紙研究の最前線を記録している．筆者はこのうち 1 冊の編集者であるため手前味噌になるが，折り紙研究のどの分野に興味を持っている人であっても，これらの本に数多くの興味深い論文を見つけることができるはずだ．折り紙研究の現在を学生に調べさせたいなら，これらの本を図書館にそろえておこう．

ロバート・ラング著，*Origami Design Secrets: Mathematical Methods for an Ancient Art*（第 2 版）[Lang11]　この本は，複雑で芸術的な折り紙作品で知られる卓越した折り紙作家ロバート・ラングの「最高傑作」だ．ラングが開発した折り紙設計プログラム TreeMaker で使われているアルゴリズムをはじめとして，折り紙作品の創作技法が詳細に解説されている．折り紙作品の創作に関する問題（例えば「この昆虫の形を 1 枚の正方形を折るだけで作るにはどうすればよいか」という問題）は，本書では取り上げなかったが，現代の折り紙作家が使っている創作技法は，折り紙の数学（例えばプロジェクト 21「1 頂点平坦折り」で紹介した前川定理や川崎定理）に基づいている．昆虫などの複雑な折り紙にハマっている人は，この本に夢中になるはずだ．また，折り紙の創作法を研究したいという人にとっては，この本が基本文献だ．

ピーター・ヒルトン，デレク・ホールトン，ジーン・ペダーセン著，*Mathematical Reflections: In a Room with Many Mirrors* [Hil97]　この本は，Springer の「Undergraduate Texts in Mathematics」シリーズの 1 冊であり，折り紙と数論に関する 57 ページの章がある．この章は，紙テープを折って作る多角形や多面体に潜む数論についての，ヒルトンとペダーセンによる研究をまとめたものだ．プロジェクト 3「長さの N 等分：藤本の漸近等分法」やプロジェクト 10「紙テープを結ぶ」と関連した話題だが，ヒルトンらのアプローチは本書とは異なっている．とはいえ，これらのプロジェクトに興味を持ったなら，この章を読むべきだ．

笠原邦彦，高濱利恵著，*Origami for the Connoisseur* [Kas87]（原著：『トップおりがみ』）　現在出版されている多数の折り紙の本の中で，この本が最も数学的だ．〔訳注：原著はすでに絶版になっている．〕多面体や螺旋形の貝殻など，数多くの幾何学的な作品の折り方を収録している．また，前川定理と川崎定理に言及しているほか，芳賀のオリガミクスもいくつか紹介している．高度な技術を要する複雑な作品も掲載されているが，多くの作品はシンプルでエレガントだ．これは珠玉の一冊だ．

ジョージ・E・マーティン著，*Geometric Constructions* [Mar98]　この本は，最後の章で，14 ページにわたって折り紙による作図を取り上げている．マーティンのアプローチは，コックスとは対照的に，純粋に幾何的だ．そのため，この本は折り紙の幾何に興味のある人にとって魅力的だろう．マーティンは，プロジェクト 8「三次方程式を解く」で検討する 1 つの折り操作のみを探求している．実際，その 1 つの折り操作さえあれば，角の 3 等分問題や立方体倍積問題が解ける．マーティンはまた，それらの作図を，目盛つき定規を使った作図などと比較している．

ジョン・モントロール著，*Origami Polyhedra Design* [Mon09]　ジョン・モントロールは，折り紙界の「レジェンド」だ．現在「コンプレックス折り紙」と呼ばれている複雑な折り紙作品のパイオニアの 1 人であり（1979 年の [Mon79] 参照），多面体も 1 枚の正方形の紙から折るだけで作っている．

この本は，そのような作品の折り方を収録するとともに，その背景となる数学について説明している．そこでは，三角比や平面および立体幾何学が駆使されており，高校生以上の数学ファンなら楽しむことができる．三角比や幾何の授業で折り紙を使いたい教師にとって，よい資料となるだろう．

ジョセフ・オルーク著，*How to Fold It: The Mathematics of Linkages, Origami, and Polyhedra* [ORo11]（邦訳：『折り紙のすうり――リンケージ・折り紙・多面体の数学』） この本は，題名から想像できるように，ドメインとオルークの著作 [Dem07] と同じテーマを扱っている．ただし，この本はずっとコンパクトで，高校生でも読めるように書かれている（それに対し [Dem07] は研究者を対象としている）．この本には多くの演習問題があり，説明も明快だ．本書とあわせて読むとよい．

アイバース・ピーターソン著，*Fragments of Infinity* [Pet01] これは人気のある一般向けの数学の本であり，折り紙に関する章に 22 ページを割いている．数学の教科書ではないが，平坦折り紙の展開図，前川定理，ロバート・ラングの TreeMaker，平織りといった話題を手際よく概観している．中でも，クリス・パルマーによる複雑な平織り作品の写真は特筆に値する．プロジェクト 23「正方形ねじり折り」に興味を持ったなら，この本を読んでみよう．

T. スンダラ゠ラオ著，*Geometric Exercises in Paper Folding* [Row66] この本は折り紙の数学の古典だ．折り紙を使った基本的な作図を扱っており，インドの数学教師スンダラ゠ラオによって 19 世紀の終わりに書かれた．フェリックス・クラインがこの本に注目し，いくつかの著作で引用したため，欧米の出版社から何度か再版されている．現在では，最も新しい Dover 版が容易に入手できる．ただし，角の 3 等分などの作図が折り紙でできることにスンダラ゠ラオが気づいていたかどうかは，よくわからない．角の 3 等分の方法は記載されていないが，ある種の三次方程式の解法と折り紙との関係については言及されている．いずれにせよ，この本は，多角形やさまざまな形の折り紙での作図に関する貴重な資料だ．100 年以上前の格調高い英

語で書かれているが，作図法はシンプルで，現在でも高校や大学の幾何の授業で利用できる．

第 2 版序文

2006 年に出版された本書の初版には，多くの反響があった．学期が始まるたびに，本書を授業で使っている人たちからメールが届いた．大学や高校の教師は，授業がうまくいったと報告してくれたり，新しいアイディアや別の解法を知らせてくれたりした．また，学生からもメールがあった．演習問題のヒントがほしいという人もいれば，より詳しく研究するための文献を教えてほしいという人もいた．さらに，折り紙と数学の愛好家からも好意的な意見が届いた．

もちろん，筆者も自身の授業で本書を大いに活用してきた．メリマック大学とウェスタンニューイングランド大学で折り紙の数学を教えたほか，大学レベルの幾何や多変数解析，グラフ理論といった授業をするたび，本書のプロジェクトを使った．

教師ならだれでも知っているように，教えるという行為は，教師から学生へ情報を一方的に伝えることではなく，フィードバックループのようなものだ．学生が学んだり課題に取り組んだりしているのを見ることで，教師も新しいことを学ぶ．そのため，何年もメールを受け取ったり自分で授業したりしているうちに新しいプロジェクトがいくつか生まれたのも，驚くことではない．学生や同僚との対話からも多くのアイディアが得られた．学生の中には，インターネットや書籍で見つけた折り紙作品について数学的考察を始める人もいた．気がついてみると，折り紙の数学に関するプロジェクトを 8 つ追加するのに十分な素材が集まっていた．そうなれば，第 2 版を書かないわけにはゆかない．

多くの人が本書を使ってくれたためにプロジェクトが増えたことは，第 2 版執筆のポジティブな理由だが，ネガティブな理由もあった．どんな本でも，多くの情報を含み，多くの人が読むなら，誤りが見つかるものだ．人が知らせてくれた（あるいは自分で見つけた）誤りの多くは，誤字脱字や内容の欠落であり，修正は容易だった．その一方，数学的な誤りもあった．初版

の草稿を全米の大学教師（そしてその学生）が試してくれたのだが，それでもなお誤りが残っていた．

特に大きな誤りが，プロジェクト16「5つの交差する正四面体」にあった．初版に記載した解答は，近い値ではあったが，正しい値ではなかった．これが第2版では修正されている．そればかりか，新しい解法は以前のものよりずっとシンプルになった．

本書の第2版を準備する中で，筆者は本書全体を批判的に読み返した．その結果，数学的内容を簡潔に伝える方法に関する自分自身の考えが，初版を刊行してから5年のあいだに変化していたことに気づき，驚いた．1頂点平坦折り紙の行列モデルのような単純明快な結果でさえも，もっとよい伝え方があるように思えた．そのため，ほとんどすべてのプロジェクトに手が加えられ，解法や指導方法が改善されている．

本書の第2版は，初版よりずっとよい本になったと思う．プロジェクトの数が22から30に増え，ページ数も100ページ以上増えた．初版からあるプロジェクトも，謝辞で名前を挙げた多くの人と筆者自身の経験を反映して，大きく改善されているはずだ．読者の皆さんがそのことに同意してくれることを願っている．

マサチューセッツ州スプリングフィールド
ウェスタンニューイングランド大学
トーマス・C・ハル

謝辞

　本書の執筆は，さまざまな支援によって可能となった．なかでも，メリマック大学在籍時に受け取ったポール・E・マレー研究奨学金に感謝したい．このおかげで，本書の草稿を書くことができた．マレー家の寛大な援助がなければ，本書は第一歩を踏み出すことすらできなかっただろう．また，メリマック大学とハンプシャー大学夏期数学講座において，折り紙の数学を自由かつ創造的に研究し教える環境が得られたことも，大いに役立った．

　加えて，本書の執筆にあたり多くの人から助力と助言を得ることができたことに感謝したい．ロジャー・アルペリン，川村みゆき，ジェイソン・クー，デビッド・ケリー，デビッド・コックス，ベラ・シェレピンスキー，ジェイムズ・タントン，エリック・ドメイン，マーティ・ドメイン，羽鳥公士郎，タマラ・ビーンストラ，サラ゠マリー・ベルカストロ，イーサン・ベルコフ，ジニーン・モズリー，ロバート・ラング，カロリン・ヤケルといった折り紙や数学の友人との対話は，言い尽くせないほど貴重だった．

　さらに，プロジェクト NExT (New Experiences in Teaching) の多くの仲間が，2005 年の春学期と秋学期にそれぞれの数学の授業で本書のプロジェクトを試してくれたことに感謝したい．プロジェクト NExT は，アメリカ数学協会の研究奨学金プログラムであり，新人の数学者が数学の世界で道に迷うことなく優れた教師および研究者になれるよう支援することを目的としている．数多くの実践から得られた指導上の知見が，本書に直接活かされている．それだけでなく，プロジェクト NExT を通じて本書の話題が数学界に広まり，多くの大学院，大学，さらには高校の教師や学生から，試したいという申し出があった．特に，ジェニファー・ウィルソン，キャスリン・ウェルド，バーバラ・カイザー，カイル・カルダーヘッド，スーザン・ゴールドシュタイン，メリッサ・ジャルディーナ，ブリジット・セルバティウス（およびその学生であるオナリー・ソタク，ジョン・テンプル，ロジャー・バーンズ），アマンダ・セレネビー，イー・ゾウ，キャメロン・ソーヤー，ス

コット・ディラリー，クリスティーナ・バクタ，ドン・バルカウスカス，リンダ・バン・ニーワール，アパルナ・ヒギンズ，デビッド・ブレナー，マーク・ボールマン，カタジェーナ・ポトッカ，ホープ・マキルウェイン，クロエ・マンデル，アンドリュー・ミラー，シェリル・シュート・ミラー，ブレイク・メラー，ジョージ・モス，ドナ・モリネック，マイケル・ラング，ジェイソン・リバンド，リズ・ロバートソンに感謝したい．

また，ロードアイランド大学，メリマック大学，ハンプシャー大学夏季数学講座，シンシナティ大学，ウェスタンニューイングランド大学で筆者が教えた折り紙の数学の授業における受講者のすべてにも感謝したい．あまり知られていないことかもしれないが，教師が自らの実践について深く考えるなら，学生が教師から学ぶのと同じくらい，教師は学生から学ぶことができる．筆者が学んだ学生はあまりに多く，すべてを挙げることはできないが，ハンナ・アルパート，マイケル・カルダーバンク，ジョシュ・グリーン，ジャン・シワノビッチ，エミリー・ジングラス，アリ・ターナー，エミリー・ピータース，アレサンドラ・フィオレンツァ，ジーナ・ボルペ，マイク・ボロフザック，ケビン・マラーキー，ウィン・ミュイ，ガウリ・ラマチャンドラン，モニク・ランドリー，ハオビン・ユー，そしてロードアイランド大学数学科の 1995 年度の大学院生，メリマック大学 2005 年春学期の組合せ幾何学の授業に出席した学生に感謝したい．彼らには伝えていなかったが，本書初版を仕上げるためのモルモットとなってもらった．

ウェスタンニューイングランド大学数学教育科修士課程における筆者の授業「数学と教育における折り紙」を受講した中学および高校の教師も，本書の課題を試してくれた．この「生徒」たちは，筆者の授業で折り紙の数学を学んだ翌日に，自らの授業でそれを応用し，ただちに意見をくれた．とりわけ，ダイアナ・グレッテンバーグとアン・ファーナムのアイディアは，本書第 2 版で追加されたいくつかのプロジェクトのもとになっている．

日本語版に寄せて

　私の本『Project Origami』が，日本の学生，教師，そして折り紙や数学の愛好家のみなさまにお読みいただけるようになり，大変うれしく思います．
　米国では多くの教師が，数学を教える新しい方法を探しています．特に求められているのは，学生が手を動かして数学を体験できるような演習課題です．折り紙を折ることは，文字通り手を使って「数学する」ことでもあります．折り紙を数学の実験室とすることで，さまざまな概念を定着させることができます．私は，米国の数学教師から，この本を利用して楽しいと同時に意義のある授業ができたという感謝のメールを数多く受け取っています．この本が全米の数学の教室に折り紙を広めるのに役立っているとしたら，うれしい限りです．
　そして日本でも，この本を役立てると同時に楽しんでいただけることを願っています．数学も折り紙も，それぞれに魅力のある主題です．その2つを組み合わせれば，驚くようなことが起きるでしょう．

2015 年
マサチューセッツ州ハドレー
トーマス・ハル

訳者まえがき

　本書は，トーマス・ハル著『Project Origami』第 2 版の全訳です．ただし，逐語訳とはせず，簡潔な訳を心がけました．また，ごく一部ですが，日本の読者にとって有用性が低いと思われる部分の訳を省略しました．一方，幅広い数学愛好家や折り紙愛好家に楽しんでいただけるよう，数学や折り紙の専門用語に簡単な説明を加えています．

　ハルさんと訳者は 15 年来の知り合いです．2006 年に『Project Origami』の初版が刊行されたとき，ハルさんは日本語版の出版に興味を持っていて，訳者にも日本の出版社を紹介してくれないかというメールがありました．残念ながら当時の訳者には出版社の心当たりがなく，ハルさんのお役に立てなかったことがずっと心残りでした．

　そのうちに訳者は，翻訳会社勤務を経て翻訳家として独立し，一方で折り紙の研究を通じて北陸先端科学技術大学院大学の上原隆平さんと知り合いになりました．そして，上原さんから日本評論社の飯野玲さんを紹介していただいたことで，ようやくハルさんの希望に応えて本書を日本語に訳すことができました．

　上原さんには，出版社の紹介のみならず，草稿のチェックもしていただきました．本書の内容は非常に高度な数学に及んでいるので，訳者の限られた数学の知識だけでは，とても翻訳はおぼつかなかったでしょう．また，飯野さんのチェックとスケジュール管理にも大いに助けられました．お二人の協力がなければ，この本を日本の読者に届けることはできませんでした．この場を借りて謝意を表します．

●本書の使い方の例

　本書には 30 のプロジェクトがあり，それぞれが演習問題と解説で構成されています．大学や高校の数学の授業ですぐに使えるように書かれていると同時に，折り紙の数学に興味のある数学愛好家や数学的な折り紙に興味のあ

る折り紙愛好家にも活用していただけるよう工夫されています．

　折り紙の数学を学びたい方は……　数学の授業を受けているつもりで，演習問題に取り組んでみてください．本書の 30 のプロジェクトは幅広い題材をカバーしているので，折り紙の数学の全体像を概観できるでしょう．なお，プロジェクトによっては，内容が同じで教育上の目的のみが異なる複数の問題があることにご注意ください．

　解説では，演習問題の解答だけでなく，発展問題や，最先端の折り紙数学の話題，より深く学ぶための参照文献まで，幅広い情報が得られます．

　折り紙を使った数学の授業をしたい教師の方は……　授業に合ったプロジェクトを選んで利用できます．巻末の「科目別プロジェクトリスト」も参照してください．

　演習問題は，そのまま授業で使うこともできますが，「はじめに」でも書かれているように，自由に改変して使うとよいでしょう．各プロジェクトの冒頭に概要や所要時間が記されていますので，参考にしてください．また，多くのプロジェクトでは，解説の中で授業での指導方法が詳細に説明されています．

　折り紙作品を折って楽しみたい方は……　いくつかのプロジェクトでは，折り紙作品を折ることが演習問題になっています．目次の最後に「折り紙作品一覧」がありますので，気になる作品を折ってみましょう．

　また，長さの等分や正三角形の折り方など，他の作品を折るときに知っていると役立つ内容もあります．興味を持ったプロジェクトがあったら，解説も読んでみてください．

羽鳥公士郎

目次

はじめに………i
第2版序文………xii
謝辞………xiv
日本語版に寄せて………xvi
訳者まえがき………xvii

プロジェクト1	正方形から正三角形を折る………001
プロジェクト2	折り紙三角比………011
プロジェクト3	長さのN等分　藤本の漸近等分法………019
プロジェクト4	長さの正確なN等分………031
プロジェクト5	螺旋を折る………038
プロジェクト6	放物線を折る………045
プロジェクト7	折り紙で角の3等分………059
プロジェクト8	三次方程式を解く………066
プロジェクト9	リルの解法………079
プロジェクト10	紙テープを結ぶ………091
プロジェクト11	芳賀の「オリガミクス」………098
プロジェクト12	スター・リング・ユニット………115
プロジェクト13	蝶爆弾………124
プロジェクト14	モリーの六面体………134

プロジェクト15	**名刺ユニット**………	147
プロジェクト16	**5つの交差する正四面体**………	155
プロジェクト17	**折り紙フラーレン**………	168
プロジェクト18	**折り紙トーラス**………	182
プロジェクト19	**メンガーのスポンジ**………	193
プロジェクト20	**羽ばたく鳥と彩色**………	201
プロジェクト21	**1頂点平坦折り**………	209
プロジェクト22	**折り畳めない展開図**………	223
プロジェクト23	**正方形ねじり折り**………	229
プロジェクト24	**山谷割り当ての数え上げ**………	236
プロジェクト25	**自己相似による波**………	244
プロジェクト26	**1頂点平坦折りの行列モデル**………	255
プロジェクト27	**1頂点立体折りの行列モデル**………	262
プロジェクト28	**折り紙と準同型写像**………	270
プロジェクト29	**剛体折り1**　ガウス曲率………	289
プロジェクト30	**剛体折り2**　球面三角法………	308

科目別プロジェクトリスト……… 315
文献……… 319
索引……… 326

●折り紙作品一覧

ウィンドスピナー…………039
スター・リング・ユニット…………116
蝶爆弾…………125
重ね箱…………126
覆面正八面体…………128
モリーの六面体…………135
正八面体スケルトン…………136
名刺ユニットによる多面体…………148
5つの交差する正四面体…………156
PHiZZユニットによるフラーレン…………169
PHiZZユニットによるトーラス…………183
メンガーのスポンジ…………194
羽ばたく鳥…………202
自己相似による波…………245
正方形ねじり折りの平織り…………271
ミウラ折り…………293
双曲放物面…………294

プロジェクト 1
正方形から
正三角形を折る

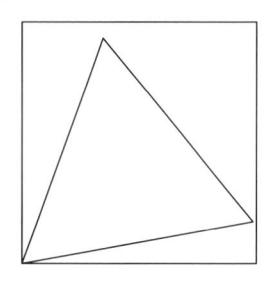

このプロジェクトの概要
このプロジェクトでは，正方形の紙から正三角形を折る方法を求める．次に，与えられた正方形から折ることのできる最大の正三角形を求める．もちろん，その正三角形が最大であることを証明する必要がある．

このプロジェクトについて
このプロジェクトで必要となる幾何学の要素は 30°-60°-90° の三角形だけだ．独創的な幾何的考察によってエレガントな折り方が見つかるかもしれない．
解析の授業では，折り紙に言及せず，正方形に内接する最大の正三角形を求める問題とすることもできる．とはいえ，実際に折り紙で正方形の紙から正三角形を折ることがあるという事実が動機づけになるだろう．また，このプロジェクトは数学的モデリングの問題でもある．モデルを注意深く作れば，微分を使わず三角比の知識だけで解くことができる．さらに，一般的な解析学の教科書にあるものとは趣が異なる最適化問題でもあり，数学の知識を現実の問題に応用する練習となる．

演習問題と授業で使う場合の所要時間
次の 3 つの演習問題があるが，演習問題 2 と 3 は実質的に同じだ．
（1） 正方形に内接する正三角形を折るという一般的問題
（2） 最適化モデルを作る手順の概略
（3） 最適化モデルを作る詳細な手順
演習問題 1 は，折り方を求める時間とそれを発表する時間を含め，約 40 分を要する．
演習問題 2 と 3 は，学生が数学的モデルを作る早さに応じて，50 分から 60 分かかる．

演習問題 1

正三角形を折る

この演習問題の目標は，正方形の紙から正三角形を折ることだ．

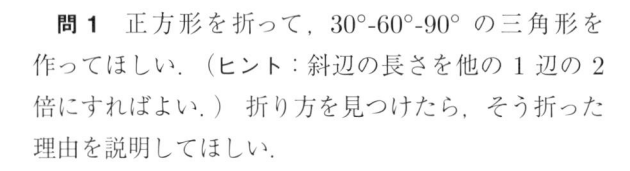

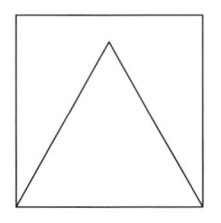

問 1 正方形を折って，30°-60°-90° の三角形を作ってほしい．（ヒント：斜辺の長さを他の 1 辺の 2 倍にすればよい．）折り方を見つけたら，そう折った理由を説明してほしい．

問 2 問 1 の結果を用いて，正方形に内接する正三角形を折ろう．

発展問題 正方形の辺の長さが 1 のとき，問 2 で折った正三角形の辺の長さはいくつだろう．辺をもっと長くすることはできるだろうか．

演習問題 2

正方形に内接する最大の正三角形 (1)

正方形の紙を折って，できるだけ大きい正三角形を作りたい．つまり，正方形に内接する正三角形のうち，面積が最大のものを求める．そのために，数学的モデルを作ろう．以下の手順でモデルを作ることができる．

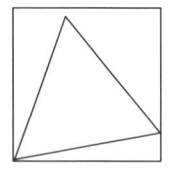

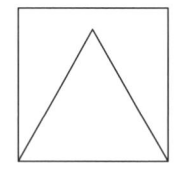

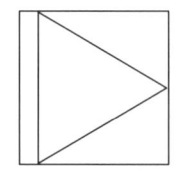

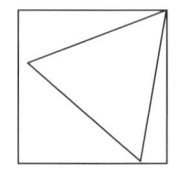

問 1 最大の正三角形があるとして，その 1 つの頂点が正方形の 1 つの頂点と一致すると前提してよいだろうか．理由も説明してほしい．

問 2 問 1 をふまえて，正三角形と正方形との「共通頂点」を左下とした場合の，正方形に内接する正三角形の図を描こう．ここで，モデルを作るために，変数をいくつか導入する必要がある．何を変数とすればよいだろうか．（ヒント：そのうち 1 つは，正方形の下辺と正三角形の下辺とがなす角だ．これを θ とする.）

問 3 変数の 1 つを媒介変数とし，それを変化させて，正三角形の面積を最大にする．変数を 1 つ選び（うまく選ぶことが大切だ．不適切なものを選ぶと，問題を解くことが難しくなる），その変数の式によって，正三角形の面積を表そう．

問 4 式ができたら，正三角形の面積を最大にする変数の値を求めよう．その際，媒介変数が動く範囲に注意しよう．

問 5 問 4 をふまえると，面積が最大になるのは，どのような正三角形だろうか．その正三角形を折る方法を見つけよう．

発展問題 問 5 の結果から，正方形に内接する最大の正六角形を折る方法も得られる．その折り方を考えよう．

演習問題 3

正方形に内接する最大の正三角形(2)

この演習問題では，辺の長さが 1 の正方形に内接する最大の正三角形を求める．（正三角形は，すべての辺の長さが等しく，すべての角が 60° であることに注意．）この問題は，最大の正三角形の位置とその面積を求めるという最適化の問題であり，以下の手順で数学的モデルを作れば，解くことができる．

次の図に，正方形に内接する正三角形の例を示す．

演習問題

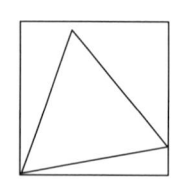

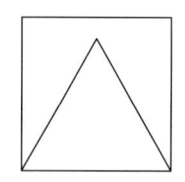

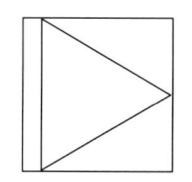

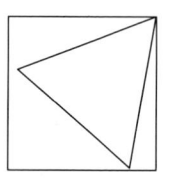

問 1 最大の正三角形があるとして，その 1 つの頂点が正方形の 1 つの頂点と一致すると前提してよいだろうか．（ヒント：してよい．その理由を説明しよう．）

問 2 問 1 をふまえて，共通の頂点を左下とした場合の，正方形に内接する正三角形の図を描こう．（ヒント：上記 4 つの例のいずれかを参照．）

モデルを作るためには，その図に変数をいくつか書き込む必要がある．正方形の下辺と正三角形の下辺とがなす角を θ とし，正三角形の辺の長さを x としよう．

問 3 正三角形の面積 A を x の式で表そう．次に，x と θ の関係を表す方程式を求めよう．その 2 つを組み合わせ，θ のみの式によって正三角形の面積を表そう．（ヒント：最終的な式は $A = \dfrac{\sqrt{3}}{4\cos^2\theta}$ になるはずだ．）

問 4 θ の範囲はどうなるだろうか．説明してほしい．（ヒント：範囲は $0° \leq \theta \leq 15°$ だ．）

問 5 θ についての式とその範囲に基づき，最適化の手法を用いて，正三角形の面積を最大にする θ の値を求めよう．また，面積の最大値も求めよう．

解説

●演習問題 1　正三角形を折る

正方形から正三角形を折る方法はいくつもあるが，そのすべてで 60° の角度を折りだす必要がある．独創的な方法を見つける学生もいるだろうが，最も一般的な折り方を次に示す．（この図では，正方形の辺の長さを 1 としている．）

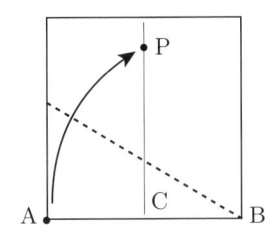

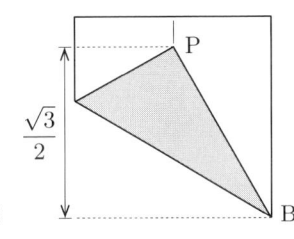

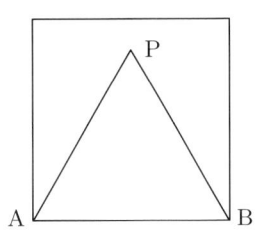

この「操作」では，頂点 A が中心線に乗るように（最初に半分に折って折り目をつける必要がある），かつ折り線が頂点 B を通るように折る[1]．この折り線に関する A の鏡像を P とすると，ABP が正三角形になる．これを証明する方法はいくつかある．

- AB の中点を C とする．△BCP を見ると，BP の長さは 1 であり（AB の鏡像であるため），BC の長さは 1/2 である．ピタゴラスの定理より，CP の長さは $\sqrt{3}/2$ である．したがって △BCP は 30°-60°-90° の三角形である．AP に折り目をつければ，正三角形が得られる．
- BP は AB の鏡像であるため，長さは 1 である．ここで，「B も同様に中心線に乗るように折れば」または「対称性から」，AP の長さも 1 である．したがって，△ABP は正三角形である．

ここで示した解答では，正三角形の辺の長さは正方形の辺の長さと等しい．この正三角形を，点 A を中心として反時計回りに少し回転すると，正方形の内側に収めたまま辺を長くすることができる．したがって，正方形に内接

---

[1] 点 p_1 を直線 l に乗せる折り操作は，折り紙における標準的な操作の 1 つだが，それだけでは折り線の位置を特定できない．そのため，第 2 の点 p_2 を用いて，折り線が p_2 を通り，同時に p_1 が l に乗るように折る．詳しくは，プロジェクト 6「放物線を折る」を参照．

する，より大きな正三角形を作ることは，可能である．

指導方法 多くの学生は，30°-60°-90°の三角形を作るときに，正方形の1つの頂点を三角形の直角とするだろう．そこから先へ進めずにいる学生に対しては，正方形の内部に直角を作るよう示唆するとよい．また，中心線を使うよう示唆してもよい．

グループワークでは，別のグループからアイディアが漏れ聞こえたり，グループどうしで教えあったりすることがよくある．それは構わないが，30°-60°-90°の三角形または正三角形であることの証明を，すべての学生に書かせる必要がある．グループごとに証明を発表させ，全員が少なくとも1つの方法で証明できるようにする．証明を書き下すことは各自の宿題としてもよい．（グループワークの後では容易なはずだが，それでも，実際に書くことには意義がある．）

● **演習問題 2, 3　最大の正三角形を折る**

演習問題 2 では，問題の枠組みのみを示し，詳細は学生にゆだねられる．演習問題 3 では，手順を追って解法を示す．解法は基本的に同じであるため，両者について同時に解説する．

問 1 の答えは「してよい」である．正三角形の頂点がどれも正方形の頂点と一致しないとすると，正三角形が接していない正方形の辺が 1 本あるはずだ（正三角形の頂点が 3 つある一方，正方形の辺は 4 本あるため）．その辺を左辺とする．正三角形の 3 つの頂点は，正方形の残りの辺に接しているはずだ．そうでなければ，正三角形をより大きくできる．この正三角形を左に平行移動すれば，上辺と接する頂点か下辺と接する頂点のいずれかが，左辺にも接する．これにより，正三角形の 1 つの頂点が正方形の 1 つの頂点と一致する．

モデルを作るには，次ページ上のような図を描く必要がある．正三角形の底辺（長さ x）が正方形の左下の頂点から右辺まで伸びているとする．このとき，$0° \leq \theta \leq 15°$ が考慮する必要のある範囲になる．というのも，$\theta > 15°$ なら $\alpha \leq 15°$ であり，これは $\theta \leq 15°$ と対称だ．つまり，正方形の対称性のために，考慮すべき θ の範囲が限定される．

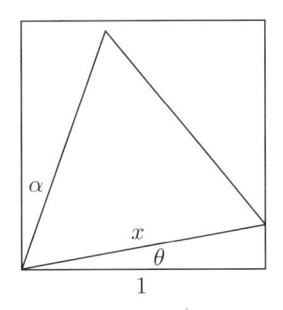

必要なことは，正三角形の面積 A を θ の式で表し，その値を最大にすることだ．（x でなく θ の式にするのは，θ によって正三角形の正方形内での位置がわかるためだ．） 正三角形の底辺が x だから，高さは $(\sqrt{3}/2)x$ である．したがって $A = (\sqrt{3}/4)x^2$ だが，これを θ の式にする．$\cos\theta = 1/x$ より $x = 1/\cos\theta$ であるから，

$$A = \frac{\sqrt{3}}{4\cos^2\theta}$$

となる．この式を微分して最大値を求めることもできるが，この問題では，その必要はない．なぜなら，$0 \leqq \theta \leqq \pi/12$（大学の授業ではラジアンを使うべきだ）の範囲では $\cos\theta$ は減少関数であり，したがって $1/\cos\theta$ は増加関数だ．$1/\cos^2\theta$ も同様だから，A が最大となるのは，この範囲の右端，つまり $\theta = \pi/12$ のときである．関数 $A(\theta)$ のグラフを書いてみれば，このことがよくわかる．

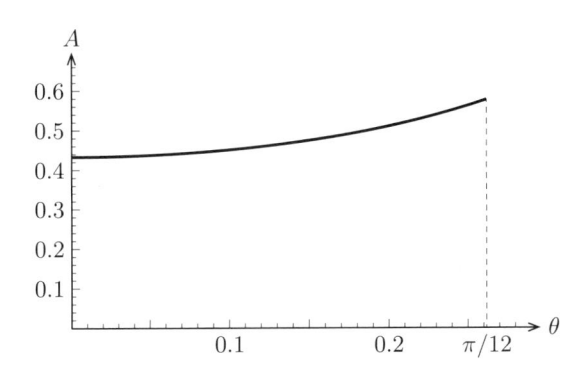

したがって，$\theta = \pi/12 = 15°$ のときに面積が最大になる．図形的には，正三角形の 1 つの頂点が正方形の 1 つの頂点と一致し，正三角形が正方形の対角線に関して対称になる．

この問題を解くのに導関数を使うなら，
$$\frac{dA}{d\theta} = \frac{\sqrt{3}\sin\theta}{2\cos^3\theta}$$
である．$0° \leqq \theta \leqq 15°$ から，$dA/d\theta = 0$ となるのは $\theta = 0°$ のときだけだ．微分係数が 0 になる点を停留点という．すなわち，面積を表す式には $\theta = 0°$ に停留点がある．ところが，これは対象範囲の片方の端だから，面積 A の極値は範囲の両端 $\theta = 0°$ と $\theta = 15°$ にある（中間に停留点がないため）．すると，問題は，どちらが最大でどちらが最小かということだ．A の二次導関数を使って，停留点 $\theta = 0°$ においてどちらに凸かを調べることもできるが，その計算は面倒だ．単純に $\theta = 0°$ と $\theta = 15°$ のときの A の値を比べればよい．$15°$ のほうが大きい．

これらの演習問題を終えた学生は，最大の正三角形を折る方法を求めることができるはずだ．次の図は，その折り方を示すとともに，それが正しい折り方であることの「言葉のいらない証明」となっている．（左の図で $\theta = 15°$ であることに注意．）この折り紙による証明は，2002 年のメリマック大学における授業でエミリー・ジングラスが与えた．

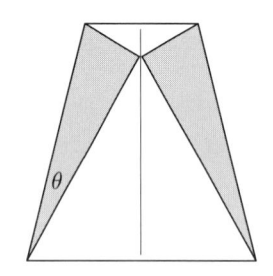

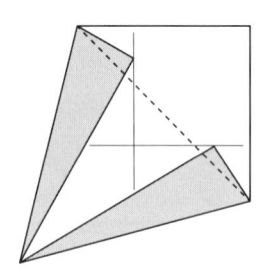

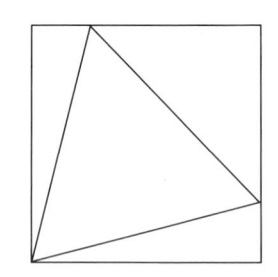

指導方法 与えられた厚紙を折って体積が最大の箱を作るというような，解析学の古典的な問題を知っている学生なら，この正三角形最大化問題も同様の手法で解けることがすぐにわかるだろう．ただし，この問題は古典的問題とはかなり異なっており，適切なモデルを作ることは，ほとんどの学生にとって簡単ではないだろう．なぜなら，正方形内での正三角形の位置を表す

変数を使って媒介変数表示をする必要があるからだ．最善の方法は，角度を使うことだろう．つまり，角度についての式で正三角形の面積を表す必要がある．いずれにせよ，この問題は，解析学の最適化問題を学んでいる学生なら解けるはずの難易度だ．このプロジェクトの眼目は数学的モデリングの感覚を磨くことであり，そのため教師は，演習問題の中で示されている以上のヒントを与えることは避けるべきだ．また，数値的な方法であれ，図形的な方法であれ，解析的な方法であれ，学生が各自で選んだ解法で適切な証明に至るよう指導する必要がある．

このような演習で詳細を学生にゆだねることを好まない教師もいるだろう．演習問題 3 は，問題を解くための適切な手順を学生に示し，各自で作業させるためのものだ．この演習問題の形式と内容は，実際の授業で試してくれた 1 人であるニュージャージー州ラマポ大学のカタジェーナ・ポトッカの示唆による．

このプロジェクトは，幾何の授業で，数学における分野間の連関を強調するためにも役立つだろう．高度な幾何学を学ぶ数学専攻の大学生には，解析学はすっかり忘れたと言う人が少なくない．そのような場合に，このプロジェクトが一層価値あるものになる．

●**発展問題**

下図に示すように，正方形に内接する最大の正六角形を考え，水平および垂直に半分に折ると，正方形の 4 分の 1 に正三角形の場合と同じ折り線が現れる．したがって，正三角形の折り方を応用することで，最大の正六角形を折ることができる．右の図に，それを簡略に示す．

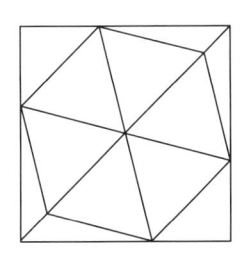

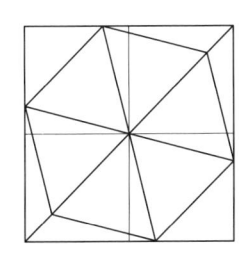

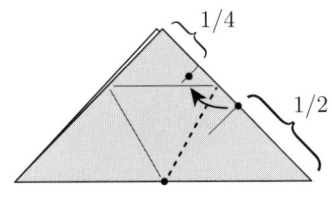

解説

この問題を，正方形に内接する任意の正多角形に拡張することもできる．最大であることの証明は複雑になるが，大学の範囲を超えることはなく，適切な発展問題となる．下図に，最大の正六角形に関する証明の方法を示す．正方形の下辺（長さは 1 とする）と正六角形とがなす角度を θ とし，正六角形の辺の長さを x とする．正六角形は 6 つの正三角形からなるため，面積 A を計算するのは簡単で，$A = 6 \times$(正三角形の面積) $= 6 \times (x/2) \times (\sqrt{3}/2)x = (3\sqrt{3}/2)x^2$ となる．これを θ について最大化する．

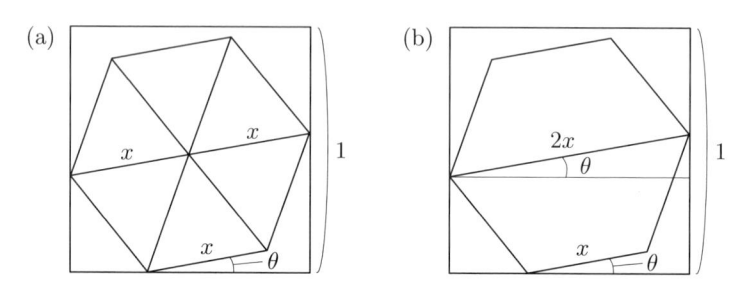

図 (b) にその方法を示す．正六角形の対角線の長さは $2x$ であり，正六角形の向かい合う頂点が正方形の左辺と右辺に接しているとすると，どちらかの頂点（この図では左）を使って，底辺の長さが 1 で斜辺が対角線（長さ $2x$）である直角三角形を作ることができる．この直角三角形の底辺は正方形の下辺と平行であり，斜辺は正六角形の下辺と平行なので，底角は θ である．したがって，$\cos\theta = 1/2x$ であり，$x = 1/2\cos\theta$ である．以上から，正六角形の面積は $A = 3\sqrt{3}/8\cos^2\theta$ となる．

これを最大化するために，θ の範囲が必要だ．正六角形の対称性から，$0° \leqq \theta \leqq 15°$ を考慮すればよいことがわかる．正三角形の場合と同様，この範囲の右端である $\theta = 15°$ で面積が最大になる．このとき，正六角形の 1 本の対角線が正方形の 1 本の対角線と重なる．

プロジェクト2
折り紙三角比

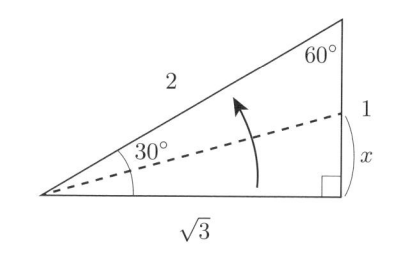

このプロジェクトの概要
直角三角形の紙を折ることで，三角比の理解を深める．

このプロジェクトについて
sin と cos に関する倍角の公式を，折り紙を使って証明する．また，45°-45°-90° の三角形と 30°-60°-90° の三角形を折ることで，15°-75°-90° の三角形と 22.5°-67.5°-90° の三角形の辺の長さを求め，15°, 75°, 22.5°, 67.5° のそれぞれに対する正弦，余弦，正接を厳密に表す．

いずれの課題でも，正弦，余弦，正接に関する基礎的な知識（ある角度の正弦とは，その角の対辺の斜辺に対する比であることなど）が必要になる．後者の課題では，相似形の知識と，平方根を伴う代数計算（例えば，分数の分子と分母に共役無理数を掛ける）も必要になる．

演習問題と授業で使う場合の所要時間
上記 2 つの課題にそれぞれ演習問題がある．

直角三角形の紙をあらかじめ切っておけば，それを折るのはすぐできる．時間の大部分は，演習問題の設問に答えるための代数計算に費やされるだろう．三角関数（演習問題 2 では平方根も）にどれだけ慣れているかにもよるが，いずれの演習問題も 30 分で十分だろう．

演習問題1

倍角の公式の証明

直角三角形の紙を用意する．最小角を θ とする．

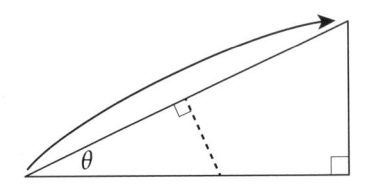

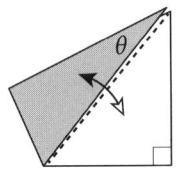

上図に示すように，この最小角を向かい合う角に合わせて折る．次に，下の紙を上の紙の辺に沿って折り，すべて広げる．

すると，右図のように，元の三角形が折り目によって3つの三角形に分割される．各点を，図のように A から D および O とし，AO = 1, OC = 1 とする．（O を半径 1 の円の中心と見ることができる．）

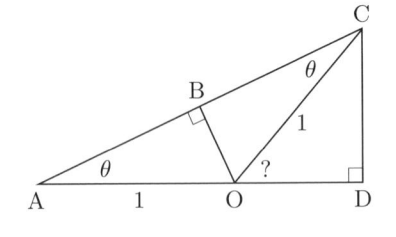

$\angle$COD を θ で表そう．　$\angle$COD = _____

以下の長さを，角度 θ の三角関数を使って表そう．

AB = _____　　　　　BC = _____

CD = _____　　　　　OD = _____

問 1　大きな三角形 ACD を見ると，$\sin\theta$ は何と等しいだろう．その答えを使って，$\sin 2\theta$ についての倍角の公式を導こう．

問 2　もう一度三角形 ACD を見よう．$\cos\theta$ はどうなるだろう．その答えを使って，$\cos 2\theta$ についての倍角の公式を導こう．

演習問題 2
特殊な三角形における三角比

高校で習うように，45°-45°-90° の三角形や 30°-60°-90° の三角形の辺の長さから，それぞれの角の正弦，余弦，正接の正確な値がわかる．例えば，30°-60°-90° の三角形の辺の長さが 1, 2, $\sqrt{3}$ であることから，$\sin 60° = \sqrt{3}/2$ となる．

では，他の三角形ではどうだろう．すでに知っている三角形を折ることで得られる三角形なら，辺の長さを正確に求めることができる．

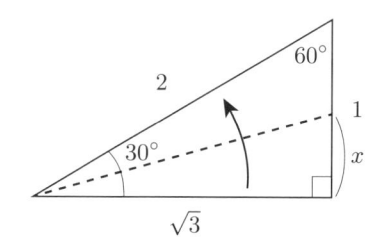

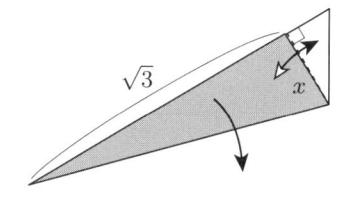

演習 1 上図のように，30°-60°-90° の三角形で，30° の隣辺を斜辺に合わせて折り，15° を作る．次に，はみ出た三角形を辺に沿って折り，すべて戻す．

x で示した長さはいくつだろう．（ヒント：相似な三角形を探そう．）

その答えをもとに，15°-75°-90° の三角形の辺の長さを，最も短い辺の長さを 1 として，できるだけ簡単に表してほしい．

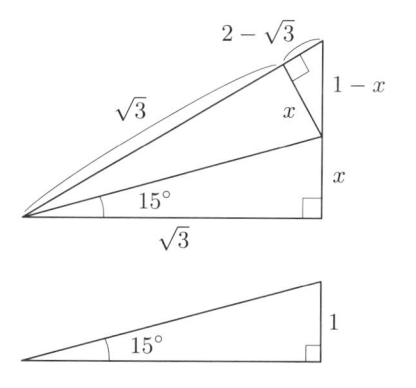

最後に，次の空白を埋めよう．

$\sin 15° =$ _____ $\cos 15° =$ _____ $\tan 15° =$ _____

演習 2 45°-45°-90° の三角形についても同様にして，22.5°-67.5°-90° の三角形の辺の長さを求めよう．

解説

　このプロジェクトに対しては，折り紙は必要ないという批判があるかもしれない．直角三角形を作図し，角の二等分線や辺の垂直二等分線を作図すれば，同じくらい簡単に三角比を求めることができるという批判だ．あるいは，演習問題の図または演習問題そのものを見せるだけで十分であり，実際に折る必要はないという意見もあるだろう．そのような批判の行き着くところは，これらは本当に折り紙の課題なのかということだ．

　その疑問は，ある意味で正当だ．これらの課題を紙と鉛筆で解いたとしても，数学的には何も失われない．しかし，このような課題に折り紙を通じて取り組むことで，以下のような付加価値が得られると論じることができる．

- 三角形を物理的に折ることにより，抽象的な作図で示される数学的推論が，実際に手で触れることのできるものに適用される．（つまり，手を動かして学ぶことによって，数学がより現実的なものになる．）
- 折り紙を用いることにより，新たな論理的推論が導入される．すなわち，ある要素（角度や長さ）を別の要素に合わせて折ることで合同な角度や長さが作られることに気づく必要がある．これは折り紙の重要な特質であり，それを用いた「折り紙による証明」は，本書でもプロジェクト 7「折り紙で角の 3 等分」などで利用されている．

　さらに，筆者が見るところ，三角比の技法や利用法を習得することに，多くの学生が苦労している．このことは，大学で解析学を教えたことのある教師にとって明白だろう．多くの学生は，高校で習った三角比の知識を身につけられずにいる．三角比をより現実的なものにすることによって，学生が三角比の威力を認識し，三角関数を使いこなせるようになるなら，効用は大きい．

●演習問題 1　倍角の公式

　この演習問題では，学生が折って書き込めるような直角三角形の紙を教師が用意することが望ましい．簡単な方法として，A4 の紙を対角線に沿って切れば，直角三角形の紙が 2 枚得られる．この直角三角形の角度は自明でないが，それゆえ，実験に適した一般的な直角三角形となる．

下図に，折った直角三角形の辺の長さと角度を示す．まず，演習問題の中で述べたように，折ることによって角度 θ が直角三角形の上部に移されることに注意する．そのため，△AOC は二等辺三角形であり，BO は AC の垂直二等分線である．△ABO を見れば $\cos\theta = \text{AB}/1$ であるから，AB = BC = $\cos\theta$ である．

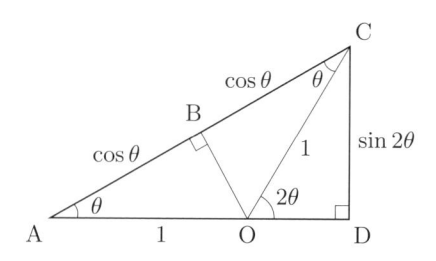

角度を順に調べれば，演習問題の最初の問いの答えが ∠COD = 2θ であることがわかる．というのも，△ACD を見れば ∠ACD = $90° - \theta$ であり，したがって ∠OCD = ∠ACD $- \theta = 90° - 2\theta$ である．一方，△OCD を見れば ∠OCD = $90° - $ ∠COD である．これらから ∠COD = 2θ となる．

ここで △OCD を見れば，CD = $\sin 2\theta$ であり OD = $\cos 2\theta$ である．

したがって，△ACD を見れば

$$\sin\theta = \frac{\sin 2\theta}{\cos\theta + \cos\theta} \implies \sin 2\theta = 2\sin\theta\cos\theta$$

が得られる．これは，正弦の倍角の公式である．

もう一度 △ACD を見ると，

$$\cos\theta = \frac{1 + \cos 2\theta}{\cos\theta + \cos\theta} \implies \cos 2\theta = 2\cos^2\theta - 1$$

となる．これは，余弦の倍角の公式だ．（別の形である $\cos 2\theta = \cos^2\theta - \sin^2\theta$ は，$\sin^2\theta + \cos^2\theta = 1$ から得られる．）

この演習問題は，実質的に，以前から知られている倍角の公式の証明の折り紙版である．この証明の数学的内容は，例えばエリ・マオールが [Maor98]（89–90 ページ〔訳注：邦訳 174 ページ〕）で（折り紙を使わずに）示したものを簡略化しただけだ．

●演習問題 2 特殊な三角形における三角比

この演習問題の準備は，演習問題 1 ほど容易ではない．30°-60°-90° の三角形と 45° の直角三角形の紙を用意する必要があるからだ．前者の最も簡単な方法は，正方形または長方形からいくつかの正三角形を折り（プロジェクト 1「正方形から正三角形を折る」参照），それぞれを半分に切ることだ．45° の直角三角形は，正方形を対角線に沿って切れば得られる．

この演習問題の目的の 1 つは，角度の三角比が正確に得られる「特別な」直角三角形がある一方，他の直角三角形では電卓に頼らなければならない理由を考えさせることだ．また，他の直角三角形であっても，場合によっては三角比を正確に計算できることを示す．

コンピューターの数式処理システムでは，この演習問題で扱う角度の三角比を正確に式で表すことは長年にわたってできなかった．Mathematica は 2010 年以降 $\sin 15°$ などを正確に表せるようになったが，$\sin 22.5°$ については，いまだに不可能だ．この演習問題では，高度な数式処理システムですら求められない式を，学生が求めることができる．

30°-60°-90° の三角形（右図に再掲）については，まず x の長さを求める必要がある．

鍵となるのは，$\triangle EBD$ と $\triangle ABC$ が B の角度を共有する直角三角形であり，したがって相似であることだ．それゆえ，

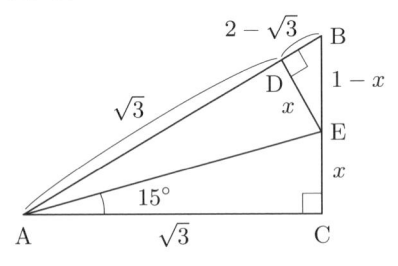

$$\frac{x}{1-x} = \frac{\sqrt{3}}{2} \implies x = \frac{\sqrt{3}}{2+\sqrt{3}} = \frac{\sqrt{3}(2-\sqrt{3})}{1} = 2\sqrt{3}-3$$

である．したがって，15°-75°-90° の三角形は，長い隣辺が $\sqrt{3}$，短い隣辺が $2\sqrt{3}-3$，斜辺が $2\sqrt{6-3\sqrt{3}}$ となる．ただし，これらの値は扱いにくい．このような場合の標準的な正規化手法は，最も短い辺を 1 とすることだろう．すると，長い隣辺の長さは，分母を有理化して $\sqrt{3}/(2\sqrt{3}-3) = 2+\sqrt{3}$ となる．

斜辺の長さを $2\sqrt{3}-3$ で割って分母を有理化し，根号の中を整理すると $2\sqrt{2+\sqrt{3}}$ になる．これでも十分簡単だが，実は，これは $\sqrt{2}+\sqrt{6}$ と等し

い．ここまで整理するには二重根号を外す必要があるが，それができない学生も多いだろう．斜辺の長さとして $2\sqrt{2+\sqrt{3}}$ を正解としても構わない．ただし $a = 2\sqrt{2+\sqrt{3}}$ とすると，$a^2 = 8 + 4\sqrt{3}$ であり，

$$8 + 4\sqrt{3} = (\sqrt{2}^2 + \sqrt{6}^2) + 2\sqrt{2}\sqrt{6} = (\sqrt{2} + \sqrt{6})(\sqrt{2} + \sqrt{6})$$

である．このように，二次無理数を因数分解して完全平方にするという標準的な方法で，二重根号を外すことができる．ともかく，15°-75°-90° の三角形の「正規化された」辺の長さは，次のようになる．

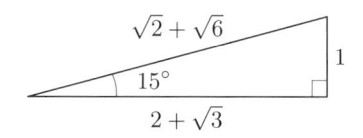

これにより，以下の三角比が得られる（分母は有理化する）．

$$\sin 15° = \frac{\sqrt{6} - \sqrt{2}}{4}, \quad \cos 15° = \frac{\sqrt{2} + \sqrt{6}}{4}, \quad \tan 15° = 2 - \sqrt{3}$$

45° の直角三角形も同じ方法で扱える．こちらのほうが簡単だ．下図に示すように x の長さが 3 か所に現れるので，相似比を使うまでもなく，斜辺を見れば $x = \sqrt{2} - 1$ であることがわかる．

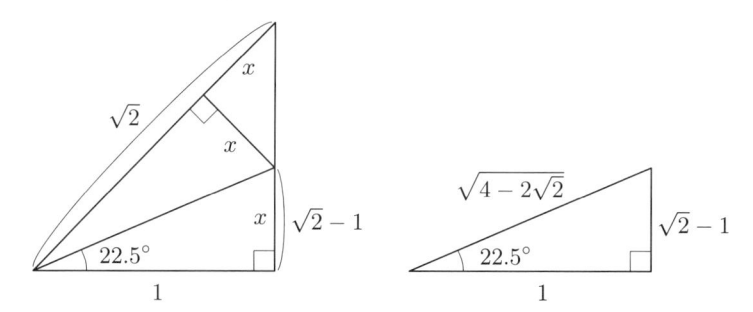

上図の右に，22.5°-67.5°-90° の三角形の「正規化された」辺の長さを示す．この場合は，斜辺の二重根号を外すことはできない．そのため，22.5° の三角比も，あまり簡潔にならない．

$$\sin 22.5° = \frac{\sqrt{2 - \sqrt{2}}}{2}, \quad \cos 22.5° = \frac{\sqrt{2 + \sqrt{2}}}{2}, \quad \tan 22.5° = \sqrt{2} - 1$$

短い隣辺の長さを 1 として正規化することもできるが，事態はあまり変わらない．

● **発展**

倍角の公式だけでなく，例えば $\sin(\alpha + \beta) = \sin\alpha\cos\beta + \cos\alpha\sin\beta$ などの加法定理を折り紙で証明することもできるだろう．そのためには，すでに知られている幾何的証明をなぞればよいが，それは結局，直線を作図する代わりに折って直線を作っているだけだ．作図する代わりに紙を折るのは楽しいことかもしれないが，折り紙との関連性は希薄になるだろう．

演習問題 2 は，さらに別の三角形に拡張することも可能だが，この方法は既知の直角三角形の角を 2 等分する場合にしか使えない．適当な既知の直角三角形を探すのは難しい．幾何学でよく登場するのは，正五角形の基礎となる直角三角形である 36°-54°-90° の三角形だ．この直角三角形には黄金比が現れるが，辺の長さを正確に表すことは難しく，簡潔な形にもならない．下図にそれを示す．

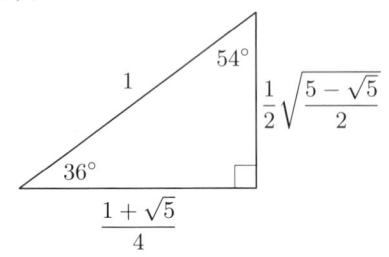

理論的には，演習問題 2 と同じ方法で，例えば $\sin 18° = 1/(1+\sqrt{5})$ であることを示すことができるが，その計算は大変面倒だ．それより，正五角形や星形五角形を幾何的に分析することで，正五角形に現れる角度の三角比を求めるほうが，はるかに容易だ．

プロジェクト3
長さの*N*等分
藤本の漸近等分法

$1/5 \pm E$

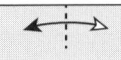

このプロジェクトの概要
奇数 n について，紙テープ（あるいは正方形の辺）を $1/n$ に折るための，藤本による近似法を示す．「この折り方で近似できるのはなぜか」，「折り手順から何がわかるか」，「$1/n$ ごとにすべての印がつくのはどんな場合か」といった問いを立てることができる．

このプロジェクトについて
藤本の等分法を教え，それで等分を近似できる理由を見るだけでも，指数関数的減衰を体感できる．このことは，指数関数との関連性やニュートン法などとの類似性のため，解析の授業の題材とすることができる．

藤本法をより詳細に分析するには，数学的モデルを作る必要がある．紙テープを実数直線上の区間 [0,1] とみなし，折り目の位置を 2 進小数で表記することが，極めて有効なモデルとなる．このモデルから導かれる数学的意味を探求することは，数学的モデリングや離散力学系の授業に適している．

さらに，数論とも興味深いつながりがある．したがって，このプロジェクトを数論の応用問題として楽しむことができる．

演習問題と授業で使う場合の所要時間
2 つの演習問題がある．演習問題 2 は 3 つの部分に分かれており，それぞれを単独で解くこともできる．（例えば数論の授業では問 4 から問 6 を省略してもよい．）
（1） 藤本の漸近等分法を示し，それで等分を近似できる理由を考察する．
（2） 藤本法を分析する．最初の部分が基礎となる．第 2 部分は離散力学系向け，第 3 部分は数論向けである．

漸近等分法自体は 10 分で教えることができるが，それで等分を近似できる理由を考え，他の n についても試すには，さらに 20 分を要する．演習問題 2 の所要時間は，どのような授業で使用するかに依存する．

演習問題 1
紙テープのN等分

折り紙ではしばしば，正方形の辺を等分することが求められる．2 等分や 4 等分なら容易だが，5 等分となると，ぐっと難しくなる．折り紙でよく使われる方法に，藤本の漸近等分法がある．

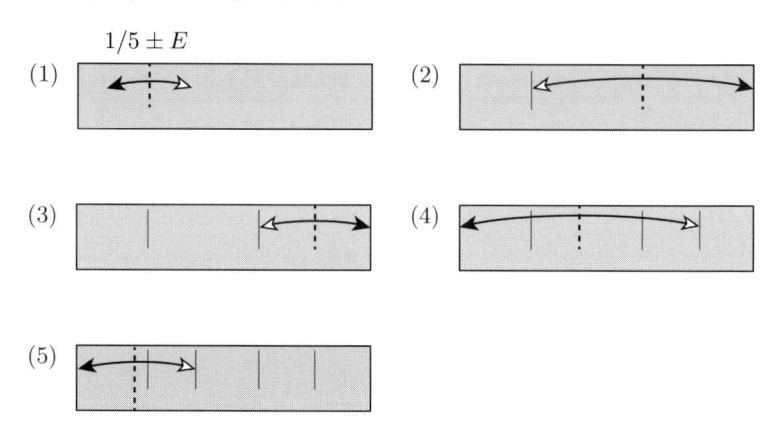

(1) $1/5 \pm E$

(2)

(3)

(4)

(5)

（1） 紙の左端からだいたい 1/5 のところを目分量で折って印をつける．
（2） この印の右側は，紙のおよそ 4/5 だ．それを半分に折って印をつける．
（3） この印は 3/5 の近くにある．その右側は，紙のおよそ 2/5 だ．右側を半分に折って印をつける．
（4） この印は右から 1/5 にあたる．印の左側はおよそ 4/5 だ．それを半分に折って印をつける．
（5） これで 2/5 の近くに印がついた．その左側を半分に折って印をつける．
（6） 最後の印は，1/5 にとても近い．

最後の印から始めて，同じ手順をもう一度繰り返す．ただし，今度は印をつけるのではなく，紙を完全に折ってしっかり折り目をつける．最終的に，紙が極めて正確に 5 等分されるはずだ．

演習 紙テープの長さを 1 とすると，最初の「目分量の印」は，誤差を E として，x 軸上の $1/5 \pm E$ にある．他の印の x 座標はどうなるだろう．前ページの図に書き込もう．

問 演習の結果を参考に，藤本法で等分を近似できる理由を，短い文章で説明しよう．

演習問題 2
藤本の漸近等分法

● (1) 2 進小数

普通の小数，つまり 10 進小数をあらためて見てみよう．例えば，$1/8 = 0.125$ であるのは，
$$\frac{1}{8} = \frac{1}{10} + \frac{2}{10^2} + \frac{5}{10^3}$$
であるからだ．$1/8$ を 2 進小数で書くなら，分母は 10 の累乗ではなく 2 の累乗になるから，$\frac{1}{8} = \frac{0}{2} + \frac{0}{2^2} + \frac{1}{2^3}$ となる．これを $1/8 = (0.001)_2$ と書く．

問 1 $1/5$ を 2 進小数で書くと，どうなるだろう．

問 2 藤本の漸近等分法で 5 等分するときの折り手順を思い出してほしい．問 1 の答えと何か関連があるだろうか．

問 3 別の紙テープを，藤本法を使って 7 等分してみよう．5 等分の場合と何が異なるだろうか．また，$1/7$ を 2 進小数で表して，問 2 での予想が当てはまることを確認しよう．

● (2) 離散力学系からのアプローチ (ジム・タントンによる)

この紙テープが x 軸上にあり，左端が 0，右端が 1 とする．この区間 $[0, 1]$ において，次の 2 つの関数を定義する．

$$T_0(x) = \frac{x}{2}, \quad T_1(x) = \frac{x+1}{2}$$

問 4 藤本法において，この 2 つの関数はどんな意味を表しているだろう．

問 5 藤本法で 5 等分するとき，最初に目分量で折った位置を $x \in [0,1]$ とする．（つまり，x は $1/5 \pm E$ だ．）x の 2 進小数表記を $x = (0.i_1 i_2 i_3 \cdots)_2$ とする．

$T_0(x)$ はどうなるだろう．$T_1(x)$ はどうだろう．それらを証明してほしい．

問 6 最初の目分量の値 x に対して藤本法を適用するということは，T_0 と T_1 を x に繰り返し適用することだ．5 等分を近似するとき，x の 2 進小数表記はどのように変化するだろう．その答えを用いて，問 2 での予想を証明しよう．

● **(3) 数論の問題** （タマラ・ビーンストラによる）

問 3 で，藤本法を使って 7 等分を近似したとき，5 等分とは異なり，$1/7$ ごとにすべての印がつくことはなかったはずだ．印がつくのは，$1/7, 4/7, 2/7$ だけだ．

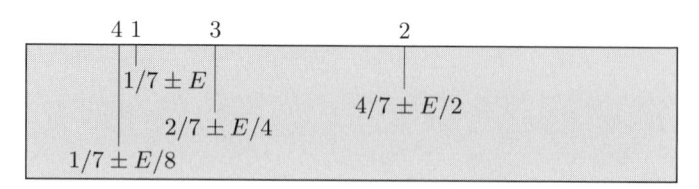

```
        4 1      3                2
       ┌──┬──────┬────────────────┬──┐
       │  │1/7±E │                │  │
       │  │      │      4/7±E/2   │  │
       │  │ 2/7±E/4                  │
       │1/7±E/8                      │
       └──────────────────────────────┘
```

このことを，右のような表にすることができる．最初の行は，最初の印の左側と右側がそれぞれ $1/7$ の何倍であるかを示す．2 行目は 2 つ目の印についてであり，以下同様だ．これからわかるように，右側は最初 6 であり，わずか 3 行で 6 に戻る．そのため，$1/7$ ごとにすべての印がつくことはない．

7 等分 左	7 等分 右
1	6
4	3
2	5
1	6

演習 5等分，9等分，11等分，19等分についても，同様の表を書いてみよう．

5等分 左	5等分 右
1	4

9等分 左	9等分 右
1	8

11等分 左	11等分 右
1	10

19等分 左	19等分 右
1	18

問7 n 等分の表と，法 n に関する整数の剰余類が成す代数系 $\mathbb{Z}_n$（n で割ったときの余りによって整数を分類したものの集合）における乗法とのあいだに，どんな関係があるだろう．その関係をふまえて，藤本法で $1/n$ を近似するとき $1/n$ ごとにすべての印がつくのは，どんな場合だろうか．

解説

●演習問題 1　藤本法で等分を近似できる理由

下図に，5 等分を近似する際の印の位置を示す．

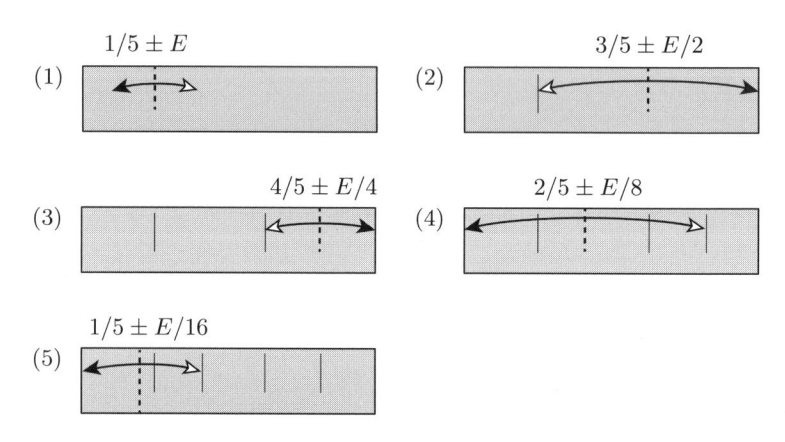

(1) $1/5 \pm E$

(2) $3/5 \pm E/2$

(3) $4/5 \pm E/4$

(4) $2/5 \pm E/8$

(5) $1/5 \pm E/16$

誤差の項が指数関数的に 0 に近づいている．すなわち，$\lim_{n \to \infty} E/2^n = 0$ であり，折るたびに誤差が急速に小さくなる．

ここから，「現実世界」(例えば折り紙) における誤差の本質に話を進めることもできる．藤本法の長所は，折り紙に本質的に伴う誤差の影響を受けにくいことだ．いかなる折り線でも，数学的に正確に折ることはできない．どんなに注意深く折っても，ある程度の誤差が生じる．数学的に正確に 5 等分できる折り方もあるが，実際に折ったときの誤差は，藤本法と同程度になる．数学的に正確な折り方では，それぞれの折り操作に誤差が伴う．一方，藤本法では，最初の誤差が折り操作の精度の限界まで 0 に近づく．さらに，数学的に正確な $1/n$ の折り方では折るたびに誤差が累積する傾向があるのに対し，藤本法では折るたびに誤差が減ってゆく．そのため，多くの折り紙愛好家が，奇数等分に藤本法を使う．藤本法について，折り操作に伴う誤差も考慮に入れた，より正確なモデルを作ることは，興味深い発展問題となるだろう．

n の値によっては，演習問題で示したものとは別の証明も可能だ．演習問題を用いず，藤本法の折り方を示したうえで学生に証明させるという授業も

考えられる．その場合，誤差が減少するという考え方を用いない学生も多い．

1つの考え方は，次のようなものだ．3等分を近似するとする．最初に目分量でつけた印（紙の辺を区間 $[0,1]$ とすれば，およそ $1/3$）と紙の左端との距離を a とする．残りは $1-a$ であるが，それを2つ目の印によって半分に分割するから，$(1-a)/2$ の長さが得られる．同様に，3つ目の印により $(1-(1-a)/2)/2$ の長さが得られる．この手続きは再帰的であり，4つ目の印では

$$\frac{1-\frac{1-\frac{1-a}{2}}{2}}{2}$$

の長さが得られる．この連分数に似たものが収束すると仮定して，極限を S とすると，S は方程式 $S=(1-S)/2$ を満たすから，$S=1/3$ となる．5等分でも同じ方法が使えるが，ずっと複雑になる．

指導方法 演習問題の中で藤本法の折り手順を示したが，それを見るだけで折り方を把握するのは難しいかもしれない．教師が5等分の折り方を手順を追って示すことが望ましい．

この近似法では，誤差が無くなったように感じられるまで手順を繰り返す必要がある．つまり，すでについている印とまったく同じ位置に印がつくようになるまで続ける．そうなったら，紙を完全に折ってしっかり折り目をつける．蛇腹のようにジグザグに折れば，紙が5等分されていることを確認できる．

この演習問題を早く終えた学生やグループに対しては，藤本法を使った7等分や9等分（もちろん3等分も）の折り方を考えさせるとよい．それにより，藤本法を本当に理解しているかどうかがわかる．

●演習問題 2（1） 2進小数

問1については，まず $1/5$ は $1/2$ より小さく $1/4$ よりも小さいが，$1/8$ より大きい．したがって，$1/5$ の2進小数表記は，第三位までが $(0.001\cdots)_2$ となる．$1/8$ を引くと，$1/5 - 1/8 = 3/40 = 0.075$ が残る．これは $1/16$ より大きいので，第四位は1だ．残りは $3/40 - 1/16 = 1/80 = 0.0125$ に

025

解説

なる．これは 1/32 より小さく 1/64 より小さい．いや，ちょっと待った．$1/80 = (1/5) \times (1/16)$ であり，同時に 1/80 は 1/16 の項を引いた残りでもある．ということは，1/80 から 1/16（つまり 4 桁）分だけ戻ると，1/5 になって元に戻る．したがって，1/5 の 2 進小数表記は，最初の 4 桁を繰り返す．すなわち，$1/5 = (0.\dot{0}01\dot{1})_2$ である（数字の上の黒丸は循環する部分の開始と終了を表す）．

問 2 については，藤本法で 5 等分するには，右側を 2 回折ってから左側を 2 回折る．つまり，折り手順は「右右左左」だ．そこで，右を 0，左を 1 とすれば 1/5 の 2 進小数表記と同じになると考えたくなるかもしれないが，紙テープを区間 [0,1] とみなせば右端が 1 で左端が 0 だから，右を 1，左を 0 とするほうが理にかなっている．そうすると，折り手順は，2 進小数表記の繰り返し部分を逆にしたものになる．これが正しいことは，演習問題の第 2 部で証明する．

問 3 については，7 等分では 1/7, 4/7, 2/7 の位置にしか印がつかないのに対し，5 等分では 1/5 ごとにすべての印がつく．この違いは，演習問題の第 3 部で詳しく見る．なお，$1/7 = (0.\dot{0}0\dot{1})_2$ であり，折り手順は「右左左」だ．問 2 で誤った予想を立てた場合は，ここで誤りに気づくはずだ．

指導方法 学生は（多くの教師も）実数を 2 進小数で表す方法を知らないか忘れているだろう．演習問題で示した 1/8 の例は，概要として十分なはずだが，学生が 1/5 の 2 進小数表示を計算するには不十分かもしれない．それでも，学生やグループにある程度考えさせてから，必要な場合のみヒントを示すべきだ．全員が行き詰まったら，$1/3 = (0.\dot{0}\dot{1})_2$ などの例を示すとよい．

問 2 では，多くの学生が誤った予想をするだろうが，それでも構わない．データから予想を立てることを学ぶためには，その予想を検証し，誤っていたときには修正する方法を習得する必要がある．問 3 が，検証の重要性を理解するよい機会になるだろう．誤った予想は，単に破棄するのではなく，必ず修正しよう．

●演習問題 2（2） 離散力学系

この部分は，ジム・タントン [Tan01] のアイディアから着想を得た．関数 $T_0(x)$ と $T_1(x)$ は，それぞれ左側および右側を折る操作とまったく同じことをする．すなわち，$x \in [0, 1]$ のとき，$T_0(x)$ は x の左側を折ったときにつく印の位置であり（単に半分になる），$T_1(x)$ は x の右側を折ったときにつく印の位置だ．これが問 4 の答えである．

問 5 では，問 6 へつなげるために，5 等分のみに言及した．$x = (0.i_1 i_2 i_3 \cdots)_2$ としたとき，

$$T_0(x) = (0.0 i_1 i_2 i_3 \cdots)_2 , \ T_1(x) = (0.1 i_1 i_2 i_3 \cdots)_2$$

に気づくことが重要だ．この証明は簡単で，$x = \sum_{n=1}^{\infty} i_n / 2^n$ と書けば，次のようになる．

$$T_0(x) = \frac{1}{2} \sum_{n=1}^{\infty} \frac{i_n}{2^n} = \sum_{n=1}^{\infty} \frac{i_n}{2^{n+1}} = (0.0 i_1 i_2 i_3 \cdots)_2$$

$$T_1(x) = \frac{1}{2} + \frac{1}{2} \sum_{n=1}^{\infty} \frac{i_n}{2^n} = \frac{1}{2} + \sum_{n=1}^{\infty} \frac{i_n}{2^{n+1}} = (0.1 i_1 i_2 i_3 \cdots)_2$$

問 6 については，藤本法による 5 等分の折り手順は「右右左左」の繰り返しだから，$T_0(T_0(T_1(T_1(x))))$ を繰り返すことになる．最初の目分量を $x = (i_1 i_2 i_3 \cdots)_2$ とすると，$T_0(T_0(T_1(T_1(x)))) = (0.0011 i_1 i_2 i_3 \cdots)_2$ である．この手順を繰り返せば，1/5 に近づいてゆく．

これで，折り手順が 2 進小数表記の繰り返し部分の逆になる理由がわかる．それぞれの折り操作は，2 進小数展開された数列の先頭に桁を加えることと同等であり，そのため順序が逆になる．関数を合成する際，関数を適用する順序とそれを表記する順序が逆であるように見えるのと同じことだ．

指導方法 関数 T_0 および T_1 は，それぞれ左側および右側を折ることを簡潔に表している．そのような関数を学生に求めさせてもよいだろう．左側を折るときは，単に区間 $[0, x]$ を半分にしている．右側を折るときは $[x, 1]$ を半分にしている．

演習問題のこの部分は，抽象的な数学の関数が，現実的なもの，この場合は学生が手にとることのできるものを表すことができるということを示している．だから，関数 T_0 および T_1 と藤本法との関係を学生自身が見出すこ

とが重要だ．これに気づくことは難しくないはずだが，学生が完全に納得してから先に進む必要がある．

問 5 に答えることは難しいかもしれない．そのような場合に有効な方法は，いくつかの例を試すことだ．行き詰まっている学生に対しては，「$x = 1/2$ ではどうなるか」，「$x = 3/4$ ではどうか」と尋ねるとよい．このような例を見ることによって，正しい方向に進むことができる．

問 5 の証明には，無限級数と 2 進小数の理解が必要だ．モデリングや力学系（応用解析）の授業なら，学生が証明できるはずだ．（証明できないなら，この演習問題によって基本的な技術を磨くことができる．）

問 6 では，問 4 と問 5 の答えを統合する．実験，予想，証明というプロセスの重要な部分として，結論を文章で記述する必要がある．

●演習問題 2（3） 数論

演習問題のこの部分は，「印がつくのはどこか」という問いに対するタマラ・ビーンストラの解答による．表に正しい値を書き込むと，以下のようになる．

5 等分 左	5 等分 右	9 等分 左	9 等分 右	11 等分 左	11 等分 右
1	4	1	8	1	10
3	2	5	4	6	5
4	1	7	2	3	8
2	3	8	1	7	4
1	4	4	5	9	2
		2	7	10	1
		1	8	5	6
				8	3
				4	7
				2	9
				1	10

（19 等分は読者にゆだねる．）この表を下から上に見ると，藤本法における等分数を n としたときの $\mathbb{Z}_n$ における 2 の累乗が左列に現れていることに

気づくだろう．（これは不思議ではない．印の片側が必要な長さの 2 の累乗倍になれば，そちら側を折ってゆくことで $1/n$ または $(n-1)/n$ に到達する．）したがって，$\mathbb{Z}_n$ において，2 の累乗によって 1 から $n-1$ までのすべての数が得られるなら，$1/n$ ごとにすべての印がつく．言い換えれば，求めていた条件は，2 の累乗によって集合 $\mathbb{Z}_n \setminus \{0\}$ のすべての元が作られるかどうかということだ．数論を学んでいる学生なら，これをもっと簡潔に，2 が $\mathbb{Z}_n$ の原始根であると表現できるはずだ．

授業の時間によっては，あるいは学生のレベルによっては，上記のようなおおまかな説明で十分だが，以下のように厳密な議論をすることもできる．
$1/n = (0.\dot{i_1} i_2 \cdots \dot{i_k})_2$ とする．すなわち，
$$\frac{1}{n} = \sum_{j=0}^{\infty} \left(\frac{i_1}{2^{jk+1}} + \frac{i_2}{2^{jk+2}} + \cdots + \frac{i_k}{2^{jk+k}} \right)$$
$$= \sum_{j=0}^{\infty} \frac{2^{k-1} i_1 + 2^{k-2} i_2 + \cdots + 2^0 i_k}{2^{jk+k}}$$
とする．また，$a = 2^{k-1} i_1 + 2^{k-2} i_2 + \cdots + 2^0 i_k$ とする．これは最後の式における分子だが，a が j と独立であることに注意しよう．このことから，
$$\frac{1}{n} = a \sum_{j=0}^{\infty} \frac{1}{2^{jk+k}} = \frac{a}{2^k} \sum_{j=0}^{\infty} \frac{1}{2^{jk}}$$
$$= \frac{a}{2^k} \frac{1}{1-1/2^k} = \frac{a}{2^k} \frac{2^k}{2^k-1} = \frac{a}{2^k-1}$$
となる．したがって，
$$an = 2^k - 1 \quad \text{すなわち} \quad 2^k \equiv 1 \pmod{n}$$
である．ここで，k が $2^k \equiv 1 \pmod{n}$ を満たす最小の正整数でないとしよう．すると，正の整数 b および $m < k$ を用いて $1/n = b/(2^m - 1)$ と書ける．これまでの議論を逆にたどれば，$1/n$ を 2 進小数に展開したとき，繰り返し部分がより短いものがあることになる．しかし，k は最小の繰り返し桁数なのだから，k は $2^k \equiv 1 \pmod{n}$ を満たす最も小さい正整数であるはずだ．（このとき，k を法 n に関する 2 の位数と呼ぶ．）

一方，藤本法で $1/n = (0.\dot{i_1} i_2 \cdots \dot{i_k})_2$ を近似するときの印の数は k と等しいので，$1/n$ ごとにすべての印がつくためには，$k = n-1$ でなければならない．すなわち，法 n に関する 2 の位数が $n-1$ である．そのためには，n が素数であり，かつ 2 が法 n に関する原始根でなければならない．

解説

指導方法 学生の数論に関する習熟度によっては，この演習問題の解答を簡潔に表現することは難しいかもしれない．しかし，表からパターンを見つけることは容易なはずだ．この演習問題は，数論におけるパターンを見つける能力を量るよいテストとなる．数論以外の授業でも，学生が $\mathbb{Z}_n$ になじんでいれば，この演習問題を楽しむことができる．（もっとも，その場合には，原始根に言及する学生はいないだろう．）

n が素数のときにすべての印がつくという誤った予想をする学生も多い．そのような学生は，たいてい次のように考える．2 の累乗が $\mathbb{Z}_n \setminus \{0\}$ のすべての元にならないとすると，部分群になる．$\mathbb{Z}_n$ が部分群を持たないのは，n が素数のときに限る．これはもちろん不十分な考えだが，めずらしくはない．

● **発展研究**

この近似法は，藤本修三が大変希少な本 [Fuj82] の中で示した．藤本はこの手法を使って角の奇数等分も近似している．このような近似法に関するさまざまな研究や数論とのさらなる関連については，ヒルトンとペダーセンの著作（[Hil97] など）を参照のこと．

プロジェクト 4

長さの正確な N等分

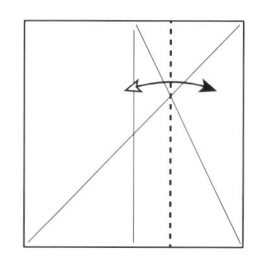

このプロジェクトの概要

正方形の紙を折ることで辺の長さを奇数等分（3 等分や 5 等分など）する方法を求める．近似法ではなく，正確に等分する方法を考え出すことを目標とする．

授業では，学生がある程度考えた後，あるいは次の授業で，演習問題を渡すとよい．演習問題では，長さを正確に 3 等分するための，折り紙でよく使われる折り方を示す．その折り方を一般化することが求められる．

このプロジェクトについて

これは幾何の問題だが，解析的に解くこともできる．その場合，直線の方程式を求め，交点の座標を求めるだけでよいから，高校の解析の演習問題としても適している．

演習問題と授業で使う場合の所要時間

正方形の紙を正確に 3 等分するという同じ課題に対し，2 つのアプローチによる 2 つの演習問題がある．演習問題 1 では，折り方を示し，その折り方の意味を尋ねる．演習問題 2 では，その折り方の意味を示し，それを証明させる．

どちらの演習問題を使う場合でも，正確な 3 等分の方法を事前に考えさせることによって，学生の意欲を高めることができる．折る時間，考える時間，ディスカッションの時間を含め，少なくとも 30 分かけるとよい．

演習問題 1
変わった折り方

下図に，ちょっと変わった折り紙の折り方を示す．正方形の紙を縦に半分に折って折り目をつけ，対角線に沿って折り目をつける．そして，上辺の中点と右下の頂点とを結ぶ直線に沿って折る．

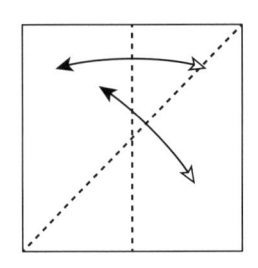

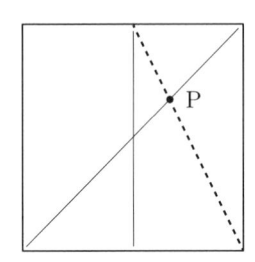

問1 2本の斜めの折り目が交わる点 P の座標を求めよう．（左下の頂点を原点とし，正方形の辺の長さを 1 とする．）

問2 その座標の値から何がわかるだろう．この折り方の目的はなんだろう．

問3 この折り方を一般化することで，5 等分など，辺の正確な n 等分（n は奇数とする）ができるだろうか．

演習問題 2
正確な 3 等分を折る

　辺の長さを 2 等分，4 等分，8 等分などに折ることは容易だが，3 等分など，奇数等分に正確に折ることは，それほど簡単ではない．下図に，3 等分の折り方の 1 つを示す．

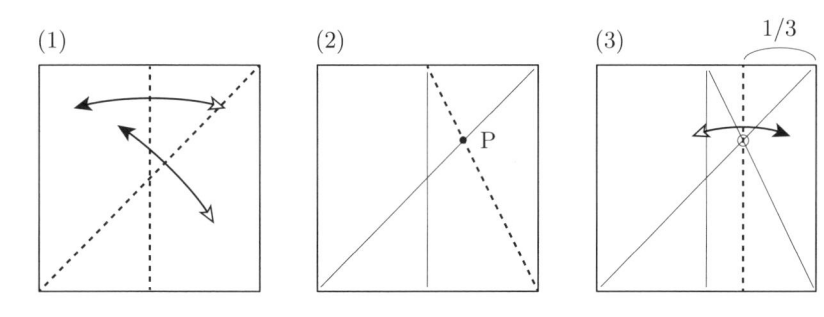

問 1　この折り方で 3 等分できることを証明しよう．

問 2　この折り方を一般化することで，5 等分など，辺の正確な n 等分（n は奇数とする）ができるだろうか．

解説

2つの演習問題は似ているので，演習問題1について解説する．

●問1

幾何的アプローチ　正方形の辺の長さを1とし，各点を図のように名づける．Pの座標を (x,x) とすると，AEの長さは x，EBの長さは $1-x$ になる．また，EPの長さも x だ．

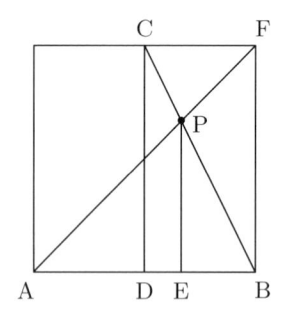

△BDC と △BEP が相似だから，CD/PE = BD/BE であり，

$$\frac{1}{x} = \frac{1/2}{1-x} \implies 2-2x = x \implies x = \frac{2}{3}$$

となる．

△ABP と △FCP が相似であることを使って証明することもできる．

解析的アプローチ　正方形が xy 平面上にあり，A が原点，B が $(1,0)$ にあるとすると，P は2本の直線 $y=x$ と $y-1=-2(x-1/2)$ の交点になる．これらを連立させて交点の座標を求めると，$x-1=-2x+1$ すなわち $3x=2$ であるから，$x=2/3$ となる．

●問2

問2の答えは，もちろん，この折り方によって正方形の辺を正確に3等分できるということだ．実際に折ってみてほしい．

● **問 3**

下図に，この折り方を一般化して，奇数 n について辺を正確に n 等分する折り方を示す．垂直の折り目を，$1/2$ ではなく $x = (n-2)/(n-1)$（右辺から $1/(n-1)$）の位置につける．

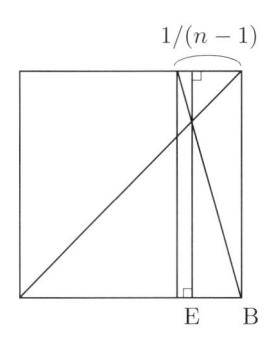

n が奇数なら $n-1$ は偶数なので，この折り目をつけることは難しくない．（$n-1$ が 6 だとすると，最初に $1/3$ の長さを見つけ，それを半分に折れば $1/6$ が得られる．その意味では，この折り方は再帰的だ．）

問 1 と同じようにして，2 本の斜めの直線が $((n-1)/n, (n-1)/n)$ で交わることがわかる．その交点を利用すれば，辺を n 等分に折ることができる．

● **指導方法**

すでに述べたように，まず正確な 3 等分の折り方を学生自身に考えさせると，学習意欲が増す．正確な等分法はほかにも数多くあり（そのいくつかは後述する），学生がそのような折り方を見つけたら，それらについても証明するとよい．演習問題で示した方法を考えた学生がいれば，その証明と一般化へと自然に話を進めることができる．学生が独力で先に進めるなら，演習問題を使う必要はないだろう．

演習問題 1 は難しいように思えるかもしれないが，筆者の経験では，驚くほど多くの学生がこの折り方の意味を理解する．ともかく，この演習問題は，解析的な証明に導くことを狙っている．P の座標を求める最も簡単な方法は，折り目の方程式を考えることだ．

解説

演習問題 2 は，証明の技法の習得に重点を置いている．多くの学生が相似な三角形を使った証明を思いつくだろうが，ここで示した解析的なアプローチは，さまざまな幾何の問題に対して有効であり，基礎的な解析の知識しか必要としない．幾何の学生にとって，このような単純な解法を知ることは有益だ．そのため，すべての学生が幾何的に証明した場合，紙が xy 平面上にあるとして折り目の方程式を考えるように示唆するとよい．それだけで，ほとんどの学生が上記の解析的な証明に到達できるだろう．（演習問題 2 では，演習問題 1 と異なり，解析的証明の示唆がないことに注意．）

一般化も，最初に単純な例を試してみれば，ほとんどの学生にとって容易だ．一般化にてこずっている学生には，5 等分などの例を試させるとよい．この折り方で 5 等分するには，1/2 の位置にある垂直の折り目を $x = 3/4$ の位置に変えるだけでよい．それに気づくことは難しくないし，そこから一般化に進むことができるだろう．

● 他の折り方

すでに述べたように，1/3 や 1/5，あるいは一般に $1/n$ の折り方は，ほかにも数多くある．そのうち 2 つを紹介する．

下図に示す 3 等分の折り方は，プロジェクト 1 「正方形から正三角形を折る」で見た 30°-60°-90° の三角形の折り方から自然に導かれる．ただし，これは他の n 等分に一般化できない．

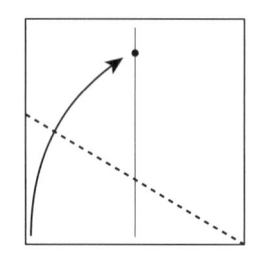

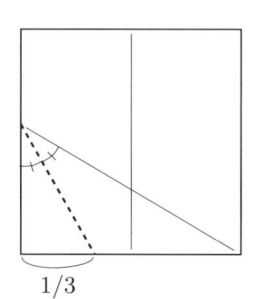

2000 年のハンプシャー大学夏期数学講座の受講者であったハオビン・ユーは，次図に示す一般化可能な折り方を見出した．ここでは，$1/2n$ の分割が可能だと仮定して，$1/(2n+1)$ の奇数等分をしている．証明は，相似な

```
         1/2n
        ┌──┐
   1/2n (    )  1/(2n+1)
```

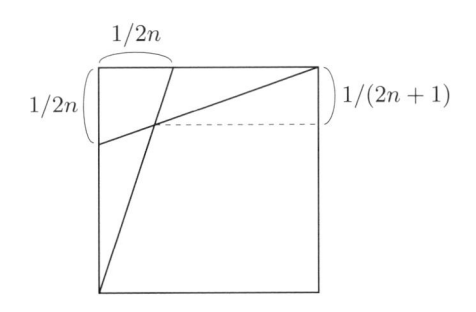

三角形を使ってもできるし，解析的方法でもできる．

ウェブを検索すれば，さらに多くの正確な等分法が見つかる．特に [Hat05] と [Lang04-1] を参照のこと．どの折り方も，宿題や発展問題として用いることができる．

プロジェクト5
螺旋を折る

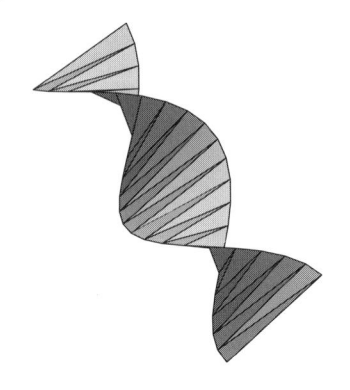

このプロジェクトの概要
折り紙で螺旋を折り，その折り方で正方形がどれだけねじれるか調べる．

このプロジェクトについて
このプロジェクトでは，段折りと呼ばれる技法によって紙をねじるように折り，屋外の装飾に使われる木製のウィンドスピナーに似た螺旋を作る．演習問題の設問は，この折り紙螺旋の自然な拡張であり，弧度法，幾何学的変換，三角関数，極限の概念が要求される．単純な解法では，極限を直接用いることはないが，弧度法の根本的な理解が必要だ．そのため，このプロジェクトは三角比から解析までさまざまな授業で利用できる．

演習問題と授業で使う場合の所要時間
演習問題の前半で螺旋の折り方を示し，後半では，正方形の紙を折るとして「極限」ではどれだけねじれるかを求める．
正方形の紙を折り手順に沿って折るには，15分ほどかかる．設問に答える時間も15分ほど必要だ．ただし，学生がより細長い紙で長い螺旋を折ることに熱中してしまうなら，より多くの時間がかかるだろう．

演習問題
螺旋を折る

以下のように紙を蛇腹状に折ると，紙が「ねじれる」．細長い紙を用いれば，螺旋ができる．

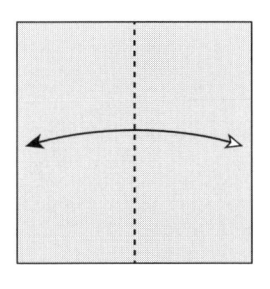

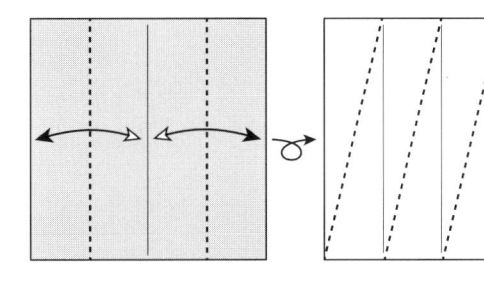

(1) 向かい合う辺を合わせて半分に折り，戻す．

(2) 両辺を中心線に合わせて折り，戻す．裏返す．

(3) それぞれの長方形の対角線に沿って谷折りの折り目をつける．

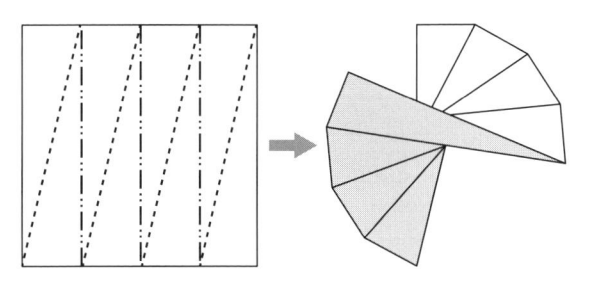

(4) すべての折り線を一度に折ると，正方形がねじれたようになる．(破線は谷折り，2点鎖線は山折りを示す．)

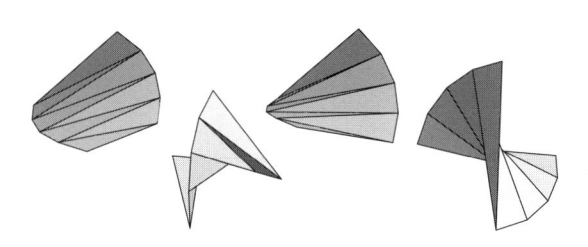

折り目を少し戻して立体にすると，興味深い形になる．

演習問題

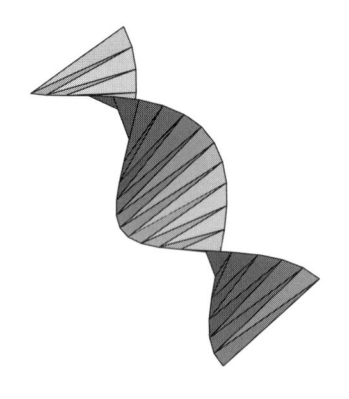

細長い紙で折れば，上図のような螺旋になる．（そのためには，分割数をもっと多くする必要がある．）

問 上記の手順(1)から(2)で分割数を多くすれば，正方形をより大きくねじることができる．下図は，順に 3 等分，6 等分，8 等分，13 等分の例だが，角度 α が少しずつ小さくなっている．

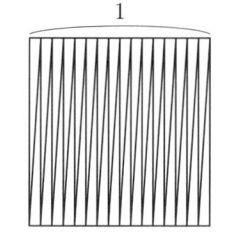

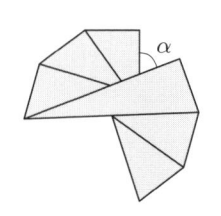

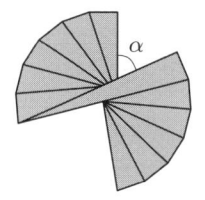

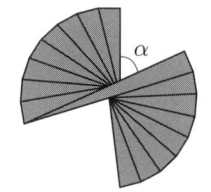

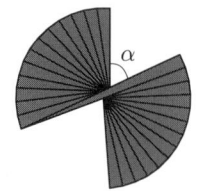

では，等分数を多くしていったら，この角度 α はどうなるだろう．
言い換えれば，等分数を多くしたとき，正方形はどれだけねじれるだろう．ねじれる角度（α の補角）は，どこまでも大きくなるだろうか．それとも，ある極限に近づくだろうか．

解説

 この折り紙螺旋は,「ウィンドスピナー」とも呼ばれる伝承作品, つまり創作者不詳の折り紙作品である. 段折り (蛇腹状に折る折り方) のみで構成されており, おそらく人が紙を折り始めたときに最初に折ったものの 1 つだろう. これを細長い長方形の紙で折り, 短辺の中点を糸で吊るせば, 風で回る螺旋となる. 少なくとも 100 年以上前から人々のあいだで折られてきた.

 手順(3)で対角線に沿って折るのは, 学生にとって (おそらくは教師にとっても) 難しいだろう. この折り操作は, 紙の上に 2 点があるとき, それらを結ぶ直線を作図することに等しい. 紙を合わせるべき基準がなく, 2 点と折り線だけが頼りとなる. このプロジェクトを授業で使用する場合, 教師はこの折り方に慣れておく必要がある. 学生が手順(3)で止まってしまって, 折り方を個別に教えなければならないことがあるからだ.

 また, 手順(2)で裏返すことがとても重要だ. これをしないと, 山折りと谷折りの区別がつかない. 段折りのためには, 垂直の折り線が山折りだとしたら斜めの折り線は谷折りというように, 折る方向を交互にする必要がある.

 このプロジェクトでは, 学生が長い螺旋を折ることに熱中してしまって, 演習問題の設問に進まないおそれがある. 筆者のような熱心な折り紙愛好家にとって, 学生に折るのを中断させるのはつらいことだが, 数学の問題に取り組んでもらわなければならない.

 また, 設問で示した角度 α がすべての場合で同じだと主張する学生がいるかもしれない. しかし, 等分数の少ないもの (3 等分や 4 等分) と等分数の多いものを重ねれば, 右図に示すように, ほんの少しずつ角度が小さくなることがわかるはずだ. (実際に折ったものでこの差を確かめるには, 極めて正確に折る必要がある.)

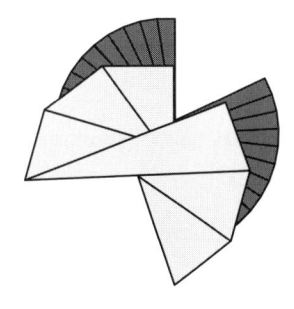

 この問いには, 非常に単純な解法と複雑な解法とがある. 単純な解法をすぐに思いつくのは, 聡明な学生だけであろう. ほとんどの学生が直接的なアプローチをとると考えてよい. そこで, ここでは複雑な解法を先に示す.

●解法 1（複雑）

　紙が回転する角度を求めるために，展開図に着目する．1 回の段折り，すなわち 1 組の隣り合う山折りと谷折りによって，紙の一部が回転する．段折りを繰り返せば，回転角が加算される．1 回の段折りを構成する 1 組の折り線を右図に示す．

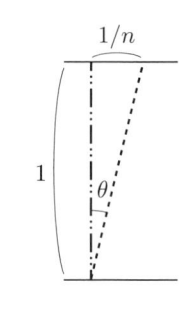

　それぞれの折り線によって紙を折ることは，折り線についての鏡映変換とみなすことができる．2 本の折り線で折るということは，鏡映変換を 2 回適用するということだ．上図のような角度 θ で交わる 2 本の直線に関する鏡映変換は，角度 2θ の回転と等しい．したがって，それぞれの段折りにおける角度 θ によって，全体の回転角が定まる．

　上図からわかるように，2 本の折り線によって直角三角形が作られる．手順(1)から(2)で正方形の辺を n 等分したとすると，

$$\tan\theta = 1/n \implies \theta = \arctan(1/n)$$

である．正方形を段折りする回数は n 回であり，そのつど紙が 2θ だけ回転する．したがって，回転角の総和は

$$2n\arctan(1/n)$$

である．ここで，n が無限大になるときの極限を調べればよい．解析学を専攻する学生なら，この極限を求めることができるはずだ．$x = 1/n$ とおいて分数の形にすると，ロピタルの定理を適用できる．すなわち，分子と分母をそれぞれ微分することで極限を求めることができる．計算してみると，

$$\lim_{n\to\infty} 2n\arctan(1/n) = \lim_{x\to 0}\frac{2\arctan x}{x} = \lim_{x\to 0}\frac{2}{1+x^2} = 2$$

という意外な結果が得られる．極限において，正方形の紙は 2 ラジアンだけねじれる．

　高校や大学の解析の授業で，答えがラジアンで整数になる問題に出くわすことは，ほとんどない．通常は π ラジアンの何倍かになる．この螺旋折り紙の問題は，答えがラジアンで整数になるという点で，変わった問題だ．何人かの学生は，これを度数法に変換しようとするだろう（約 $114.592°$ になる）．しかし，多くの学生は，2 という答えを得て困惑するだろう．

arctan のような関数の従属変数が弧度法で表されることを忘れている学生は，答えが 2 度だと思うかもしれない．そのような誤りは，解析学において弧度法が中心的な役割を果たしていることを再認識する機会になるだろう．

ただし，高校や大学の解析の授業では，2 回の鏡映変換が回転と等しいことや回転角が 2θ であることを，多くの学生が知らないだろう．そのような場合には，教師がヒントを与えるとよい．一方，幾何の授業なら，このプロジェクトを鏡映変換の応用問題とすることができる．

● **解法 2（単純）**

この単純な解法は，折り紙の友人であるジェイソン・クーがディナーでの会話の中で思いついたもので，下図の左に示す弧度法の基本的な概念に基づいている．すなわち，1 ラジアンとは，半径 1 の円で長さ 1 の弧を切り取る角度である．

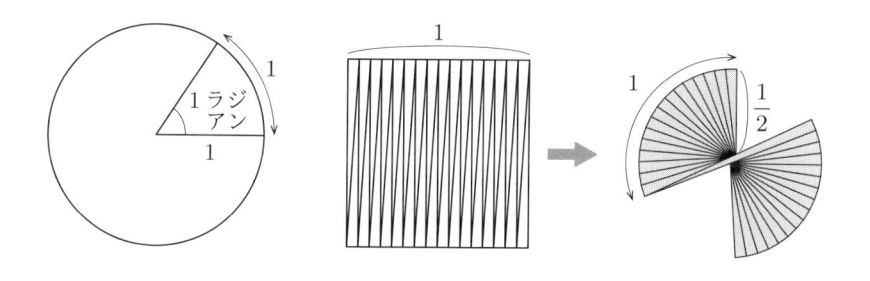

この定義をふまえた上で，正方形の辺の長さを 1 とする．正方形を螺旋に折ると，正方形の 1 辺が長さ 1 の弧に近づく．この長さ 1 の弧は，上図の右に示すように，半径 $1/2$ の円の一部だ．もちろん，現実の螺旋折り紙においては，これらは近似値である．「長さ 1 の弧」は正確な円弧になることはないし，半径も正確に $1/2$ にはならない．しかし，等分数を増やせばこれらの長さに近づくことは明らかだ．

ともかく，正方形の紙が回転する角度は，長さ 1 の弧に対応する角度である．ただし，この角度は 1 ラジアンではない．円の半径が $1/2$ であるからだ．この円では，1 ラジアンは長さ $1/2$ の弧を切り取る．したがって，長さ 1 の弧を切り取るのは 2 ラジアンである．これは，解法 1 で得られた答えと

解説

同じだ.

この解法は,弧度法を教える授業に適しているだろう.上のような図によって,弧度法と折り紙螺旋とのあいだの本質的な連関が明らかになり,答えがラジアンで整数になる理由もわかるだろう.

●発展

この螺旋はそれ自体が興味深い形であり,より長い螺旋を折るよう学生に勧めるべきだ.長い螺旋の両端を重ね合わせると,砂時計のような形ができる.下図の左にその例を示す.

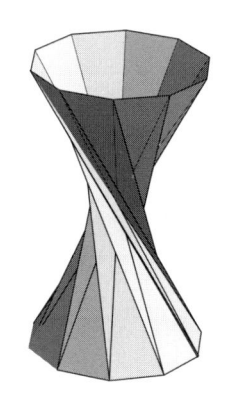

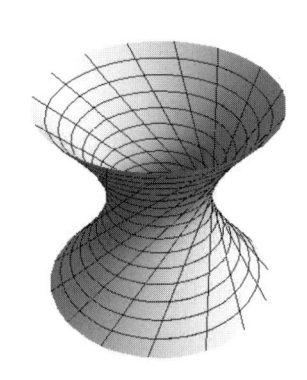

この形は「一葉双曲面」と呼ばれる曲面(上図の右に示す)に似ている.一葉双曲面は,方程式 $x^2 + y^2 - z^2 = 1$ で与えられる曲面である.これは線織面の1つでもある.すなわち,直線を3次元空間内で移動させることによって作ることができる.上図の右における傾いた線分が,その直線の軌跡を表している.折り紙の砂時計における斜めの折り目も,同じ動きをしているように見える.折り目をもっと多くすれば(つまり,紙の等分数を多くすれば),この斜めの折り目の集合は一葉双曲面に近づいてゆくだろう.

プロジェクト6

放物線を折る

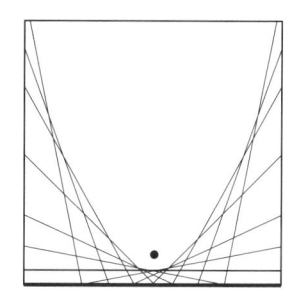

このプロジェクトの概要
折り紙における基本操作の1つを繰り返すと，折り目が1つの放物線に接するように見える．実際にそうであることを証明する．発展問題として，同様の手法で楕円や双曲線を折る．また，折り紙による作図と有理数体の拡大体との関係を探る．

このプロジェクトについて
このプロジェクトは，もちろん幾何の作図に関する演習でもあるが，折り紙による作図と定規とコンパスによる作図との比較という，より大きな問題への導入でもある．このプロジェクトでの証明は，論理と高校で習う計算しか必要としない．ただし，微分幾何や代数幾何の授業であれば，包絡線を用いることで，よりエレガントな証明も可能だ．さまざまな授業でこのプロジェクトを利用できるだろう．

このプロジェクトは，視覚的な幾何学と方程式を解く代数学との関係の一例を示す．一言でいえば，このプロジェクトで用いる折り操作は二次方程式を解くことと同等だ．このような幾何と代数とのあいだの関係は，高等数学において重要である．

演習問題と授業で使う場合の所要時間
2つの演習問題がある．
（1） 前半で，放物線を折る方法を示し，それが実際に放物線であることを証明させる．後半では，この折り操作をモデル化することで，解析的な証明に導く．
（2） 動的幾何学ソフトウェアを用いて，このプロジェクトに取り組む．
演習問題1では，紙を折るのに10分から15分，設問に解答するのに20分から30分かかるだろう．演習問題2は，10分から15分を要する．

演習問題 1

1 つの折り操作

折り紙の本を見ると，さまざまな折り操作を目にする．次の折り操作は，特に幾何学的な折り紙でよく用いられる．

2 つの点 p_1, p_2 と 1 本の直線 L があるとき，p_1 が L に乗り，折り線が p_2 を通るように折る．

この基本操作を調べるために，1 つの点が 1 本の直線に乗るように折るときに何が起きるか見てみよう．

実習 A4 の紙を用意し，その 1 辺を直線 L とする．点 p を適当な位置に定める．そして，p が L に乗るように折ることを繰り返す．

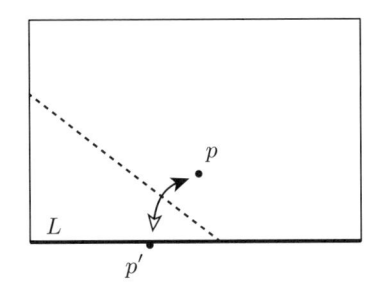

L を p に合わせるようにすると簡単だ．つまり，紙を曲げていって，L が p にぶつかったところで平らに畳んで折り目をつける．L 上で p と重なる点 p' の位置をさまざまに変えて，できるだけ多く折ってほしい．

問 1 この折り操作によって何が起きるか，説明してほしい．折り目の集合からどんな形が現れるだろう．点 p と直線 L の位置は，どんな意味を持っているだろう．それらを証明してほしい．

次に，問 1 で見つけた曲線の方程式を求めよう．

まず，紙を xy 平面とみなす．$p = (0, 1)$ とし，L の方程式を $y = -1$ と

する．そして，直線 L 上の点 $p' = (t, -1)$ を点 p に合わせて折るとする．ここで，t は任意の実数だ．

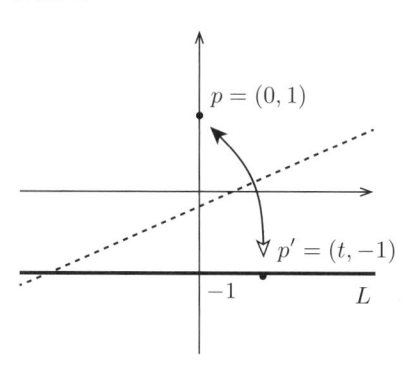

問 2 線分 pp' と折り目との関係を考え，折り目の傾きを求めよう．

問 3 折り目の方程式を求めよう．（x と y の式にするが，変数 t も含まれるだろう．）

問 4 問 3 の答えは，媒介変数で添字づけられた直線族と呼ばれる．すなわち，t にさまざまな値を代入したとき，それに応じてさまざまな直線の方程式になる．そこで，t を定数として，折り目と問 1 で見つけた曲線とが接する点の座標を求めよう．

問 5 問 1 で見つけた曲線の方程式を求めよう．

演習問題 2
幾何学ソフトウェアによる折り紙

この演習問題では，Geogebra や Geometer's Sketchpad のような幾何学ソフトウェアを使って，次の折り操作について調べる．

2 つの点 p_1, p_2 と 1 本の直線 L があるとき，p_1 が L に乗り，折り線が p_2 を通るように折る．

演習問題

この基本操作を調べるために，1 つの点が 1 本の直線に乗るように折るときに起きることを，ソフトウェア上でモデル化しよう．まず，以下の空欄を埋めてほしい．

点 p と点 p' を合わせて折るときの折り線は，線分 _____ の _____ である．

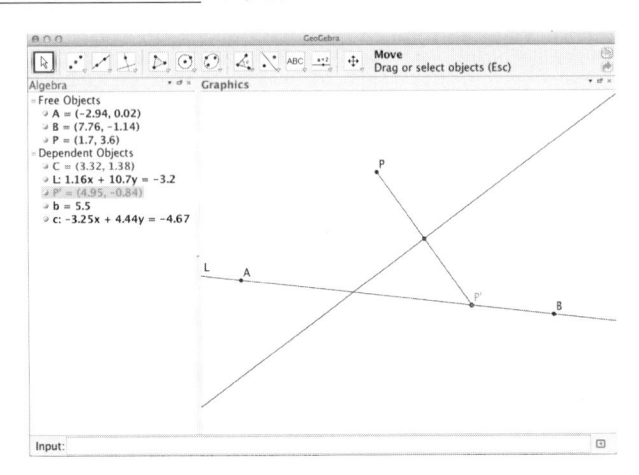

実習　ソフトウェアで新しいワークシートを開く（上図は Geogebra の例）．
（1）　直線 AB を作成し，L と名づける．
（2）　L 上にない点を作成し，p と名づける．
（3）　L 上に点を作成し，p' と名づける．

そして，先ほど空欄に埋めたことを使って，p と p' を合わせて折るときの折り線を，ソフトウェアのツールを用いて作図する．

次に，折り線を選択し，その直線の「残像表示」を有効にする（そのためには，Geogebra では直線の上で右クリックする）．p' を L 上であちこち動かすと，多数の折り線が描画される．つまり，ソフトウェアが代わりに「折って」くれる．（これはとても楽しい．）

発展問題　直線 L の代わりに円を用いたら，どうなるだろう．

解説

● **演習問題 1**

この問題の歴史は古い．筆者の知る限り最初の記録は，1893 年にインドで出版された，T. スンダラ＝ラオの *Geometric Exercises in Paper Folding* に見られる [Row66]．それ以降，数学教育に関する多くの著作で，この「放物線の折り方」が取り上げられている．（例えば，[Lot1907]，[Rupp24]，[Smi03] を参照．）それでも，点 p が直線 L に乗るように繰り返し折ることで放物線のような形が次第に現れてくるのを見て，驚かない学生（そして教師）はいない．これらの折り目は，焦点が p であり準線が L である放物線に接しているように見える．（下図の (a) を参照．）

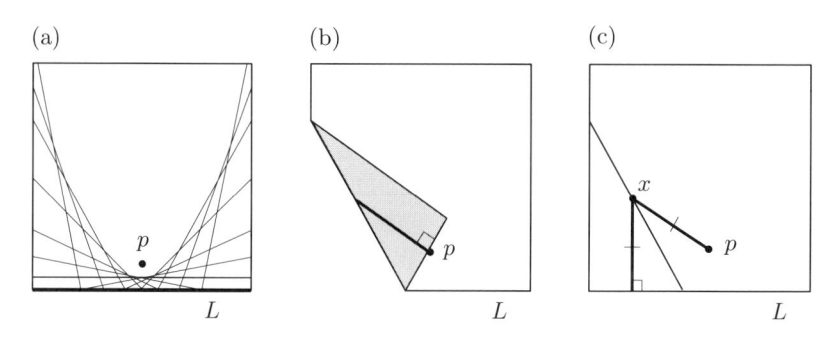

(a) (b) (c)

問 1 放物線の焦点と準線の定義を覚えている（あるいは直前に教えられた）学生なら，上図の (b) と (c) で概略を示す証明を思いつくだろう．p が L に乗るように折るとき，紙の一部分が折り返されて，L の一部分が p を通る．紙が折られた状態で，黒の太いマーカーを使って，p から L と垂直に，折られている辺に向かって直線を引くとする（上図の (b) を参照）．この紙を開くと，マーカーの線が下の紙にも写って，上図の (c) のようになる．この図から，マーカーの線と折り目との交点 x が，点 p と直線 L とから等距離にあることがわかる．（点と直線との距離は垂線に沿って測ることに注意．）さらに点 x は，折り目上の点のうち，この条件を満たす唯一の点である．((c) の状態で折り目上の別の点を用いて同じような直線を引き，同じ折り目でもう一度折ってみれば，別の点では距離が等しくならないことがわかる．）放物線は，1 つの点（焦点）と 1 本の直線（準線）とからの距離

が等しい点の集合（すなわち軌跡）と定義されるので，焦点を p とし準線を L とする放物線と折り目との交点がちょうど 1 つであること，つまり折り目が放物線に接することが証明されたことになる．p を L 上のどの点に合わせるかは任意なので，これはすべての折り目について成り立つ．

問 2　p を p' に合わせて折ったときの折り目は，線分 pp' の垂直二等分線である．これはほとんど自明だが，厳密な証明を要求する学生がいるかもしれない．これは，2 点 p と p' とから等距離にある点の集合が pp' の垂直二等分線であるという初等幾何の事実からただちに得られる．紙を折って片側をもう片側に重ねたとき，p が p' に重なるから，折り目上のすべての点が p と p' とから等距離にあることは明らかだ．

線分 pp' の傾きが $-2/t$ なので，折り目の傾きは $t/2$ である．

問 3　線分 pp' の中点は $(t/2, 0)$ であり，この点は折り目の上にある．したがって，$(t, -1)$ を $p = (0, 1)$ に合わせて折ったときの折り目の方程式は

$$y = \frac{t}{2}\left(x - \frac{t}{2}\right) \implies y = \frac{t}{2}x - \frac{t^2}{4}$$

である．

問 4　$p' = (t, -1)$ で L に垂線を立て，折り目との交点を q とすると，問 1 で見たように，この折り目は焦点を p とし準線を $y = -1$ とする放物線と点 q で接する．q は折り目の上にあり，折り目の方程式はすでに求めているから，q の座標が $(t, t^2/4)$ であることがわかる．

問 5　この問いに答える方法はいくつかあるが，問 4 によって，最も簡単な解法に導かれるはずだ．$x = t$ と置いてみるだけで（なにしろ，t は接点の x 座標だ），接点の座標 $(t, t^2/4)$ が放物線 $y = x^2/4$ の媒介変数表示でもあることに気づくだろう．

ほかの方法でこの曲線の方程式を導くこともできる．

「解の公式」法　注意力のある学生なら，演習問題の最初に示した折り操作がいつでも実行できるわけではないことに気づくだろう．点 p_1 と直線 L が与えられたとき，p_2 の位置によっては，この折り操作が不可能になる．具体的には，p_2 が放物線の内側にある場合，p_1 を L に乗せる折り線が p_2 を通ることはない．

この観察から，次のように考えることができる．前出の媒介変数で添字づけられた直線族を t について解くと，折り線が (x,y) を通るとしたときに t がとりうる値が得られる．計算してみると，

$$\frac{t^2}{4} - \frac{t}{2}x + y = 0 \implies t = \frac{x/2 \pm \sqrt{(x/2)^2 - y}}{1/2}$$

となる．この式から，t が実数になるのは $x^2/4 - y \geqq 0$ のときに限ることがわかる．したがって，不等式 $y \leqq x^2/4$ が，折り線が通ることのできる点のすべてを表す．また，$y > x^2/4$ で表される範囲には，折り線が通ることのない点のすべてが含まれる．この 2 つの範囲の境界，すなわち放物線 $y = x^2/4$ が，求める曲線である．

「折り目の傾き」法　この証明は，[Smi03] においてスミスが与えた．問 1 で見つけた放物線と折り目が接する点を (x,y) とする．ここで，L 上にあって p と重なる点を $p' = (t, -1)$ としたとき，$x = t$ であることに注意する．（右図参照．）

折り目の傾きはすでに求めたように $t/2$ であるが，それは点 (x,y) と $(t/2, 0)$（pp' の中点）とを結ぶ直線の傾きでもある．したがって，

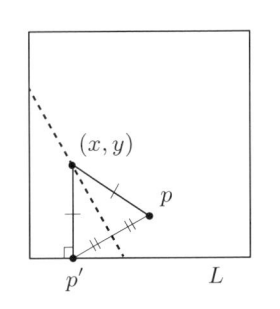

$$\frac{t}{2} = \frac{y-0}{x-t/2} \implies \frac{x}{2} = \frac{y}{x/2} \implies y = \frac{x^2}{4}$$

となる．

解析的方法　先ほどの解法で，この放物線の点 (x,y) における接線の傾きが $t/2$ であることを用いた．ところが $x = t$ なのだから，放物線の (x,y) における接線の傾きは $x/2$ である．したがって，不定積分によって

$$\frac{dy}{dx} = \frac{x}{2} \implies y = \frac{x^2}{4} + C$$

となる．この放物線は点 $(0,0)$ を通るので $C=0$ であり，求める方程式は $y = x^2/4$ となる．

包絡線法 （この方法は [Huz89] に示されている．）より専門的な授業なら，媒介変数で添字づけられた直線族の包絡線を求めればよいことがわかるだろう．（[Cox05] を参照．）一般に，媒介変数で添字づけられた曲線族 $F(x,y,t) = 0$ の包絡線（この族から得られる曲線のすべてに接する曲線）は，次の 2 つの方程式を連立させることで求められる．

$$F(x,y,t) = 0, \quad \frac{\partial}{\partial t} F(x,y,t) = 0$$

この場合，$(\partial/\partial t)F(x,y,t) = x/2 - t/2 = 0$ から $x = t$ となる．これを直線族の方程式に代入すれば，$y = x^2/2 - x^2/4$ すなわち $y = x^2/4$ が得られる．これは確かに放物線だ．

●指導方法

この演習で放物線を見てとるには，多くの折り目をつけなければならない．後述する動的幾何学ソフトウェアでの演習を問 1 と問 2 のあいだにはさんでもよいだろう．Geogebra (http://www.geogebra.org からダウンロードできるフリーの優れたソフトウェア) などでシミュレーションすることで，点 p，直線 L，折り目，放物線の幾何学的関係がより明確になるからだ．ただし，学生にとって，問 1 の証明に取り組むための最善の方法は，実際に紙を折ることだろう．いずれにせよ，放物線の焦点と準線による定義をあらかじめ知っている必要がある．これを忘れている学生は多いし，最近では高校でどれだけしっかり教えられているかわからない．

問 2 と問 3 は難しくないはずだ．ここでは，傾きや垂線といった概念や，点と傾きから直線の方程式を求める方法を思い出すことになるだろう．ただし，問 3 の答えは，単なる直線ではなく，変数 t によって添字づけられた直線族である．媒介変数表示に戸惑う学生は多い．変数 t の理解が，この問題の要だ．折り目を表す式が，あくまで x と y に関する方程式であって，t は媒介変数であることを理解しなければならない．最終的な放物線の方程式

は，なじみ深い x と y に関する方程式となる．

問 4 と問 5 では，難しい概念に言及したが，ポイントは，接点の座標がわかれば放物線の方程式がすぐに求まるということだ．問 5 に時間がかかるようなら，ほかの証明方法を示唆したり，ヒントを示したりするとよい．

解の公式と判別式を用いて，折り目が通ることのない領域を調べるという証明方法は，この折り操作の本質をよく表している．授業ではこの方法を示すとよい．（このような解の公式の変わった利用法は，学生の興味をひくだろう．）この折り紙演習を学生が理解し，問 4 と問 5 の証明まで進むのは，1 回の授業では難しいかもしれない．その場合は，証明を宿題とすることができる．

この演習では，円錐曲線が特定の条件を満たす点の軌跡であることを思い出すことになるだろう．高校の代数の授業で，実際に手を動かす演習によって放物線，楕円，双曲線を扱うことは，数学教師の教育実習に特に適している．

この演習問題の結果から，「折り紙で二次方程式が解ける」という事実を導き出すことができる．それを完全に理解した学生は，大きな数学的成果を得たことになる．数学のある分野（例えば折り紙の幾何学）の何かと，別の分野のまったく異なるように見えるもの（例えば二次方程式を解くこと）との同一性を見てとるというのは，数学の全体を貫く主題である．さらに，このプロジェクトについて言えば，定規とコンパスを用いて任意の角を 3 等分するという古典的な問題と状況が似ている．そのような作図が一般には不可能であるのは，定規とコンパスでは二次方程式しか解けないのに対し，角の 3 等分では三次方程式を解くことが必要だからだ．放物線を折るというこのプロジェクトは，折り紙の作図によって，定規とコンパスで作図できるもののすべてだけでなく，それ以上のものを作図できるということを見るための，第一歩である．この話題は，次の 2 つのプロジェクトでさらに探究する．

話を戻して，このプロジェクトでは放物線が折れることを証明したが，それだけでは，すべての二次方程式が折り紙で解けることを証明したことにはならない．とはいえ，より一般的な議論に必要なことのすべてが，すでに得られている．作図を扱う授業，特に抽象代数の授業では，このプロジェクトから一般的な話題に発展させることが望ましい．その場合，「すべての二次方程式が折り紙で解けることはどうすればわかるのか」と問う学生がいるだろうから，ここで概要を示す．以下は，アルペリンの詳細な論文 [Alp00] の

要約だが，納得させるには十分だろう．

一般的な二次方程式が折り紙で解けることの証明　解の公式からわかるように，加減乗除と平方根の演算ができれば，任意の二次方程式の解を求めることができる．代数の用語を使えば，平面において折り紙で作図できるすべての点の集合が，平方根で閉じている最小の部分体を含むことを証明すればよい 1).

簡単のために紙が無限に大きいとして，例えば x 軸上と y 軸上に単位長さの線分があるとする．このとき，有理数の加減乗除が折り紙でできることが，比較的すぐにわかる．折ることで線分の長さを足したり引いたりするのは簡単だ．除法はやや難しいが，プロジェクト 4「長さの正確な n 等分」によって，それが可能であることが示されている．有理数の乗法は，加法と除法の組み合わせだ．平方根の演算で，このプロジェクトで扱った放物線の折り方が必要となる．

r を折り紙によって作図できる実数（すなわち線分の長さ）としたとき，$\sqrt{r}$ の作図を考える．前述の放物線の作図において，$p_1 = (0, 1)$ を焦点とし，直線 $L: y = -1$ を準線とする．第二の点を $p_2 = (0, -r/4)$ として，p_1 が L に乗り（p_1 と重なる点を $p_1' = (t, -1)$ とする），折り線が p_2 を通るように折る．折り目の方程式は，すでに求めたように $y = (t/2)x - t^2/4$ だ．この直線が点 $(0, -r/4)$ を通るから，座標を方程式に代入して，$-r/4 = -t^2/4$ すなわち $t = \sqrt{r}$ が得られる．したがって，L 上で p_1 と重なる点の座標が，求める値である．

●**演習問題 2（解法と指導方法）**

この折り紙演習を Geogebra や Geometer's Sketchpad で再現することは，これらのソフトウェアになじんでいれば容易なはずだ．学生がこの種のソフトウェアを持っていないなら，Geogebra を用いるとよい．だれでも http://www.geogebra.org から無料でダウンロードできる．

この演習問題には「空欄」がある．各手順の意味を考えさせるためだ．十分な時間があるなら，この演習問題を使わず，学生自身に手順を考えさせ

---

1) ここでは，紙を複素平面 $\mathbb{C}$ とみなしている．これについても [Alp00] を参照．

解説

てもよい（そのほうが理解が深まるだろう）．

「空欄」の答えは次の通りだ．点 p と点 p' を合わせて折るときの折り線は，線分 pp' の垂直二等分線である．

したがって，演習問題の手順(1)から(3)の後で作図を完成させる手順は，次のようになる．

（1） p と p' を結ぶ線分を作図する．
（2） 線分 pp' の中点を作図する．
（3） その中点を通り，pp' に垂直な直線を作図する．

この直線が折り線だ．この直線のみを選択した状態で「残像」機能を有効にし（Geogebra では，直線を右クリックして「残像表示」を選択する），点 p' を L 上であちこちに動かすと，下図のような結果が得られるはずだ．

動的幾何学ソフトウェアの面白いところは，点や線を作図すると，それらの関係が保存されることだ．点 p を別の位置へ動かして残像を再描画し，放物線がどのように変わるか見てみよう．

さらに，「軌跡」コマンドを使えば，実際に放物線を作図できる．Geogebra では，p' を通り L に垂直な直線を作図し，その直線と折り線との交点 q を作図する．次に，軌跡ツール（「垂線」ポップアップメニューにある）を選択し，点 q，点 p' の順にクリックする．すると，p' を L 上で動かしたときの q の軌跡を Geogebra が描画する．q は折り線と放物線との接点だから，

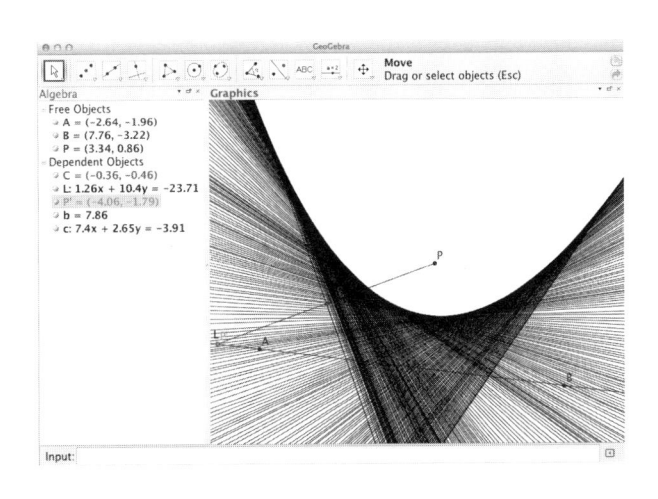

結果として放物線が描かれる．こうすると，点 p を動かして放物線の変化を見るのが，さらに楽しくなる．

発展問題は絶対に行うべきだ．作図の手順は放物線の場合と同じだが，直線 L ではなく円から始める．結果は，点 p を円の内側に置くか外側に置くかによって異なる．下図のような画面が表示されたときの，学生の驚きの声を聞き逃さないように．

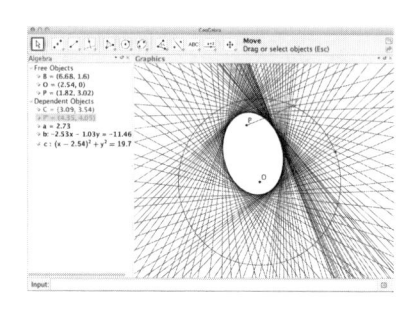

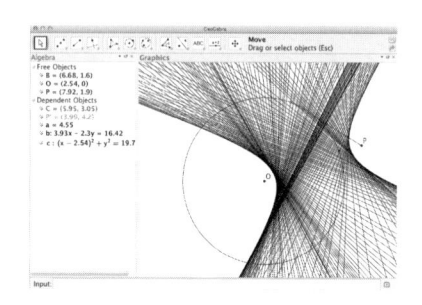

p が円の内側にあるとき，p と円の中心とを焦点とする楕円が得られる．p が円の外側にあれば，同じ焦点の双曲線が得られる．考えてみれば，これは筋が通っている．円の中心を無限遠に持ってゆけば，円は直線となり，曲線は放物線となるからだ．

このように，コンピューターソフトウェアを使えば円錐曲線を楽しく簡単に作図できるが，[Sch96] などが指摘するように，まず紙を折って自分で曲線を発見することには，何物にも代えられない価値がある．楕円や双曲線を折るには，コンパスなどを使って紙の上に円を描き，その中心に印をつける．次に，任意の位置に点 p を置き，円周上の点 p' と p を合わせて折ることを繰り返す．

点が円周に乗るように折ることで楕円や双曲線ができることを証明するのは，放物線の場合ほど容易ではない．ここでは，楕円について，証明の概略を示す．解析的な方法や双曲線の場合については [Smi03] を参照．

円の中心を O とし，p が円の内側にあるとする．円周上の任意の点を p' とする．折り線は線分 pp' の垂直二等分線である．折り線と線分 Op' の交点を x とする．ここで楕円の定義を思い出そう．すなわち，2 つの焦点と長さ l が与えられたとき，楕円周上の点とそれぞれの焦点との距離の和は常に

l である．

主張 折り線は，O と p を焦点とし，2 焦点と周上の点の距離の和が円の半径であるような楕円に接する．

証明 まず，楕円と折り線に交点があることを示す．円の半径は $\mathrm{O}x + xp'$ であり，$px = xp'$ である（折ると重なるため）から，$\mathrm{O}x + px$ は円の半径と等しい．すなわち，点 x は楕円周上にある．下図 (a) にそれを示す．

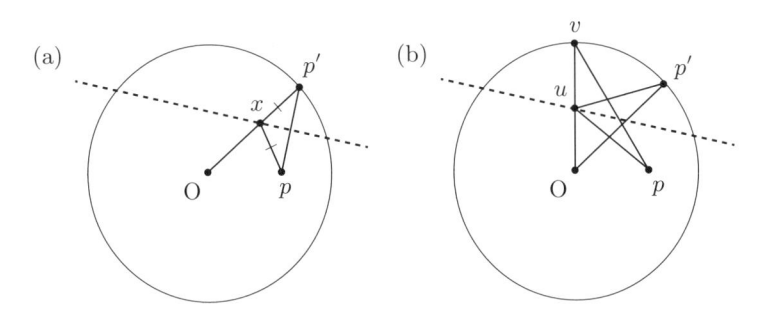

次に，折り線と楕円の交点が 1 つだけであり，それゆえこの点が接点であることを示す．折り線上の点を u とし，u が楕円周上にあると仮定する．u を通る半径を $\mathrm{O}v$ とする．（上図 (b) 参照．）u が楕円周上にあるので，$up = uv$ である．（これが成り立たないことは図を見れば明らかだが，証明を続ける．）ところが，u は p' と p を合わせて折るときの折り線に含まれるから，$up = up'$ であり $uv = up'$ である．したがって $\mathrm{O}u + up'$ は円の半径であり，$\mathrm{O}p'$ と等しいから，u は直線 $\mathrm{O}p'$ に含まれるはずだ．これは，$u = x$ を意味する．すなわち，x は折り線と楕円の唯一の交点である． □

● **補足**

このプロジェクトからさらに多くのことを引き出せることに気づいた読者もいるだろう．実際，ここで取り上げた内容は一部にすぎない．

例えば，スコット・G・スミスは [Smi03] の中で，回転放物面の鏡の性質に関する「折り紙による証明」に言及している．次図で，p と p' を合わせて折ったときの折り目と放物線との接点を x とすると，三角形の合同と対頂

角の性質から，角 α と θ が等しい．したがって，光や音波を p から放出すると，α の角度で放物線にぶつかって θ の角度ではね返り，平行に進む．逆に，放物線に入ってくる光や音波は p に集まる．スポットライト，ステレオスピーカー，衛星アンテナなどに回転放物面が使われるのは，そのためだ．

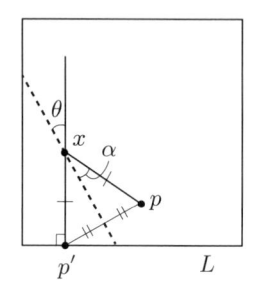

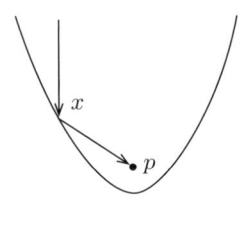

もちろん，これは放物線の基本的な性質のみからでも証明できる．しかし，折り紙を用いれば必要な要素のすべてが一度に得られるから，放物線を折る演習から自然に話題を広げることができる．

授業の中でこのプロジェクトからどれだけのものを引き出すかは，費やす時間のみに依存する．また，いくつかの問題を宿題にしたり，発展問題を学生自身に考えさせたりするのも有効だ．さらに，次の 2 つのプロジェクトでは，折り紙による作図をより深く掘り下げる．

プロジェクト7
折り紙で角の3等分

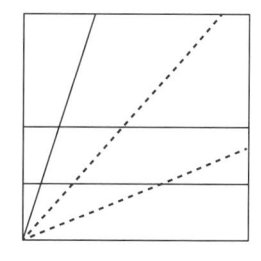

このプロジェクトの概要
任意の鋭角を 3 等分するように見える折り方を示す．しかし，角の 3 等分は不可能ではなかったか．証明あるいは反証が求められる．

このプロジェクトについて
このプロジェクトの中心は，単純な幾何だ．しかし，折り紙で角を 3 等分できるということは，折り紙は定規とコンパスよりも強力な作図手法だということを意味し，それはまた，折り紙で作図できる数からなる体が，複素数体 $\mathbb{C}$ の平方根で閉じている最小の部分体より大きいということを意味する．（この話題についてはプロジェクト 6「放物線を折る」も参照．）
このプロジェクトは，角の 3 等分問題と立方体倍積問題を含む古代ギリシャの三大問題を扱う文脈で，特に興味をひくだろう．

演習問題と授業で使う場合の所要時間
演習問題は 1 つだけだ．角を 3 等分する折り方を示し，その折り方の意味を尋ねる．そして，その証明を求める．
この演習問題では，紙を折るのに 10 分から 20 分かかる．証明には，それよりずっと多くの時間がかかるだろう．証明を宿題としてもよい．

059

演習問題

奇妙な折り方

正方形の紙を用意し，左下の頂点から任意の角度 θ で直線を引く．次に，紙の上辺と下辺を合わせて半分に折り，戻す．そして，下から 1/4 の位置に折り目をつける．下図の左のようになるはずだ．

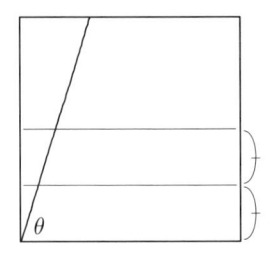

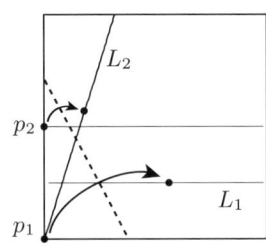

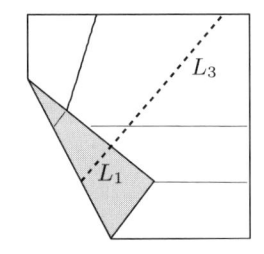

ここで，中央の図のように折る．つまり，点 p_1 が直線 L_1 に乗り，同時に点 p_2 が直線 L_2 に乗るように折る．紙を曲げて点の位置を調節し，点と線が合ったら平らに畳む．

最後に，折った状態のまま，右の図のように折り目 L_1 を延長するように折る．この折り目を L_3 とする．

問 1 折ったところを戻し，L_3 を延長したとき，それが左下の点 p_1 を通ることを証明しよう．

問 2 折り目 L_3 の意味を考え，それを証明しよう．

解説

●演習問題　角の3等分

この折り手順によって，確かに任意の鋭角を3等分できる．すべてを広げ，L_3 を点 p_1 まで延長し，紙の下辺を L_3 に合わせて折ると（すなわち，L_3 と正方形の下辺とのあいだの角を2等分すると），折り操作の正確さにもよるが，角 θ が3等分されていることがわかるだろう．

問1　下図は，p_1 が直線 L_3 上にある理由を示す．紙を折った状態の図で，線分 L_3 の左端の点を x とすると，線分 $p_1 x$ が xC と重なっている．したがって，折った状態での xC と L_3 とのあいだの角度は，広げた状態の図で点 x のまわりに示した2つの角度とそれぞれ等しい．x をはさむ対頂角が等しいのだから，$p_1 x$ と L_3 は同一直線上にある．

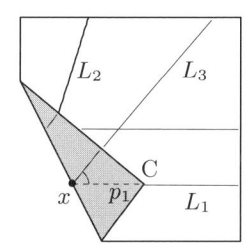

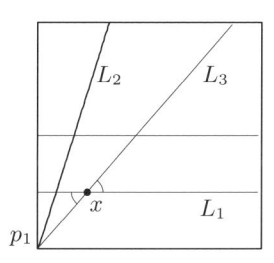

問2　この折り手順で角が3等分されることを証明する方法は，いくつかある．最も単純な方法を下図に示す．紙の左辺にある3つの点を折ったとき

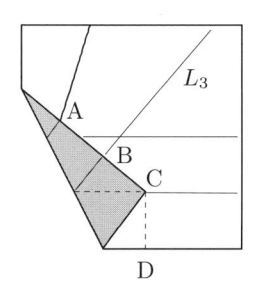

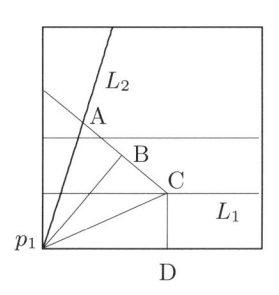

の鏡像を，それぞれ A, B, C とする．C から下辺に垂線を下ろし，その足を D とする．これらの点の定義から（前ページ下図の左を参照），AB = BC = CD である．また，紙を広げたとき，p_1B ⊥ AC である．したがって，△ABp_1, △CBp_1, △CDp_1 は合同な直角三角形だ．すなわち，p_1 における角 θ は 3 等分されている．

この角の 3 等分法を紹介しているウェブサイトの多くは，右図のような証明をしている．

A, B, C を上記の証明と同様に定め，紙の左辺の 3 点を E, F, p_1 とする．この 2 組の 3 点は折り目に関して対称だから，AB = BC であり p_1B ⊥ AC だ．このことから，△p_1AC が二等辺三角形であることが証明できる．（あるいは，△CEp_1 が二等辺三角形であることを証明してもよい．△p_1AC はその鏡像だ．）したがって，∠Ap_1B = ∠Bp_1C である．また，鏡像関係から ∠Bp_1C = ∠FCp_1 であり，L_1 が紙の下辺と平行であることから ∠FCp_1 = ∠Cp_1G である．すなわち，θ は 3 等分されている．

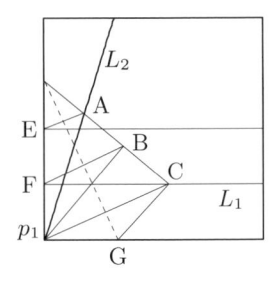

● **指導方法**

この角の 3 等分法は，阿部恒(ひさし)によって見出され，1980 年に出版された [Hus80]．角を 3 等分する方法は，ほかにもジャック・ジュスタンによるもの [Bri84] などがある．そのすべてで，次の折り操作が鍵となっている．

> 2 つの点 p_1, p_2 と 2 本の直線 L_1, L_2 があるとき，p_1 が L_1 に乗り，同時に p_2 が L_2 に乗るように折る．

これは，一折りで折ることのできる折り紙の基本操作のうち最も込み入った折り方であると同時に，折り紙による作図と定規とコンパスによる作図との違いをもたらすものでもある．この操作についてはプロジェクト 8「三次方程式を解く」で詳しく調べる．

数学における角の 3 等分問題と立方体倍積問題の歴史について学生が知らなければ，このプロジェクトは興味をもたれないだろう．古代ギリシャから 19 世紀半ばに至るまで，多くの人が，目盛のない定規とコンパスのみ

を用いて角を 3 等分する方法を見つけようとしてきた．（目盛のある定規を使えば角を 3 等分できることは，アルキメデスの時代から知られていた．[Mar98] を参照．）そしてついに，定規とコンパスを用いた角の 3 等分が不可能であることが，数学的に証明された．一般に，目盛のない定規とコンパスで三次方程式が解けないことが，ガロア理論から証明できる．

ところが，定規とコンパスで角が 3 等分できるという「偽証明」が，今でも数学界にあふれている．角の 3 等分問題を「解決」したと主張するアマチュア数学者からの手紙やメールを幾何学の専門家が受け取ることは，珍しくない．もちろん，これらのすべては，どこかが間違っている．多くは手が込んでいて，角をかなり正確に 3 等分している．しかし，定規とコンパスを用いて角を正確に 3 等分することは不可能だ．逆に言えば，数学の学生なら，折り紙で角が 3 等分できるという主張を証明なしに受け入れるようではいけない．

このような背景をふまえなければ，このプロジェクトはつまらないと思われるかもしれない．一方，幾何，代数，あるいは数学史の授業の中にこのプロジェクトを位置づければ，学生の興味をひくと同時に，角の 3 等分をめぐる長い歴史を正確に理解する機会となる．というのも，折り紙で簡単に角の 3 等分ができるという事実が，ほかの方法でできない理由を考える契機になるからだ．授業で，このプロジェクトに加えてプロジェクト 8「三次方程式を解く」を用いれば，理解がより容易になるだろう．

角が 3 等分されていることを証明する方法はいくつもあるので，ヒントを示す前に十分な時間をとって，学生自身に証明を考えさせるべきだ．紙の左辺の鏡像（図の直線 AC）を利用することを思いつかない学生も多いので，そのことが最初のヒントとなるだろう．実際，紙を折ることが折り線に関する鏡映変換であること，そして鏡映変換によって長さと角度が保存されることを理解せずに証明することは，およそ不可能だろう．「折り操作は鏡映変換である」という事実は，折り紙を使ったどんな証明にとっても不可欠な要素だから，そのことを事前に説明するか例示することは有効だ．（このプロジェクトは鏡映変換の概念を確認するためにも役立つ．）

●発展問題

学生がこのプロジェクトを楽しんだなら，「2 つの点を 2 本の直線へ」折る折り方で，古代ギリシャのもう 1 つの問題である立方体倍積問題が解けるかどうか尋ねるとよい．この問題は，立方体が与えられたとき，体積がその 2 倍である立方体を作図せよという問題で，$\sqrt[3]{2}$ の作図と同等だ．これも，定規とコンパスでは解くことができないが，折り紙では解くことができる．

ここでは，ピーター・メッサー [Mes86] が見出した方法を示す．まず，正方形の紙を 3 等分する必要がある（この方法についてはプロジェクト 4「長さの正確な n 等分」を参照）．次に，下図に示す 2 点と 2 直線を用いて，p_1 が L_1 に乗り p_2 が L_2 に乗るように折る．この折り線に関する p_1 の鏡像が，紙の左辺を 2 つの線分に分割する．その長さの比が $\sqrt[3]{2}$ だ．

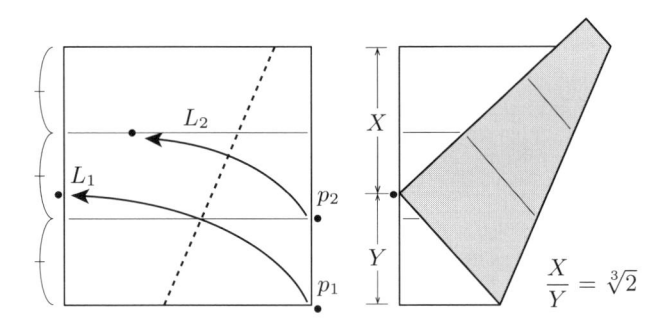

これを証明するのは，ユークリッド幾何学のよい演習となる．難しい概念は必要ないが，適切な手順をたどらなければ，手に負えないほど複雑な方程式に直面するだろう．容易な方法の 1 つは $Y = 1$ とすることだ．すると，正方形の辺の長さは $X + 1$ となる．そして，$X = \sqrt[3]{2}$ を証明すればよい．

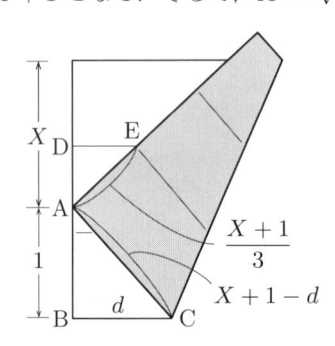

各点を図のように名づける．△ABC に対してピタゴラスの定理を適用すると，$d = (X^2 + 2X)/(2X + 2)$ となる．また，AD の長さは $X - (X+1)/3 = (2X-1)/3$ だ．△ABC と △EDA が相似だから（プロジェクト 11「芳賀の『オリガミクス』」で紹介する芳賀定理を参照），

$$\frac{d}{X+1-d} = \frac{2X-1}{X+1} \implies \frac{X^2+2X}{X^2+2X+2} = \frac{2X-1}{X+1}$$
$$\implies X^3 + 3X^2 + 2X = 2X^3 + 3X^2 + 2X - 2$$
$$\implies X^3 = 2$$

となる．証明終わり．

プロジェクト 8

三次方程式を解く

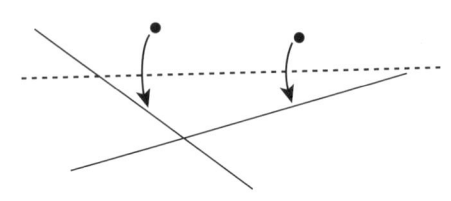

このプロジェクトの概要
ある折り操作によって生成される方程式について調べる．まず，紙を実際に折って点をプロットし，それらの点を結んでできる曲線の形を観察する．次に，折り操作をモデル化することで，この曲線が三次方程式で表されることを見る．さらに，その曲線を動的幾何学ソフトウェアで作図する．

このプロジェクトについて
このプロジェクトの前に，プロジェクト 6「放物線を折る」とプロジェクト 7「折り紙で角の 3 等分」をすませておく必要がある．実際，このプロジェクトで扱う折り操作は，角の 3 等分の作図で鍵となっていた操作だ．

この折り操作については，幾何的な解釈と代数的な解釈が可能だ．幾何的には，平面上の 2 つの放物線の共通接線を求めることに等しい．代数的には，三次方程式を解くことと同等だ．授業によっては，どちらかを深く掘り下げてもよい．

演習問題と授業で使う場合の所要時間
（1） このプロジェクトで扱う折り操作を実際に折ってみる．
（2） その折り操作を動的幾何学ソフトウェアでシミュレートする．
（3） 折り操作をモデル化して，この操作によって生成される曲線の方程式を求める．

実際に紙を折る作業は，プロジェクト 6「放物線を折る」を終えていれば問題なくできるはずだが，それでも 20 分ほどかかるだろう．幾何学ソフトウェアによるモデル化は，10 分から 15 分でできるはずだ．曲線の方程式を求めることも，プロジェクト 6 を終えていれば問題なくできるはずだが，やはり 20 分かかるだろう．

演習問題 1

込み入った折り方

折り紙で角の 3 等分ができるのは，次の折り操作があるからだ．

2 つの点 p_1, p_2 と 2 本の直線 L_1, L_2 があるとき，p_1 が L_1 に乗り，同時に p_2 が L_2 に乗るように折る．

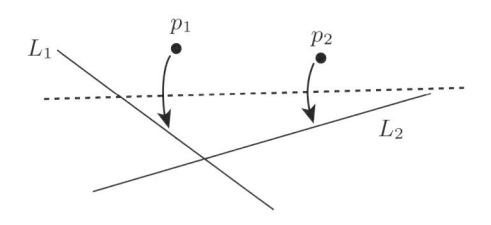

問 1　この折り操作は，点と直線の位置にかかわらず常に可能だろうか．

問 2　点 p が直線 L に乗るように折ったときの折り目が，p を焦点とし L を準線とする放物線の接線であったことを思い出そう．それに基づくと，この折り操作は，幾何的にどのように解釈できるだろうか．図を描いてみよう．

実習　この折り操作について，別の観点から探求しよう．紙の上に点 p_1 を置き（中央近くがよい），紙の下辺を直線 L_1 とする．

もう 1 つの点 p_2 を紙の上に定める．p_1 が L_1 に乗るように折ったとき，p_2 がどこに行くかを調べたい．

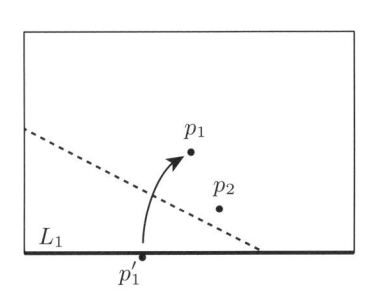

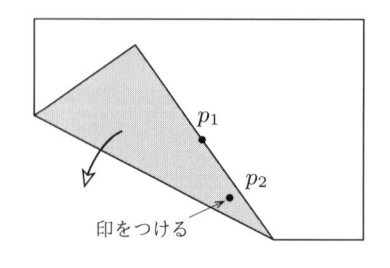

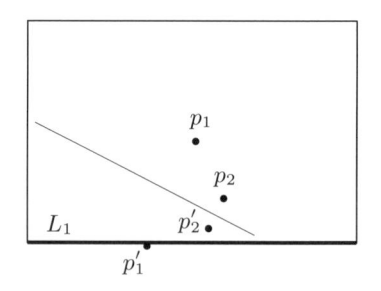

そのために，L_1 上の点を 1 つ選び（それを p_1' とする），その点と p_1 を合わせて折る．そして，p_2 と重なった点にペンで印をつける．（紙のどの部分も p_2 と重ならなかったら，p_1' の位置を変える．）そして紙を広げる．この印（p_2' とする）が，折ったときに p_2 が移る点だ．

次に，p_1' の位置を変えて，同じことを繰り返す．p_2' が十分な数になったら，それらを曲線で結ぶ．

問 3 どのような曲線ができただろう．ほかの人と比べてみよう．互いに似ているだろうか．このような曲線を表す方程式に心当たりがあるだろうか．

演習問題 2

ソフトウェアによる曲線のシミュレーション

この演習問題でも，次の折り操作について考える．

> 2 つの点 p_1, p_2 と 2 本の直線 L_1, L_2 があるとき，p_1 が L_1 に乗り，同時に p_2 が L_2 に乗るように折る．

紙を何度も折る代わりに，この折り操作を Geogebra などの幾何学ソフトウェアでモデル化しよう．そうすることで，この折り操作によって生成される曲線の例を数多く見ることができる．

その手順は次の通りだ．

（1） 直線 L_1 と点 p_1 を作成する．
（2） L_1 上に点 p_1' を置き，p_1 と p_1' を結ぶ線分を作図する．

（3） 線分 $p_1 p_1'$ の垂直二等分線を作図する．これが折り線になる．
（4） もう 1 つの点 p_2 を作成する．
（5） p_2 を，(3)で作図した折り線に関して反転する．Geogebra では，「直線に関する鏡映」ツールを用いればよい．新しい点を p_2' と名づける．

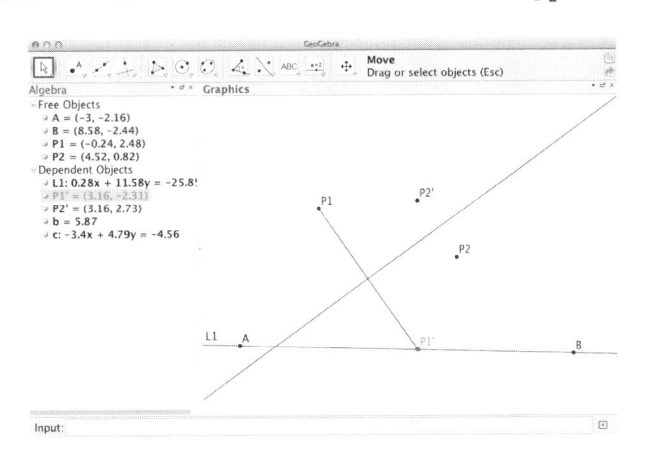

p_1' を L_1 上であちこちに動かせば，p_2' の位置が変化する．この軌跡を作図するには，p_2' の「残像表示」をオンにする（Geogebra では，p_2' の上で右クリックする）．また，「軌跡」ツールを使って，p_1' が動いたときの p_2' の軌跡をプロットすることもできる．

実習 p_2 をさまざまな位置に動かして，曲線の変化を観察しよう．曲線の形をいくつかに分類できるはずだ．それらを言葉で説明しよう．

演習問題 3
これはどんな曲線か

演習問題 1 および 2 で見た曲線について調べるため，折り操作をモデル化しよう．

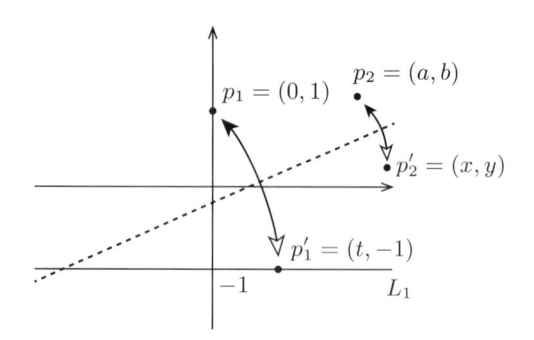

$p_1 = (0,1)$ とする．また，L_1 を直線 $y = -1$ とする．p_1 を L_1 上の点 $p_1' = (t, -1)$ に合わせて折るとする．$p_2 = (a,b)$ を定点としよう．そして，折り線に関する p_2 の鏡像 $p_2' = (x,y)$ の座標を求める．その結果得られる x と y に関する方程式が，この折り操作によって得られる曲線を表すはずだ．

演習 まず，p_1 を p_1' に合わせて折るときの折り線の方程式を求める．そして，幾何の知識も用いながら，x と y に関する方程式をいくつか書き出す．最後に，それらの方程式を組み合わせて，x と y に関する 1 つの方程式（定数 a および b は含むが，変数 t は含まない）を求める．どんな方程式になるだろうか．

解説

●演習問題 1 込み入った折り方

このような折り操作を初めて耳にしたという学生がいるかもしれない．その場合，この操作を角の 3 等分での手順と比べれば，少なくともこの操作が可能であることがわかるはずだ．

問 1 この折り操作ができない場合がある．例えば，L_1 と L_2 が平行であって，その距離が p_1 と p_2 とのあいだの距離より大きい場合，p_1 が L_1 に乗り p_2 が L_2 に乗るように折ることは不可能だ．（いかなる折り操作も等長変換だから，p_1 と p_2 のあいだの長さは保存される．）

問 2 p_1 が L_1 に乗るように折るときの折り線は，焦点を p_1 とし準線を L_1 とする放物線に接する．同様に，この折り線は，焦点を p_2 とし準線を L_2 とする放物線に接する．

したがって，この折り操作は，2 つの放物線の共通接線を求めることと同等だ．

実習 ここでは，プロジェクト 6「放物線を折る」と同様，何度も折って p_2' を多数プロットする必要がある．紙を折るとき，点 p_2 の上に紙が重なるのではなく，p_2 を含む側が動く場合がある．その場合でもやはり，p_2 と重なる点に印をつける．

右図に一例を示す．x 軸と y 軸も参考のために示している．

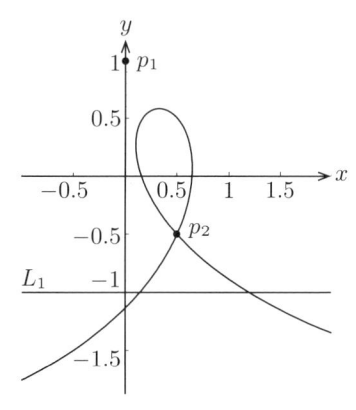

問 3 この曲線は三次曲線の一種だ．ただし，さまざまな三次方程式のグラフを見たことのある学生はほとんどいないだろうから，そのことに思い当たらなくてもかまわない．

◉演習問題 2　ソフトウェアによる曲線のシミュレーション

演習問題 1 を終えたら，Geogebra などのソフトウェアを用いて，この曲線をより深く探究するとよい．実際に紙を折って点をプロットするのは何にも代えがたいが，Geogebra を使えば，この三次曲線がとることのできるさまざまな形を体験できる．

学生が Geogebra などのソフトウェアに習熟しているなら，この演習問題を見ずに独力でシミュレーションできるだろう．鏡映，残像，軌跡などの機能になじみのない学生のために，演習問題では手順を詳細に示した．学生が得るであろう画面の一例を次に示す．

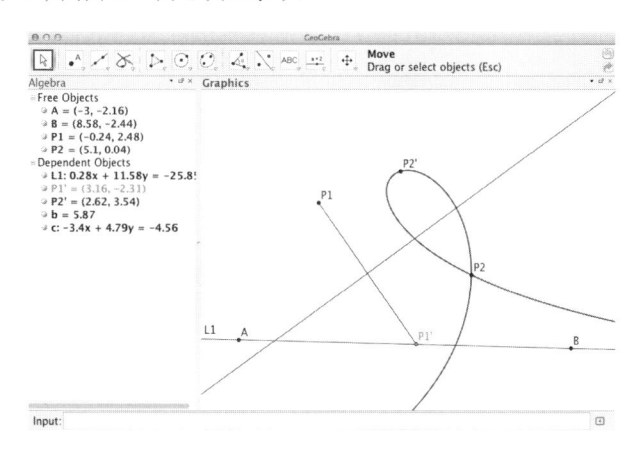

◉演習問題 3　これはどんな曲線か

このモデリング演習は，プロジェクト 6「放物線を折る」の発展であり，最初の設定は同一だ．すなわち，$p_1 = (0,1)$ とし，L_1 を $y = -1$ とし，$p_1' = (t, -1)$ とする．したがって，折り線の方程式は，プロジェクト 6 で求めたように $y = (t/2)x - t^2/4$ となる．

このプロジェクトでは，点 p_2 が加わり，p_2 の座標 (a, b) と p_2' の座標 (x, y) とのあいだの関係を求めることになる．それはまた，t が動くときに p_2' が描く曲線の方程式を求めることでもあるから，最終的に変数 t を消去する必要がある．

p_2' の座標を (x, y) と表すことで，混乱する学生がいるかもしれない．このように表したのは，最終的な方程式を，曲線の方程式を表す一般的な形，

すなわち x と y に関する方程式にするためだ．この変数 x および y が，折り線の方程式における変数 x および y と異なることを理解する必要がある．

この演習問題を解くためには，いくつかの事実に気づかなければならない．まず，線分 $p_1 p_1'$ の傾きと線分 $p_2 p_2'$ の傾きは同じはずだ．すなわち，

$$-\frac{2}{t} = \frac{y-b}{x-a} \tag{1}$$

である．ここで，多くの学生が，この式を折り線の方程式に代入して，x と y のみを変数とする方程式を得ようとするだろう．(a と b は定数だ．) しかし，折り線の方程式における変数 x および y は，p_2' を表す変数 x および y と異なるのだから，その解法は誤りだ．p_2' の座標を (x', y') とすることで両者を区別する学生もいるだろう．

折り線の上に，座標がわかっている点がいくつかある．その 1 つが，線分 $p_2 p_2'$ の中点 $((x+a)/2, (y+b)/2)$ だ．この座標を折り線の方程式に代入し，変数 $t/2$ に (1) を代入すれば，$p_2' = (x,y)$ を表す方程式が得られる．すなわち，

$$\frac{y+b}{2} = -\left(\frac{x-a}{y-b}\right)\frac{x+a}{2} - \frac{(x-a)^2}{(y-b)^2}$$

$$(y+b)(y-b)^2 = -(x^2-a^2)(y-b) - 2(x-a)^2$$

となる．これが三次式であることに注意しよう．（左辺に y^3 の項があり，右辺に $x^2 y$ の項がある．）

この方程式を見た学生は，教員ほどには興味をひかれないかもしれない．そうであっても，特定の (a,b) の値に対してこの方程式をプロットしてみれば，演習で見たものと同じ曲線が生み出されて，学生の顔が輝くだろう．（例えば，「実習」で示した例では $(a,b) = (0.5, -0.5)$ としている．）このような方程式のプロットには，Maple や Mathematica，あるいは比較的高価なグラフ電卓が必要だが，学生がこれを行う価値は大いにある．

●指導方法と発展問題

すでに述べたように，このプロジェクトは，前の 2 つのプロジェクトを終えてから実施するべきだ．プロジェクト 6「放物線を折る」では，放物線，円錐曲線，方程式といった学生がよく知っている数学的概念を，折り紙と結

びつけた．プロジェクト7「折り紙で角の3等分」でも，多くの学生は事前に角の3等分問題を聞いたことがあっただろう．ところがこのプロジェクトでは，学生にとってすべてが見慣れないものとなる．そのため学生は，より高度で「本格的な」数学に進んだと感じるだろう．実際，三次方程式は容易に分類できず，学生にもなじみがないはずだ．

したがって，このプロジェクトでは，学生は見慣れない風景の中を手探りで進むこととなる．そのため，実際に折り始める前に折り方をしっかり理解する必要がある．また，学生がさまざまな位置に点 p_2 を置くことも重要だ．前出の例で示したようなループができる場合もあれば，1か所が尖ったり盛り上がったりした曲線になる場合もある．p_1 をすべての学生が同じ位置に置くようにすると，p_2 の位置の変化による曲線の形の変化が見やすくなる．

演習問題3では，モデルを用いて三次曲線の方程式を求めるが，これは学生にとって難しいかもしれない．しかし，難しく思えることでも，やり方がわかってしまえば簡単なことがよくある．これはその典型例だ．難しいところは，モデル化の方法を理解することだろう．というのも，ここでのモデル化は，放物線の方程式を求めたときのモデル化と大きく異なる．プロジェクト6では，すべての折り線に接する曲線を求めた．このプロジェクトでは，p_1 が L_1 に乗るように何度も折ったときの p_2' の振る舞いを調べる．したがって，最終的な目標は，紙を折ったときの p_2' の挙動を，変数 x および y に関する方程式であらわすことだ（t を含んではいけないが，a と b は定数なので含まれていてもよい）．このモデルから得られた方程式であれば何であれ，p_2' がとることのできる座標を表している限り（そして過度に複雑でない限り）正解としてよい．

なお，この演習問題では直線 L_2 に言及しなかった．p_2 が L_2 に乗るように折るためには，L_2 と三次曲線との交点に p_2 を合わせて折ることになる．したがって，そのような交点を見つけることが，方程式を解くことに対応する．

すでに述べたように，学生がコンピューターやグラフ電卓で三次方程式をプロットし，自分で折ったときと似た曲線が生成されるのを見ることには，大きな価値がある．数学的モデルと現実の作業とを結びつけることができれば，学生の理解が深まるだろう．

発展問題 このプロジェクトでは，ある種の三次方程式が折り紙で解けることが示された．では，任意の三次方程式が折り紙で解けるだろうか．解けるとしたら，どうすれば解けるだろう．

任意の三次方程式を折り紙で解く方法は，いくつかある．ここでは，アルペリンが [Alp00] で示した方法を紹介する．ただし，この方法はかなり技巧的で，学生がこの方法を自分で思いつくことはなさそうだ．より直観的な方法については，次のプロジェクト「リルの解法」を参照．

アルペリンの方法では，$x^3 + ax^2 + bx + c = 0$ の形の三次方程式が与えられたとき，x^2 の項を消すために $z = x - (1/3)a$ とおいて

$$z^3 + \frac{3b - a^2}{3}z - \frac{9ab - 27c - 2a^3}{27} = 0$$

とする．つまり，三次方程式を一般に，a と b を有理数として $x^3 + ax + b = 0$ と表すことができる．ここで，2 つの二次方程式

$$\left(y - \frac{1}{2}a\right)^2 = 2bx \quad \text{および} \quad y = \frac{1}{2}x^2$$

を考える．a と b は折り紙で作図できるから，これらの二次方程式のすべての係数も，それぞれの放物線の焦点と準線も，折り紙で作図できる．前者の放物線の焦点は $(b/2, a/2)$ であり，準線は $x = -b/2$ である．また，後者の焦点は $(0, 1/2)$ であり準線は $y = -1/2$ である．（これらは高校で習う公式から計算できる．多くの学生が公式を忘れているだろうが，どんな教科書にも公式が載っているだろう．）

ここで，$(b/2, a/2)$ が $x = -b/2$ に乗り，同時に $(0, 1/2)$ が $y = -1/2$ に乗るように折る．そのときの折り線は，2 つの放物線の両方に接する．この折り操作では可能な折り線の数が複数になることがあるが，そのうちの 1 本の傾きを m とする．

<u>主張</u>　m は $x^3 + ax + b = 0$ の解である．

<u>証明</u>　折り線と第 1 の放物線との接点を (x_0, y_0) とし，第 2 の放物線との接点を (x_1, y_1) とする．これら 2 つの放物線の微分係数にそれぞれの接点の座標を代入すると，m に関する方程式がいくつか得られる．まず，第 1

の放物線から

$$2\left(y - \frac{a}{2}\right)\frac{dy}{dx} = 2b \implies y_0 = \frac{a}{2} + \frac{b}{m}$$

となる．また，第 1 の放物線の方程式に (x_0, y_0) を代入すると $x_0 = (y_0 - a/2)^2/(2b) = b/(2m^2)$ となる．同様に，第 2 の放物線から $m = x_1$ および $y_1 = (1/2)m^2$ が得られる．m は折り線の傾きであったから，

$$m = \frac{y_1 - y_0}{x_1 - x_0} = \frac{\dfrac{m^2}{2} - \dfrac{a}{2} - \dfrac{b}{m}}{m - \dfrac{b}{2m^2}}$$

となる．これを簡単にすれば，$m^3 + am + b = 0$ が得られる． □

すなわち，折り線の傾き m が三次方程式の実数解と等しい．座標に m を含む点を作図することは容易だ．例えば，折り線と x 軸との交点を $(w, 0)$ として（これも作図可能な点だ），直線 $x = w + 1$ を折る．この垂直な折り線は，はじめの折り線と $(w + 1, m)$ で交わる．したがって，任意の三次方程式の解を折り紙で作図できる．

さらなる発展問題 このプロジェクトでは，さらにいくつかの問題を考えることができる．それらを宿題などにしてもよいだろう．

その 1 つは，「この折り操作で複数の折り方が可能な場合があるか」という問題だ．答えは「ある」だ．代数的に考えれば，この折り操作は三次方程式を解くことと同等なのだから，最大 3 つの実数解があるはずだ．より直観的に，グラフから見て取ることもできる．この折り操作は，L_2 と三次曲線との交点に p_2 を合わせて折ることとみなせるので，その交点の数を調べればよい．この三次曲線の形を考えれば，直線との交点が最大 3 つであり，2 つ，1 つ，さらに交点がない場合があることがわかるだろう．

もう 1 つは，この「三次」折り操作と，プロジェクト 6「放物線を折る」で用いた折り操作とが，本当に異なる操作なのかという問題だ．実際，後者の折り方は前者の特別な場合である．もし，点 p_2 がはじめから直線 L_2 の上にあれば，「p_2 が L_2 に乗る」ように折るには，p_2 をそれ自身に合わせて折ればよい．ほかの折り操作についても，同じように「三次」折り操作の特

別な場合とみなせるかどうか考えてみよう．

抽象代数からのアプローチ この話題に代数の視点からアプローチすることで，より厳密な議論ができる．方針としては，定規とコンパスによる作図を分析するのと同じ方法で，折り紙の作図を分析する．

定規とコンパスによる作図を代数的にモデル化する場合，紙を複素平面 $\mathbb{C}$ とみなし，いくつかの点，例えば，原点と 1 および i が与えられたとする．そして，定規とコンパスによる作図によって作図可能な点の集合を考える．この集合は，$\mathbb{C}$ の部分体（$\mathbb{C}$ の部分集合であって，四則演算で閉じている集合）であるが，どんな部分体だろうか．実は，この部分体，すなわち定規とコンパスによる作図可能数の体は，平方根で閉じている最小の $\mathbb{C}$ の部分体だ．それは，簡単に言えば，有理数から始めて四則演算と平方根を有限回適用して得られる数の集合である．厳密に言うなら，$\alpha \in \mathbb{C}$ が定規とコンパスによって作図可能であるのは，α が $\mathbb{Q}$ 上代数的であり，かつ $\mathbb{Q}$ 上の α の最小多項式の分解体 L の拡大次数が 2 の累乗である（すなわち，ある整数 $n \geq 0$ について $[L:\mathbb{Q}] = 2^n$ である）ときであり，そのときに限る．言い換えると，定規とコンパスでは，二次方程式を解くことができる．

折り紙についても同様に考えることができる．紙を $\mathbb{C}$ とみなし，例えば原点，1, i, $1+i$（正方形の 4 つの頂点）が与えられたとする．これらの点をもとに折り紙で作図できる点がなす部分体 $\mathcal{O} \subset \mathbb{C}$ を求めよう．この部分体を「折り紙数」体と呼ぶことにする．可能な折り操作として，例えば 2 点が与えられたときに，それらを結ぶ直線に沿って折ったり，それらが重なるように折ったりすることが考えられる．あるいは，2 本の直線を合わせるように折るという折り方もある．それらによって，まず有理数を作図できる．

また，プロジェクト 6「放物線を折る」で見たように，点が直線に乗るように折ることで，任意の二次方程式を解くことができる．したがって，$\mathcal{O}$ は定規とコンパスによる作図可能数の集合を含む．

さらに，このプロジェクトで見たように，2 つの点を 2 本の直線へ折る操作のため，$\mathcal{O}$ は定規とコンパスによる部分体より大きくなる．実際，$\mathcal{O}$ には有理数体上の三次方程式の解がすべて含まれることをすでに示した．このことをより厳密に証明しようとするなら，例えば次の定理を証明することに

なる.

<u>定理</u> $\alpha \in \mathbb{C}$ が $\mathbb{Q}$ 上代数的であるとし，$\mathbb{Q}$ 上の α の最小多項式の分解体を $L \supset \mathbb{Q}$ とする．そのとき，α が折り紙数であるのは，ある整数 $a, b \geq 0$ について $[L : \mathbb{Q}] = 2^a 3^b$ であるときであり，そのときに限る.

これを証明するには，基本的に，1 つの点を 1 本の直線へ折る（二次方程式を解く）操作と 2 つの点を 2 本の直線へ折る（三次方程式を解く）操作による点の生成を，体の拡大を用いて定式化すればよい．そのわかりやすい記述については [Cox04] を参照．また [Mar98] と [Alp00] も参照.

上記の定理は，2 つの点を 2 本の直線へ折る操作が最も複雑な折り操作であることを前提としている．しかし，より複雑な折り操作がないのかと疑問に思う学生がいても不思議はない．実際，それは非常によい質問だ．すべての折り線が直線であり，一度に 1 本の折り線しかつけないとしたら，2 つの点を 2 本の直線へ折る操作が最も複雑な（すなわち，最も高い次数の方程式を解ける）折り操作であることを証明できる．これは，2003 年にロバート・ラングがベクトル解析を用いて証明した [Lang03]．より簡潔な幾何学的証明が [Hull05-1] にある.

この制約を緩めれば，可能な折り操作も増える．ロバート・ラングは，2 本の折り線で同時に折る折り操作によって任意の角を 5 等分する方法を見出した [Lang04-2]．角の 5 等分のためには，五次方程式を解く必要がある.

ラングの角の 5 等分法を授業で取り上げるなら，そのような折り操作を認めるべきかどうか議論するとよい．ラングが用いた「2 本同時折り」操作は，正方形の紙を 3 等分に折るために 2 本の折り線で同時に折る折り方と異なるだろうか．そのような「同時折り」が，人間が実践できないほど複雑になることはないだろうか．これらの疑問は，折り紙の数学の世界でも現在議論されており，授業でも活発な議論が繰り広げられるだろう.

プロジェクト 9
リルの解法

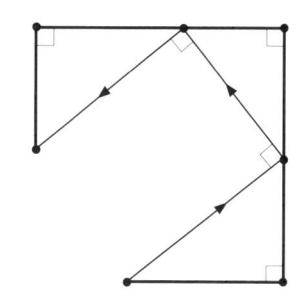

このプロジェクトの概要
多項式方程式を作図によって解く「リルの解法」を用いて三次方程式を解く方法を示し，それが解法になっていることを証明する．この作図は折り紙でも可能だ．その作図法を考え，特定の三次方程式の実数解を折り紙によって求める．

このプロジェクトについて
三次方程式を解くのは一般的に難しいが，リルの解法はシンプルだ．実際，その証明は基本的な三角比と代数しか必要としない．折り紙による作図も，正確に折る必要があるが，難しくない．

このプロジェクトの基礎となる概念を掘り下げるのは，幾何の授業に適している．折り紙によって三次方程式が解けることを明快に証明できるからだ．また，このプロジェクトで示される代数と幾何の関連は，作図可能数を扱う抽象代数の授業に適している．

演習問題と授業で使う場合の所要時間
（1） 三次方程式に対するリルの解法を示し，それを証明する．
（2） 三次方程式に対するリルの解法を折り紙で実行する方法を示し，特定の三次方程式を折り紙で解く．
（3） 演習問題 2 を解くために必要な折り目をつける手順を詳しく示す．この演習問題は省略してもよいが，多くの場合に有用だろう．

演習問題 1 は 20 分から 30 分でできるはずだ．宿題としてもよい．演習問題 2 と 3 については，いくつかの使い方がある．演習問題 3 の手順に沿って全員が同時に折れば，演習問題 2 と 3 をあわせて 20 分程度で終えられるだろう．

演習問題 1
リルの解法で三次方程式を解く

この演習問題では，リルの解法を使って三次方程式を幾何的に解く．次の三次方程式の実数解を求めたいとする．

$$ax^3 + bx^2 + cx + d = 0$$

原点 O から始めて，x 軸の正の方向に長さ a の線分を引く．次に，反時計回りに 90° 回転し，長さ b だけ進む．以下同様に，反時計回りに 90° 回転して長さ c だけ進み，もう一度回転して長さ d だけ進む．到達点を T とする．

注意：係数が負なら，後ろ向きに進む．係数が 0 なら，回転してその場にとどまる．

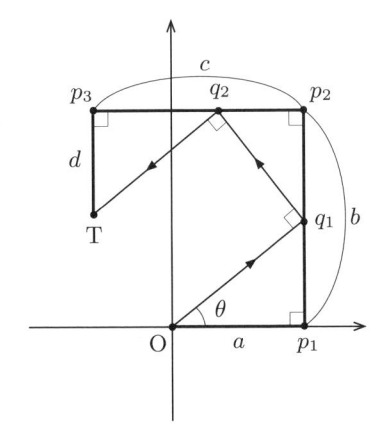

ここで，点 O から T に向けて弾丸を「撃つ」とする．ただし，その弾丸は，図に示すように「係数パス」にぶつかるたび直角にはね返るとする．

この「弾丸パス」が首尾よく T に命中したとき，O におけるパスの角度を θ とすると，$x = -\tan\theta$ がこの三次方程式の解である．これが，リルの解法だ．

問 リルの解法で三次方程式が解けることを証明しよう．（ヒント：この図における三角形について，何か気づくことがあるだろうか．$\tan\theta$ は何と等しいだろう．）

演習問題 2

折り紙によるリルの解法

リルの解法を用いると，折り紙によって任意の三次方程式を解くことができる．その方法は，イタリアの数学者マルゲリータ・ベロークが 1933 年に見出した．

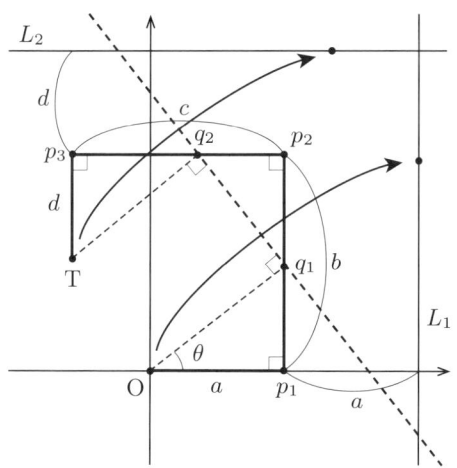

以下に手順を示す．

(1) 紙の上に，リルの解法の手順に従って「係数パス」の折り目をつける．

(2) そして，x 軸と垂直であって，線分 $p_1 p_2$ から（O と反対側に）距離 a だけ離れた直線を折る．この折り目を L_1 とする．

(3) 次に，y 軸と垂直であって，線分 $p_2 p_3$ から（T と反対側に）距離 d だけ離れた直線を折る．この折り目を L_2 とする．

(4) 最後に，O が L_1 に乗り，同時に T が L_2 に乗るように折る．この折り線により，リルの解法で必要な「弾丸パス」の一部（および求める角度 θ）が作図される．

実習 上記の手順に従って，多項式 $x^3 - 7x - 6$ の根を折り紙で求めよう．

そのためには，紙を xy 平面とみなし，原点の位置を定め，係数パスを折る必要がある．下図のような折り目をつけるとよい．そして，点 O が直線 L_1 に乗り，同時に T が L_2 に乗るように折る．

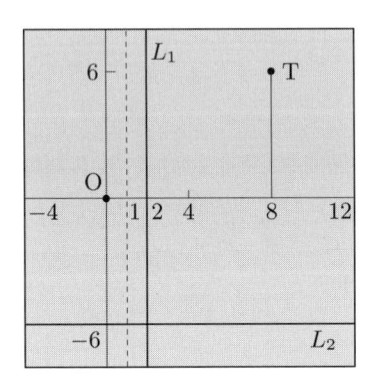

演習問題 3

リルの解法の例

この演習問題では，リルの解法を用いて $x^3 - 7x - 6 = 0$ を解くために必要な折り目をつける手順を示す．大きな正方形の紙を用意し，それを xy 平面の $-4 \leqq x \leqq 12$ かつ $-8 \leqq y \leqq 8$ の範囲だとみなす．

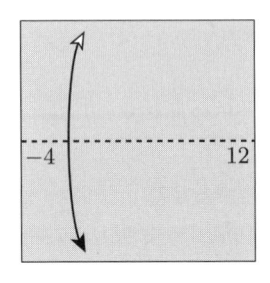

(1) 半分に折って x 軸の折り目をつける．

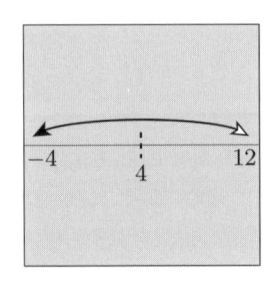

(2) 半分に折って $x = 4$ の印をつける．

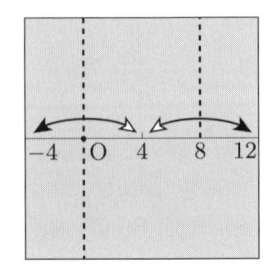

(3) y 軸と直線 $x = 8$ を折る．

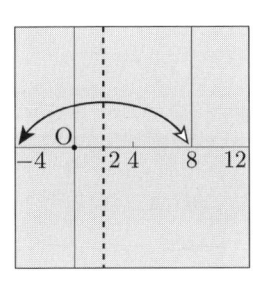

(4) 直線 $x = 2$ を折る．

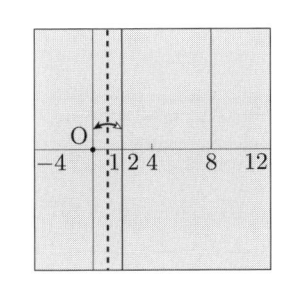

(5) 直線 $x = 1$ を折る．

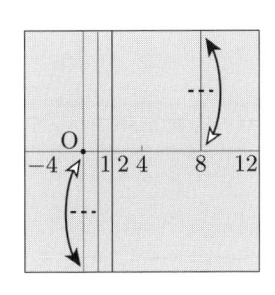

(6) 図に示すように印をつける．

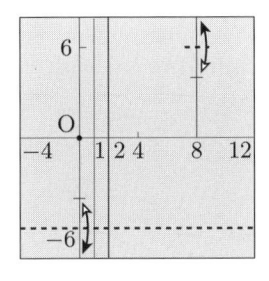

(7) 直線 $y = -6$ を折り，点 $(8,6)$ に印をつける．

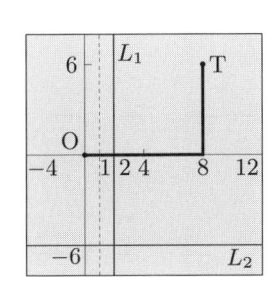

(8) これでリルの解法を適用できる．

点 $O = (0,0)$ と $T = (8,6)$，直線 $L_1 : x = 2$ と $L_2 : y = -6$ を書き込もう．O から T までの係数パスは，太線で示されている．係数パスの位置を確認しよう．

解説

リルの解法では，任意の 1 変数多項式方程式の実数根を作図によって求めることができる．これは，19 世紀にオーストリアの技術者エドアルト・リルによって見出された [Lill1867]．三次方程式の場合に折り紙が利用できることは，1930 年代にイタリアの数学者マルゲリータ・ベロークが見出した [Belo36]．詳しくは [Hull11] を参照．

● 演習問題 1　リルの解法で三次方程式を解く

この演習問題では，リルの解法を文章で説明した．$x = -\tan\theta$ が多項式の根になるというのは，意外なことだ．

この演習問題の図では，証明の助けとするため，各点に名前がつけられている．最初に，この図のすべての三角形が相似であることに気づく必要がある．すなわち，

$$\theta = \angle q_1 O p_1 = \angle q_2 q_1 p_2 = \angle T q_2 p_3$$

である．それぞれの三角形で $\tan\theta$ を計算すれば，証明がただちにできる．

まず $\triangle O p_1 q_1$ において，

$$-x = \tan\theta = \frac{p_1 q_1}{a} = \frac{b - q_1 p_2}{a}$$

$$q_1 p_2 = ax + b$$

である．次に $\triangle q_1 p_2 q_2$ を見ると，

$$-x = \tan\theta = \frac{p_2 q_2}{q_1 p_2} = \frac{c - p_3 q_2}{ax + b}$$

$$p_3 q_2 = x(ax + b) + c$$

が得られる．最後に $\triangle q_2 p_3 T$ を見て，

$$-x = \tan\theta = \frac{d}{p_3 q_2} = \frac{d}{x(ax + b) + c}$$

すなわち　$0 = x(x(ax + b) + c) + d = ax^3 + bx^2 + cx + d$

となる．したがって，$x = -\tan\theta$ は三次式の根の 1 つである．

証明はおおむねこれで十分だが，演習問題の図を見ただけでは，見過ごしが生じるかもしれない．というのも，すべての三次式で係数パスがこの形になるわけではないからだ．上記の証明が有効であるのは，三次式のすべての

係数が正の場合に限られる．いずれかの係数が 0 または負であるなら，係数パスの形が変わり，証明における計算も変わる．

例えば，x の項の係数が負であり，ほかの係数は正だとしよう．つまり，三次方程式が
$$ax^3 + bx^2 - cx + d = 0$$
の形だとする．この場合，係数パスと弾丸パスは下図のようになる．

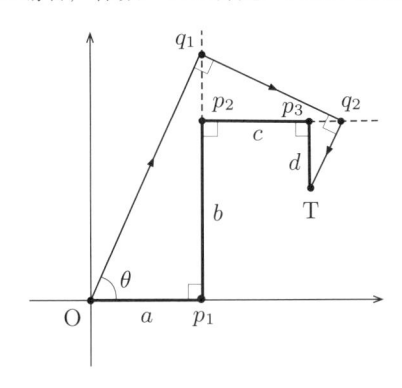

リルの解法を適用するには，線分 p_1p_2 および p_2p_3 を含む直線で弾丸がはね返るとしなければならない．すると，計算は以下のようになる．

$\triangle \mathrm{O}p_1q_1$ において　$-x = \tan\theta = \dfrac{p_1q_1}{a} = \dfrac{b + q_1p_2}{a}$

　　すなわち　$q_1p_2 = -ax - b$

$\triangle q_1p_2q_2$ において　$-x = \tan\theta = \dfrac{p_2q_2}{q_1p_2} = \dfrac{c + p_3q_2}{-ax - b}$

　　すなわち　$p_3q_2 = -x(-ax - b) - c$

$\triangle q_2p_3\mathrm{T}$ において　$-x = \tan\theta = \dfrac{d}{p_3q_2} = \dfrac{d}{-x(-ax - b) - c}$

　　すなわち　$-ax^3 - bx^2 + cx = d \implies ax^3 + bx^2 - cx + d = 0$

そのほかの場合も，係数が 0 の場合も含め，同様に扱える．すべての可能な場合について学生が証明する必要はないだろうが，係数パスの形が変わることがあり，それに応じて証明を変える必要があることを理解することが重要だ．（各自にそれぞれの場合の証明を宿題として割り当てるとよいだろう．）

リルの解法は，巧妙というほかない．19 世紀末から 20 世紀初頭にかけて

はよく知られていたようだが，現在ほとんど忘れられているというのは驚きだ．最近になって，折り紙の作図に関する研究でリルの解法が用いられるようになった（[AlpLan09] を参照）．

　リルの解法には，ほかにも注目すべき点がある．まず，リルの解法は任意の次数の多項式に適用できるので，五次方程式など任意の多項式方程式の実数解を求めることができる．証明は上記と同じだ．また，リルの解法を Geogebra や Geometer's Sketchpad などの動的幾何学ソフトウェアでシミュレートすると，楽しみながら概念を理解できる．係数パスを作図する際は，線分 p_1p_2, p_2p_3 等のそれぞれを含む無限の長さの直線を作図する必要がある．というのも，弾丸が線分の延長線上ではね返ることがあるからだ．係数パスが作図できたら，p_1p_2 を含む直線上を動く点 q を作成し，線分 Oq を作図する．これが弾丸パスの最初の辺となる．さらに，点 q を基準に Oq の垂線を作図し，弾丸パスを延長する．以下，順に垂線を作図してゆく．弾丸パスが作図できたら，点 q をあちこち動かして，弾丸パスが点 T を通るところを探す．Geogebra などのソフトウェアに習熟している学生なら，リルの解法のシミュレートは容易だろうし，3 つの異なる角度で点 T に当てることができる場合があることにも気づくだろう．

● **演習問題 2 および 3　折り紙によるリルの解法**

　このプロジェクトでは，リルの解法の素晴らしさに加えて，折り紙で任意の三次方程式が解けるということを，手を動かすことで確認する．そのために 2 つの演習問題がある．まず，三次方程式にリルの解法を適用したときの弾丸パスを，折り紙の「2 つの点を 2 本の直線へ」折る操作で作図できることを示す．次に，その一例を実際に折る手順を示す．

　演習問題 2 の最初の図は，十分に時間をかけて理解する必要がある．直線 L_1 と L_2 の位置は，O が L_1 に乗り T が L_2 に乗るように折ったときに折り目が弾丸パスの 2 つ目の辺を含むように定められている．（ほかの 2 つの辺を作図したければ，q_1 および q_2 を基準として，この折り目と垂直に折ればよい．）これが成り立つことを確かめるには，L_1 上で O と重なる点を O′ としたとき，折り目が OO′ の垂直二等分線であることを思い出せばよい．弾丸パスに必要な直角が得られることがわかるだろう．

プロジェクト9 | リルの解法

リルの解法の例 ここでは，$x^3 - 7x - 6$ を因数分解しないように，まして や計算機で解いたりしないように注意しなければならない．この三次式は， 3つの整数根を持ち，そのすべてをベロークの折り紙解法で求めることがで きるものとして選ばれている．

まず，正方形の紙を xy 平面とみなす．その座標の範囲は，十分広いだけ でなく，折り目をつけやすいものであることが望ましい．ここで示した座標 系は，2006年夏学期の筆者の授業において，キャリー・マルケビッチが考 案したものだ．

マルケビッチの座標系では，正方形の辺の長さが 16 であり，x 軸は中央 の水平線で -4 から 12 にわたっている．したがって，y 軸は中央から左に $1/4$ ずれた垂直線になる．

ベロークの折り方を適用するための折り手順は以下の通りだ．まず，x 軸 と y 軸を折り，原点 O の位置を定める．次に係数パスを折り，点 T を求め る．最後に，直線 L_1 および L_2 を折る．その手順を自分で考えるのは，楽 しいしそれほど難しくないが，折り紙の経験が少ない場合は，どこから手を つけてよいかわからないかもしれない．

そこで，演習問題3で，マルケビッチの座標系を折るための手順を示し た．授業の前に教師がこの手順に従って折ってみて，学生自身に折り手順 を考えさせるのがよいか授業の中で折り手順を示すのがよいか判断すると よい．

座標系が折れたら，必要な折り目が見やすくなるように印をつけるとよ い．そうしないと，弾丸パスを見つけるための折り操作が困難になるだろ う．また，折る途中で，O に印をつけ，x 軸上に 1, 2, 4, 8 の目盛を書き込 むとわかりやすい．重要なことは，直線 L_1 および L_2 に沿ってはっきりと 線を引くことと，点 O および T にはっきりと印をつけることだ．

座標系と重要な直線が折れたら，演習問題2の目的である $x^3 - 7x - 6$ の根を求めることができる．そのためには，O が L_1 に乗り T が L_2 に乗 るようにする．紙を持ち上げて，光に透かして O や T の位置を見ると，直 線に合わせやすいだろう．この三次式には実数根が3つあるので，3通りの 異なる折り線で折ることができる．学生の数が多ければ，その3通りがす べてそろうかもしれない．1つの折り線を次に示す．

解説

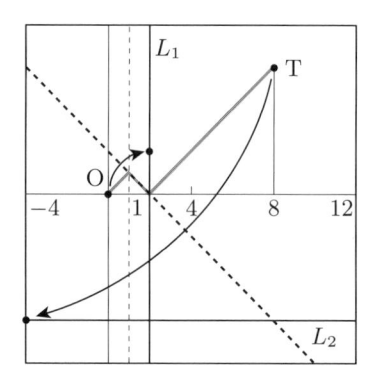

座標をよく見れば，点 T が L_2 上の点 $(-4,-6)$ と重なり，O が L_1 上の点 $(2,2)$ と重なることがわかる．ということは，弾丸パスと係数パスが作る三角形は，いずれも $45°$ の直角三角形だ．つまり，O での角度 θ は $45°$ であり，$\tan\theta = 1$ である．したがって，$x = -1$ が $x^3 - 7x - 6$ の根だ．代入してみれば，それを確かめることができる（$-1 + 7 - 6 = 0$）．

O と T をそれぞれの直線に乗せる別の 2 つの折り線を以下に示す．

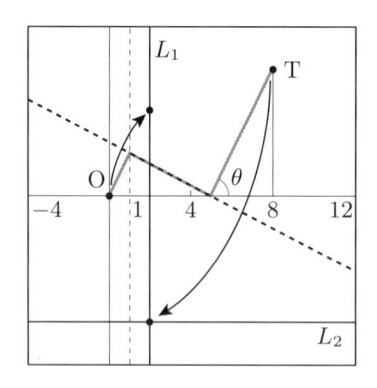

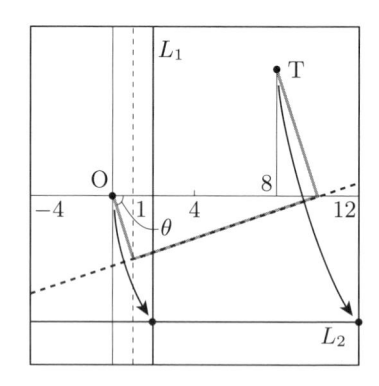

左の図では，T が L_1 と L_2 の交点 $(2,-6)$ に重なる．したがって，折り目は x 軸と $x = 5$ で交わる（なぜなら，折り目は $T = (8,6)$ と $(2,-6)$ とを結ぶ線分の垂直二等分線であり，その線分の中点は $(5,0)$ だ）．ということは，点 T において係数パスと弾丸パスが作る直角三角形の隣辺は長さが 6 と 3 であって，$\tan\theta = 6/3 = 2$ より $x = -2$ がもう 1 つの根になる．

$(-2)^3 + 14 - 6 = 0$ だから，これも成り立っている．

最後に，右の図では，点 O が $(2, -6)$ に重なっており，折り目は垂直線 $x = 1$ と点 $(1, -3)$ で交わる．この場合，O における直角三角形の隣辺の長さは，片方が負になる．すなわち 1 と -3 だ．$\tan\theta = -3$ から，$x = 3$ も根であるはずだ．$27 - 21 - 6 = 0$ より，確かに根だ．

$x^3 - 7x - 6$ の根は，リルの解法を折り紙に応用したベロークの折り方を試してみるのに最適だ．実際，リルの解法を紹介したリアスの 1962 年の論文 [Riaz62] でも，同じ三次式が例として用いられている（ただし，この論文はベロークの折り方には触れていない）．

● 発展問題

リルの解法とベロークによるその応用には，さまざまな発展問題が考えられる．

リルの解法については，すでに述べたように，係数の符号が異なる（または 0 になる）場合の証明を課題にすると，学生の理解度を測れるだろう．また，リルの解法を Geogebra などの動的幾何学ソフトウェアでモデル化しても，楽しく理解を深めることができる．

より深く掘り下げることもできる．n 次多項式では係数パスの辺の数が $n + 1$ になることに注意しよう（そのうち何本かは長さが 0 かもしれない）．弾丸パスは，辺の数が n であり，係数パスと同様にすべての頂点で直角に折れ曲がっている．したがって，弾丸パスに対応する $(n - 1)$ 次多項式を考えることができる．この多項式は，元の多項式を 1 つの実数解で因数分解したものと同じだ．言い換えると，リルの解法は幾何的な因数分解なのである．（これも [Riaz62] で説明されている．）

例として，再び $x^3 - 7x - 6$ を取り上げよう．弾丸パスにより $x = -1$ という根が得られたとする（前掲の図を参照）．この弾丸パスは，x 軸と 45° の角度をなしており，3 辺の長さを簡単に求めることができる．すなわち，順に $\sqrt{2}, \sqrt{2}, 6\sqrt{2}$ だ．この弾丸パスを O のまわりに回転して，最初の辺が x 軸の正の方向を向くようにすると，次の多項式の係数パスになる．

$$\sqrt{2}x^2 - \sqrt{2}x - 6\sqrt{2}$$

これを $\sqrt{2}$ で割ると，根は変わらず，パスを最初の辺の長さが 1 になるよ

うに正規化したことになる．その結果は $x^2 - x - 6$ だ．最初に見つけた根が $x = -1$ であり，

$$x^3 - 7x - 6 = (x+1)(x^2 - x - 6)$$

であるのだから，確かにリルの解法は多項式の因数分解に対応している．

ベロークの折り方の発展として，プロジェクト7「折り紙で角の3等分」やその発展問題である $\sqrt[3]{2}$ の作図を終えた学生に対して，それらの作図で用いた「2つの点を2本の直線へ」折る操作とベロークの折り方とを比較させるとよい．どちらの折り操作も，リルの解法とは似ていない．角の3等分は，直線 L_1 と L_2 が垂直でないので，リルの解法の応用ではない．$\sqrt[3]{2}$ の作図では L_1 と L_2 が垂直だが，やはりリルの解法とは異なる．（どこが異なるかは読者への宿題とする．）

したがって，ベロークの折り方を理解した学生は，リルの解法で三次方程式を解くことによる，角の3等分や2の3乗根の独自の作図法を見出すことができるはずだ．後者については，三次式 $x^3 - 2$ に対してベロークの折り方を適用すればよい．（実際に折ってみてほしい．）

角の3等分については，3倍角の公式 $\cos 3\theta = 4\cos^3 \theta - 3\cos\theta$ を用いれば三次式を作ることができる．3θ が与えられたとき，$\cos 3\theta$ を定数 k として，$x = \cos\theta$ を求めればよい．つまり，三次方程式

$$4x^3 - 3x - k = 0$$

を解くことになる．元の角度 3θ を特定の値にすると，作図をしやすい．例えば $3\theta = 60°$ とする．

これらを作図するには，適切な座標系を定め，折り目を適切な位置につける必要がある．それには試行錯誤が必要だが，折り紙による作図に興味があるなら，大いに楽しめるだろう．

プロジェクト 10
紙テープを結ぶ

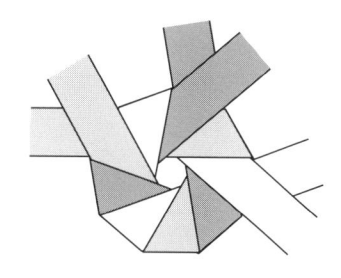

このプロジェクトの概要
紙テープで結び目を折る．（紐を結ぶときと同じように結び目を作る．）すると，正五角形ができるはずだ．最初の課題は，これが正五角形であることを証明することだ．
次に，ほかの結び目が作れるかどうか考える．六角形や七角形の結び目が作れるだろうか．四角形や三角形はどうだろう．2 本以上の紙テープを使ったらどうなるだろう．

このプロジェクトについて
結び目の五角形が正五角形であることは，幾何的に，または対称性を用いて証明できるが，ほかの形の結び目を探求するには，数論と代数が必要となる．どのような結び目が可能かという問題は，オイラーの ϕ 関数，または巡回群 $\mathbb{Z}_n$ の生成元によって答えることができる．複数の紙テープを用いる場合は，$\mathbb{Z}_n$ の傍系（剰余類）が関係する．

演習問題と授業で使う場合の所要時間
演習問題は 1 つだが，前半と後半に分けることができる．後半は前半の問題に対するヒントとなるので，別々に学生に渡してもよい．状況に合わせて判断してほしい．
前半にはそれほど時間はかからない．15 分から 20 分だろう．後半は，数学的な内容も豊富で，結び目を折るのも難しくなるから，より長い時間がかかるだろう．30 分から 40 分を見ておこう．

演習問題
紙テープを結ぶ

実習 紙テープを結んで，平らでゆるみのない結び目を作る．言葉だけではわからないかもしれないが，下図を見ればわかるだろう．

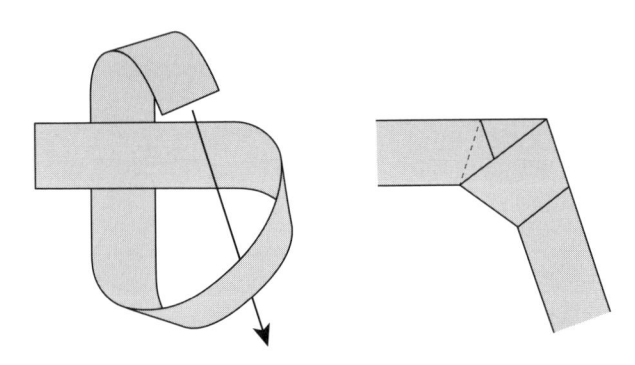

問 1 この五角形が正五角形であることを証明しよう．（ヒント：ビリヤードのボールが壁ではね返るとき，「入射角」と「反射角」は等しい．それと似たことが起きていないだろうか．）

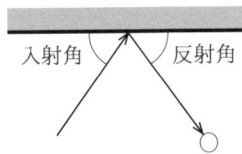

問 2 紙テープを別の形に結ぶことができるだろうか．六角形や七角形や八角形の結び目は作れるだろうか．三角形や四角形はどうだろう．実際に折ってみて，可能な結び目についての仮説を立ててみよう．

問 3 問 2 で，いくつかの結び目ができたはずだ．八角形の結び目を例にとろう．折り方は何通りかあるが，その 1 つを次図に示す．左右の図は最後の折り方が異なる．

八角形の各辺に，紙テープが入るところを 0 として，順に番号をつけよう．紙テープは，多角形ができたとき，または 0 に戻ったときに結び目から出る．

各辺をどのような順序でたどっているだろうか．その順序は，巡回群 $\mathbb{Z}_8$ （法 8 に関する整数の剰余類）とどんな関係があるだろうか．その関係から，問 2 で立てた仮説を証明しよう．

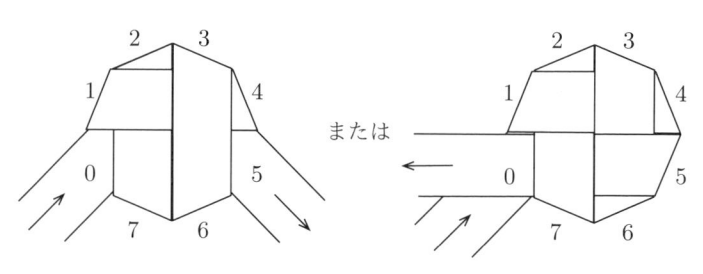

問 4 紙テープを 2 本以上用いたらどうなるだろう．実は，ほぼすべての結び目を作ることができる．下図に，紙テープ 2 本による六角形の結び目と，3 本による九角形の結び目を示す．これらの結び目を，群 $\mathbb{Z}_n$ を用いて分析できるだろうか．それぞれの紙テープは何に対応するだろう．

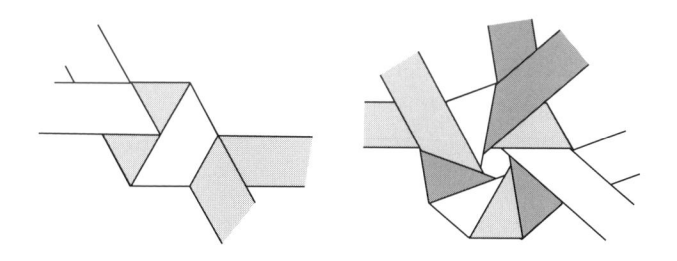

解説

このプロジェクトでは，大量の紙テープが必要になる．装飾用のカラフルな紙テープを用意してもよいが，ほとんどの文房具店で安価な紙テープが入手できる．

●問 1

この結び目が正五角形であることは，幾何的に証明することもできるが，「対称性から明らか」という乱暴な証明をする学生がいるかもしれない．実際，対称性というのはよい着眼点だが，より詳しい説明が必要だ．

ビリヤードをヒントとしたのは，紙テープを折ったときの挙動がビリヤードのボールと似ていることに注意を促すためだ．（鏡で反射する光線とも似ている．）下図の左を見ればわかるだろう．紙テープは，「角を曲がる」たびに同じ角度で折れ曲がる．したがって，五角形のすべての角は等しいはずだ．

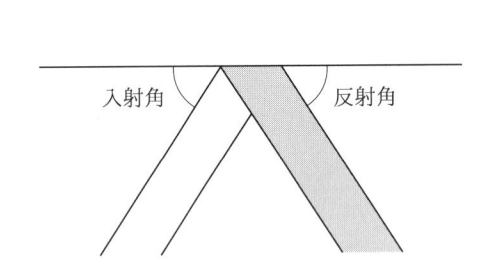

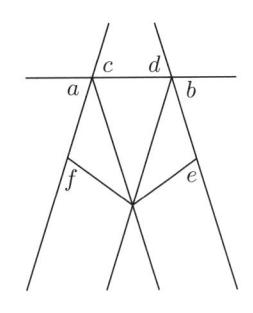

より厳密な証明のために，右の図を見てほしい．角 a と b は，それぞれ結び目の 1 つの辺における「入射角」と「反射角」であり，$a = b$ である．角 c と d はそれぞれ a と b の対頂角であり，したがって $a = b = c = d$ である．角 c と f は，別の辺における入射角と反射角であり，$c = f$ である．d と e も同様であるから，$a = b = c = d = e = f$ となる．これを繰り返せば，五角形のすべての外角が等しいことを証明できる．したがって，すべての内角も等しい．そして，紙テープの幅が一定であることから，辺の長さも等しい．それゆえ，この五角形は正五角形である．

ウェブサイト http://www.cut-the-knot.org は，この五角形の結び目

をロゴに用いており，これが正五角形であることの幾何的な証明を掲載している（`.../proof.shtml`）．ただし，このような技巧的な証明は冗長で味気ない．上記のような直観的な証明のほうがエレガントだ．

●問 2

　五角形以外の結び目を折るのは難しい．中でも，六角形を作ろうとして長い時間を費やさないよう気をつけなければならない．六角形は不可能だからだ．七角形は，五角形にループをもう 1 つ加えれば作ることができる．とはいえ，これも簡単ではない．五角形では，ループを作ってから全体をゆっくりと締める必要があった．七角形も同じで，ループの数が増えた分だけ，締める途中でずれやすい．下図を参考にしてほしい．

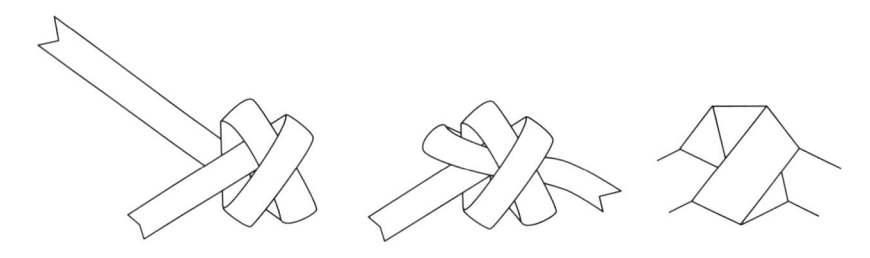

　このような結び目を作るには，練習が必要だ．七角形の結び目が一度できれば，二度目はずっと容易にできるだろう．学生にとっても難しいはずだから，授業ではあらかじめ見本をいくつか作っておくとよい．

　学生が到達すべき仮説は，三角形，四角形，六角形を除くすべての多角形の結び目を 1 本の紙テープで折ることができるというものだ．実験からこの仮説を立てることができたら，演習問題の後半に進む前に証明してみよう．というのも，後半にはヒントが含まれているからだ．

　実際，授業によっては，演習問題の前半と後半を分けて学生に渡すとよい．第一に，前半は教養課程の数学を含めさまざまな授業で使用できるように書かれているが，後半では群論や数論の用語が使われている．第二に，後半には，どのような結び目が可能かということについてのヒントがある．もちろん，ヒントを先に見るのは必ずしも悪いことではないが，演習問題の前後半を同時に渡さなくてもかまわない．

●問 3

n 角形の結び目の各辺に $0, 1, \cdots, n-1$ の番号をつけることで，結び目を折ることが，群 $\mathbb{Z}_n$（法 n に関する整数の剰余類）を 1 つの元から生成することと同等であることがわかる．

紙テープが 0 の辺から n 角形に入るとすると，最初に $2, \cdots, n-2$ のいずれかの辺に達するはずだ．その辺を a としよう．紙テープはそこで折れ曲がり，入射角と反射角の議論からわかるように，次に $2a$ の辺に達する．（紙テープは多角形の中を同じ角度で進むのだから，a の辺に到達するまでに「とばした」辺の数と同じだけ，折れ曲がった後にも「とばす」はずだ．）結び目ができるには，すべての辺を訪れる必要がある．それが成り立つのは，a の倍数によって群 $\mathbb{Z}_n$ のすべての元が生成される場合であって，その場合に限る．

したがって，n 角形を折ることができるのは，$\mathbb{Z}_n$ に 1 でも $n-1$ でもない生成元が存在する場合であって，その場合に限る．言い換えれば，$\mathbb{Z}_n$ に，1 でも $n-1$ でもなく，n と互いに素である要素が存在する場合であり，その場合に限る．すなわち，$\phi(n) > 2$ の場合でありその場合に限る（ϕ はオイラーの ϕ 関数であり，n より小さく n と互いに素である正整数の個数を表す）．

$\phi(3) = \phi(4) = \phi(6) = 2$ なので，三角形，四角形，六角形の結び目は作れない．一方，$\phi(5) = 4$ であり，$n > 6$ のとき $\phi(n) > 2$ だから，他の n 角形はすべて折ることができる．

●問 4

興味深いことに，紙テープを 2 本以上用いたとき，それぞれの紙テープは傍系（剰余類）に対応する．

すなわち，複数の紙テープで n 角形を折るときは，最初に $\mathbb{Z}_n$ の部分群 H を選ぶ．$|H| = k$ とすると，H の傍系は H 自身を含め n/k 個あるから，必要な紙テープは n/k 本となる．

演習問題で示した九角形の場合，$\mathbb{Z}_9$ の部分群として $H = \{0, 3, 6\}$ を選んでいる．すると，例えば白い紙テープが，0 の辺から出発して 3 の辺に行き，6 の辺で折れ曲がって 0 の辺に戻ることになる．もう 1 本の紙テープ

（濃い灰色）が $1+H=\{1,4,7\}$ の辺を巡り，さらにもう 1 本（薄い灰色）が $2+H=\{2,5,8\}$ の辺を巡る．これですべての元が生成されるので，3 本の紙テープで九角形を折ることができる．

　実際に複数の紙テープで結び目を作るのは容易ではないが，傍系の概念を手を動かして理解するというのは，代数の授業で役立つだろう．これはまた，ラグランジュの定理（有限群の位数はその傍系の位数で割り切れる）の例示にもなっている．さらに，複数の紙テープを用いた結び目は，九角形の例のように，対称性の高いパターンに編むことができる．異なる色の紙テープを使うと，きれいな輪ができる．

　自分で作ってみようと思うなら，3 本の紙テープで 12 角形を作るとよい（六角形は簡単すぎる）．それぞれの紙テープが $\{0,3,6,9\}$ の傍系に対応し，正方形を形作るため，比較的折りやすい．折る角度は辺に対して $45°$ になる．折り線の間隔は試行錯誤で決める（または計算で求める）必要があるが，とてもきれいな輪を編むことができる．

● **背景**

　紙テープを折ると五角形の結び目ができることは，古くから知られていたようだ．深川英俊によると，これは 1810 年の算額の題材になっている．算額とは，主に江戸時代の日本で，木の板に幾何の問題を美しく描き，神社に納めたものだ．これは，当時の日本で一般の人が幾何の問題を趣味として楽しんでいたことの証拠であり，算額の中に折り紙を扱ったものがあるという事実は，折り紙の数学に興味を持っていた人が当時の日本にいたことを示している．（折り紙を扱った算額のもう 1 つの例については，プロジェクト 11「芳賀の『オリガミクス』」を参照．）その算額には五角形の結び目が描かれており，紙の幅と五角形の辺の長さとの関係が問題となっている．

　七角形以上の結び目に言及した資料は少ない．古い例の 1 つは，1924 年にモーレーが書いたもので，五角形，六角形，七角形の結び目の折り方とその一般化が示されている [Mor24]．

プロジェクト 11

芳賀の「オリガミクス」

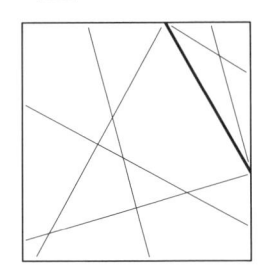

このプロジェクトの概要
芳賀和夫の「オリガミクス」では，紙を特定の方法で折ったときに現れる幾何学的現象を探求する．その目的は，手軽に取り組める折り紙パズルによって，数学研究の 3 段階である実験，仮説，証明を学生が体験することにある．

このプロジェクトについて
オリガミクスにおける演習は，すべてが幾何に基づいている．そのいくつかは何の予備知識も必要としないが，ユークリッド幾何の基本的な知識を用いるものもある．
芳賀の演習は，同氏の著書 [Haga99] や現在は休刊してしまった折り紙雑誌『をる』の記事 [Haga95] などに掲載されているほか，英語でも出版されている [Haga08]．ここで紹介する演習の多くは，第 3 回折り紙の科学・数学・教育国際会議の論文集に掲載された芳賀の論文 "Fold Paper and Enjoy Math: Origamics" [Haga02] からとられている．

演習問題と授業で使う場合の所要時間
芳賀のオリガミクスの例として，「TUP 折り」，「4 頂点集中折り」，「芳賀の定理折り」，「線辺折り」の 4 つの演習問題を挙げた．それぞれで小さな正方形の紙が大量に必要となるだろう（正方形のメモ用紙を使うとよい）．
どのような授業で使用するかにもよるが，いずれの演習問題も 50 分を要するだろう．

演習問題 1

芳賀のオリガミクス(1)：TUP 折り

　正方形の紙を用意し，右下の頂点を A とする．紙の上で任意の点を選び，A をその点に合わせて折る．そのときの折り返し片を TUP（Turned-Up Part）と呼ぶことにする．

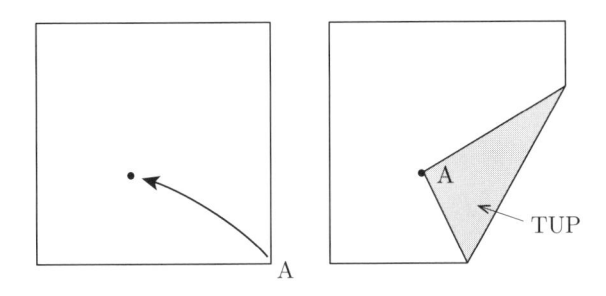

　TUP の辺の数は何本になっただろう．三角形，四角形，あるいは五角形の TUP を作れるだろうか．

　演習　TUP をいくつも作り，TUP の辺の数に関する法則を見つけよう．

　発展問題　紙の外側の点に合わせて折ってもよいとしたら，辺の数はどうなるだろう．

演習問題 2

芳賀のオリガミクス(2)：4 頂点集中折り

　正方形の紙を用意し，その上の任意の位置に点を置く．その点に合わせて，それぞれの頂点を折って戻し，折り目をつける．折り目によって，正方形の中に多角形ができるはずだ．（この多角形の辺のいくつかは，正方形の辺の一部であるかもしれない．）

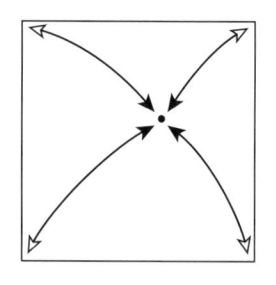

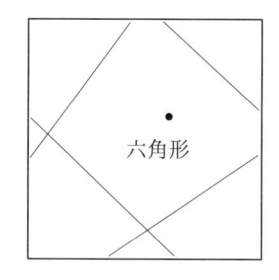

多角形の辺の数は何本になっただろう．五角形や六角形が作れるだろうか．三角形，四角形，あるいは七角形はどうだろう．

演習 この「4頂点集中折り」を何度も実験しよう．多角形の辺の数にどんな法則があるだろうか．

発展問題 正方形の代わりに長方形を用いたら，辺の数はどうなるだろう．

演習問題3

芳賀のオリガミクス(3)：芳賀の定理折り

正方形の紙を用意し，上辺の任意の位置に点 P を置く．そして，右下の頂点をその点に合わせて折る．

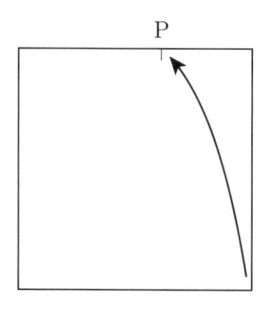

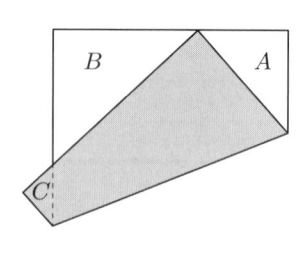

問1 三角形 A, B, C のあいだにどんな関係があるだろう．それを証明しよう．（これは「芳賀定理」と呼ばれる．）

問2 点 P を上辺の中点にとったとしよう．芳賀定理を用いて，次図の

x, y, z の長さを求めよう.

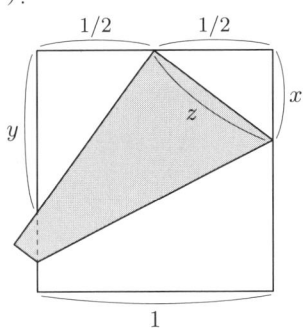

演習問題 4

芳賀のオリガミクス(4)：線辺折り

正方形の紙を用意し，任意の位置で折って折り目をつける．（下図の A と B を参照．この折り目を「母線」と呼ぶことにする．）次に，各辺を母線に合わせて折って戻し，折り目をつける．（下図の C から F を参照．これらを「子線」と呼ぶことにする．）多数の折り目がつくはずだ（図 G）．

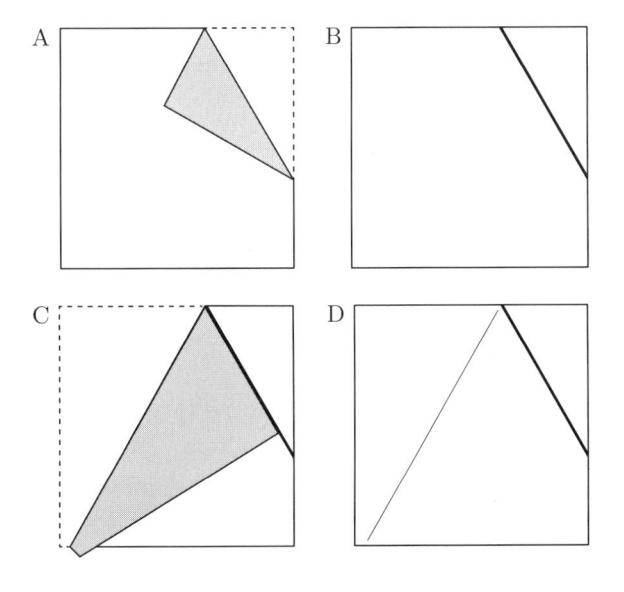

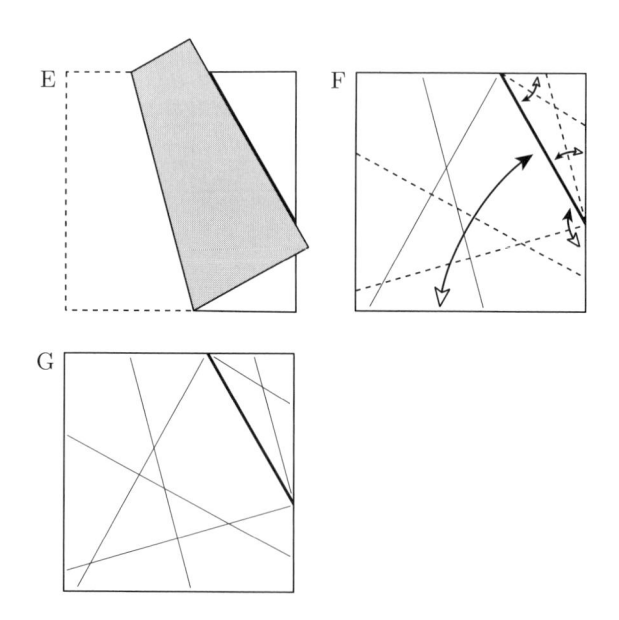

演習 母線をさまざまに変えて実験し，結果を比較しよう．子線の交点に関して，何か仮説が立てられるだろうか．その仮説を証明しよう．

解説

芳賀和夫は，筑波大学で生物学の教授を務めた後，芳賀サイエンスラボを設立して，折り紙を通して子供たちの科学的思考能力を養っている．折り紙は（特に日本で）単なる子供の遊びとみなされることが多いため，芳賀は折り紙の科学的側面を表すべく，「オリガミクス」という言葉を作り出した．

オリガミクスの演習は，学生にとっても教師にとっても難しいところがある．芳賀の提案する演習はオープンエンドであり，1つの正解があるわけではない．そのため，学生には，実験し，仮説を立て，それを証明することが求められる．オープンエンドの演習には，数学科の授業であっても，学生が抵抗を示すことがある．そのような学生に演習に取り組ませるには，教師が知恵を絞る必要がある．例えば，仮説や定理に学生の名前をつけて「讃える」ことが，十分な動機づけになるかもしれない．いずれにせよ，これらの演習では，学生に自分で考えさせることが重要だ．それは教師にとってもチャレンジになるだろう．

◉演習問題 1　TUP 折り

紙の内部の点を選ぶ限り，TUP は三角形か四角形のいずれかになることが，すぐにわかるだろう．

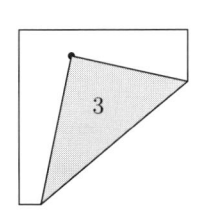

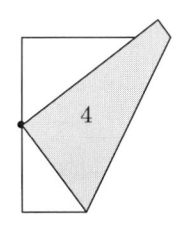

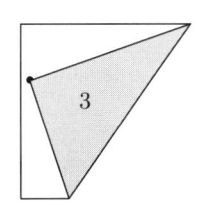

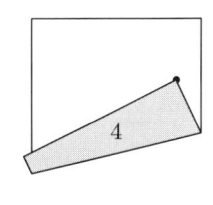

実験を繰り返せば，点 A とそれに向かい合う頂点とを結ぶ対角線の近くにある点を選んだ場合，常に三角形ができることがわかる．また，四角形ができるのは，紙のいずれかの辺の全体が折り返される場合であることもわかる．そこで，A を含む 2 辺のそれぞれを半径とし，A が円周上にあるような 2 つの円を考えよう．A がいずれかの円の外側に動くと，対応する頂点（右上または左下）が折り返され，四角形ができる．したがって，正方形を次図のように色分けできる．（境界は三角形領域に属する．）

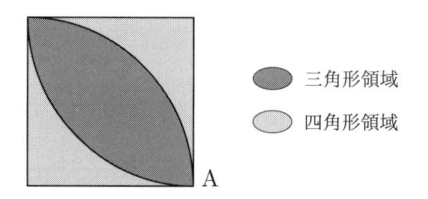

○ 三角形領域
○ 四角形領域

発展問題 頂点 A を紙の外側の点に合わせて折るとき，「折る」という言葉が意味を成す範囲を見定める必要がある．というのも，A をあまり遠くの点に合わせると，正方形の全体がひっくり返るだけで，「折る」とは言えなくなるからだ．一方，A を正方形の近くの点に合わせて折った場合，TUP が五角形になることがある．

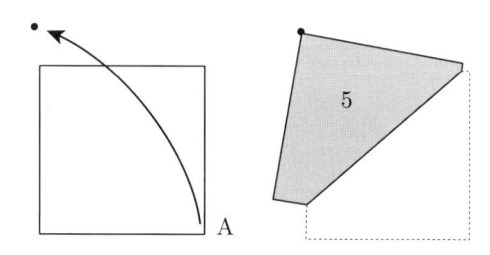

このため，もう 1 つの「半径」を考える必要がある．五角形ができるのは，A を含む辺の両方が折り返される場合だから，新しい半径の中心は A と向かい合う頂点であって，長さは正方形の対角線になる．（下図を参照．）

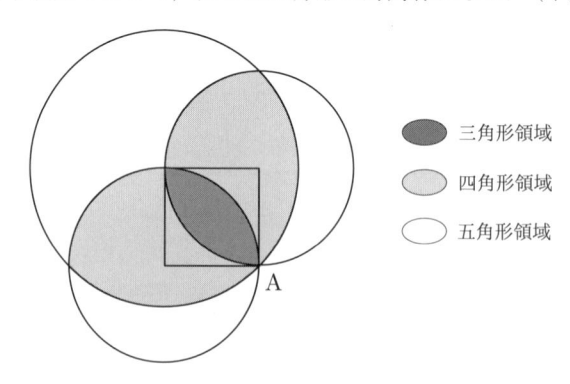

○ 三角形領域
○ 四角形領域
○ 五角形領域

これで問題が解けたが，別の証明を考える学生もいるだろう．ベルモント大学のアンディ・ミラーとその学生たちは，解析的な解法を思いついた．正

方形を xy 平面とみなし，左下の頂点を原点，A を点 $(1,0)$ とする．そして，A を点 $P = (a,b)$ に合わせて折るとする．そのときの折り目は，線分 AP の垂直二等分線になる．この折り目の方程式は，プロジェクト 6「放物線を折る」と同じように求めることができる．まず，AP の傾きが $-b/(1-a)$ なので，折り目の傾きは $(1-a)/b$ である．AP の中点 $((a+1)/2, b/2)$ が折り目の上にあるので，折り目の方程式は $y - b/2 = ((1-a)/b)(x - (a+1)/2)$ すなわち

$$y = \frac{1-a}{b}x + \frac{a^2+b^2-1}{2b}$$

であり，折り目の y 切片は $(a^2+b^2-1)/2b$ になる．左下の頂点が折り返される（したがって TUP の辺の数が 4 本以上になる）ならば，この y 切片は 0 より大きい．その場合，$a^2+b^2-1 > 0$ すなわち $a^2+b^2 > 1$ である．これは，円形の領域の 1 つを表している．他の領域を表す方程式も，同様の方法で得られる．

指導方法 芳賀のオリガミクスの演習問題は，オープンエンドだ．すなわち，特定の正解がない．大切なことは，TUP の辺の数によって紙をいくつかの領域に色分けするというアイディアを学生自身が思いつき，そのために必要なデータを集めるということだ．このような，実験，仮説，証明という方法は，あらゆる数学研究に共通している．

学生に十分な時間を与えて演習に取り組ませることには大きな価値があるが，教師が助言できることも多い．場合によっては，学生に以下のようなヒントを与えてもよいだろう．

（1） 点 P の位置をさまざまに変えて実験し，データを集めることで，仮説を立てる．体系的な実験のためには，グリッドを作って，各格子点を P としたときの TUP の辺の数によって格子点を色分けするという方法もある．

（2） 次に，正方形のどの領域から P を選ぶと TUP が三角形になり，どの領域で別の形になるかを考える．

（3） さらに，それらの領域の境界を特定する．例えば，点 P を少しずつ動かして，TUP が三角形から四角形に変わる地点を探す．

●演習問題2 4頂点集中折り

可能な多角形は五角形と六角形だけだと考える学生がいるかもしれないが，四角形ができる点が有限個ある．すなわち正方形の中心と 4 つの頂点だ．ただし，これらの点は例外のようなもので，面積が 0 でない領域は，五角形か六角形のいずれかができる領域だ．

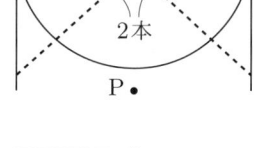

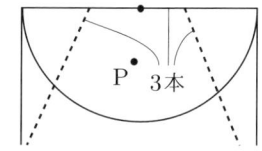

この演習は TUP の演習とよく似ている．TUP では，用紙の頂点が折り返されるかどうかに注目した．この演習問題では，各辺の中点が折り返されるかどうかを調べればよい．その理由は，右図を見ればわかるだろう．点 P が正方形の辺から十分遠くにあれば，その辺の両端をそれぞれ折ったときの 2 本の折り目は，正方形の内部で交わる．一方，P が辺の十分近くにあれば，2 本の折り目は正方形の外部で交わる．これにより，2 本の折り目によって，P を囲む多角形に辺が 2 本加わるのか 3 本加わるのかが決まる．

「十分遠く」と「十分近く」の境界は，辺の中点を中心とし半径が辺の長さの 1/2 である円を描くことで求められる．（この円の外にある点に辺の両端を合わせて折ると，辺の中点が折り返される．円の中にある点なら，折り返されない．）

さて，正方形には辺が 4 つある．各辺の中点を中心とする 4 つの円は，2 つずつしか重ならない．ここで，仮に正方形の辺がないとすると，P を含み折り目で囲まれる多角形は，P がどこにあっても四角形になる．この四角形の頂点のいくつかを，正方形の辺が切り取る．切り取られる頂点の数は，P を囲む円の数と等しい．P を囲む円の数は多くて 2 つであり，その場合は六角形ができる．そうでなければ，P は 1 つの円のみに含まれ，五角形ができる（前述の 5 点を除く．これらの場合，P はどの円の内部にもない）．したがって，4 つの円を重ねることで，次ページ図の左のように五角形領域と六角形領域が描ける．

P が円周上にあったらどうだろう．この場合，2 本の折り目は正方形の辺上で交わるから，多角形の頂点は切り取られない．したがって，境界線は五角形領域に含まれる．

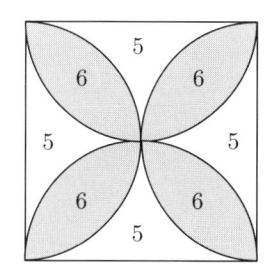

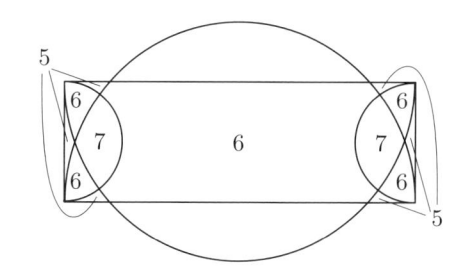

発展問題 長方形の紙を使った場合でも，同じように分析できる．驚くべきことに，七角形ができることがある．（上図の右を参照．）

指導方法 TUP の演習と同様，学生自身が問題を分析しモデル化することが重要だ．そのため，ヒントは，問題を明確にするためにとどめる必要がある．

筆者の経験では，TUP の演習を終えた学生は，この問題をすぐに理解する．そのため，この演習は，TUP の演習を授業で行った後の宿題としてもよい．

●演習問題 3　芳賀の定理折り

この演習問題は，日本の折り紙界が最初に知った「オリガミクス」であったようだ．この折り方が芳賀の名前を冠しているのは，そのためだろう．その後，日本の算額（主に江戸時代の日本で，幾何の問題を記して神社や寺に納め，他人に解かせたもの）にこの折り方が見つかり，江戸時代にも同じ問題を考えた人がいたことがわかった．（[Fuk89] の 37 ページおよび 117 ページ〔訳注：日本語版 60 ページ〕を参照．）　もっとも，芳賀がこの算額を知っていたとは考えにくい．

問 1　三角形 A, B, C は，すべて相似だ．証明は簡単だ．右図で，$\alpha_2 + \beta_1 = 90°$ であり（なぜなら $\alpha_2 + 90° + \beta_1 = 180°$ だから）$\beta_1 + \beta_2 = 90°$ でもある．したがって $\alpha_2 = \beta_2$ であり，同様に $\alpha_1 = \beta_1$ である．それゆえ $A \backsim B$

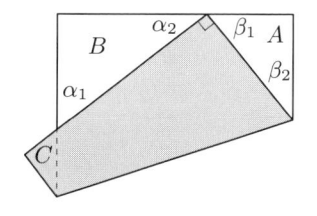

だ. $B \infty C$ も同じように証明できる.

芳賀の定理折りが折り紙愛好家によく知られているのは，たった 1 折りから生まれる図形に豊富な幾何学的内容が含まれているためだ．特に，芳賀の定理折りを用いることで，奇数 n について，正方形の辺の長さを簡単に n 等分できる．その一例を問 2 で見る．

問2 この図には，x, y, z の長さを求めるために利用できる関係が多数隠れている．相似な三角形があるほか，長さ z の線分の鏡像は長さが $1-x$ だから $z = 1-x$ である．したがって，三角形 A にピタゴラスの定理を適用すると，

$$\frac{1}{4} + x^2 = (1-x)^2 \implies x^2 = \frac{3}{4} - 2x + x^2 \implies x = \frac{3}{8}$$

が得られる．x^2 の項が消えて x が有理数になることに注意．$z = 5/8$ も有理数だ．さらに相似を用いれば，y を含めすべての辺の長さを求めることができる．比の計算しかしないのだから，y も有理数になるはずだ．

つまり，芳賀の定理折りを用いると，正方形の辺をさまざまな有理数に分割できる．この例では，$A \infty B$ から

$$2y = \frac{1}{2x} \implies y = \frac{2}{3}$$

となる．この図のすべての辺の長さも，同様にして求められる．実際，芳賀の定理折りの本当の威力は，点 P を任意の位置に置いて長さを計算するとわかる．右図のように P の右側を x とすると，各辺の長さは

$$y_1 = \frac{(1+x)(1-x)}{2}, \quad y_2 = \frac{2x}{1+x},$$

$$y_3 = \frac{1+x^2}{1+x}, \quad y_4 = \frac{(1-x)^2}{2},$$

$$y_5 = 1 - \left(\frac{2x}{1+x} + \frac{(1-x)^2}{2}\right), \quad y_6 = \sqrt{x^2+1}$$

となる．

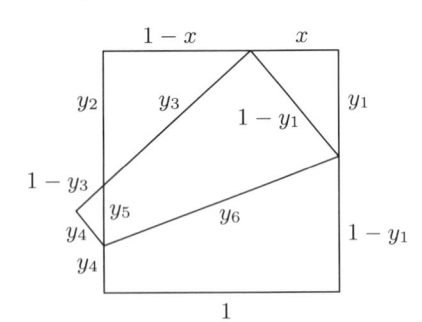

指導方法 芳賀の定理折りを分析するのに必要なものは，三角形の相似，ピタゴラスの定理，そして基本的な代数だけだ．そのため，この演習問題を初等的な解析や代数の授業で利用しようと思うかもしれないが，そのような授業では学生の興味をひくのが難しいだろう．数学専攻の学生でない限り，わずか1折りで有理数の長さが多数生み出されるということに関心を持つ学生は少ない．そのため，この演習問題では，1/3の長さを作る例のみを取り上げた．正方形の辺の長さを正確に3等分する折り方を知っている学生は（プロジェクト4「長さの正確な n 等分」を終えていない限り）いないだろうから，ある程度の動機づけになるはずだ．

とはいえ，この演習問題は，大学や高校のあらゆる数学の授業で利用できる．三角形の相似という概念は，高校の幾何の授業ではおざなりの扱いしか受けないことがあるが，ピタゴラスの定理や基本的な代数と同様，すべての学生が習得しているはずだ．

したがって，この演習問題では，ヒントは最小限にするべきだ．すべての三角形が直角三角形であることを確認する程度にとどめよう．

芳賀の定理折りを Geogebra や Geometer's Sketchpad でモデル化するのも有効だ．正方形を作図した後，上辺の任意の位置に点Pを作成し，プロジェクト6「放物線を折る」と同様にして，その点と右下の頂点とを合わせて折るときの折り線を作図する．（これらの点を結ぶ線分を作図し，その垂直二等分線を作図する．）そして，正方形の下の部分を折り線に関して反転する．そうすれば，各線分の長さをソフトウェアに計算させ，Pを動かしたときの変化を見ることができる．Pが 1/4, 1/3, 2/3 などの位置にあるときの様子も簡単にわかる．

芳賀の定理折りの幾何学的内容は，これだけではない．オーストリアの幾何学の教師であるロベルト・ゲレトシュレーガーは，自身の著書 [Ger08] の中で，芳賀の定理折りに関する興味深い事実をいくつか挙げている．例えば，右図において，正方形の頂点Cを中心として半径が正方形の辺の長さと等しい円を描くと，その円は直線 C'D' に接する．

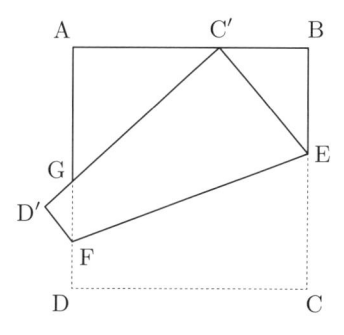

このことから，△AGC′ の周長が正方形の周長の半分であること，そして三角形 C′BE および GD′F の周長の和が三角形 AGC′ の周長と等しいことが導ける．（これは 1993 年の第 37 回スロベニア数学オリンピックで出題された．）

さらに，P の位置を変えることで芳賀の定理折りを一般化するのも興味深い．実際，プロジェクト 4「長さの正確な n 等分」に芳賀の定理折りを含めてもよかったほどだ．芳賀の定理折りによって正方形の辺の任意の奇数等分が可能であることを証明できる．詳しくは，芳賀の著書 [Haga08] を参照．

以上からわかるように，芳賀の定理折りには豊かな内容が隠れている．

●演習問題 4　線辺折り

これは，4 つの演習問題の中で最も手強い．立てるべき仮説は明白でなく，多くの実験と創造力が必要となる．

子線の交差に関するパターンを見つける際に意識すべきことは，このようなオープンエンドの問題では適切な問いを立てることで問題が半分解決されるということだ．例えば，

- 子線が特別な角度で交わっていないか．
- 母線の両側における子線の交点の数に何か意味があるか．
- 母線を正方形の対角線や「半分に折る」垂直線にするなど，対称性を持たせたらどうなるか．
- 一直線上にある 3 つの交点の組が，自明なもの以外にあるか．

このような問いに沿って調べることで，さまざまな事実が見つかるだろう．下図が種明かしだ．

左の図に示す折り線を，芳賀は正方形の「一次折り線」と呼んでいる

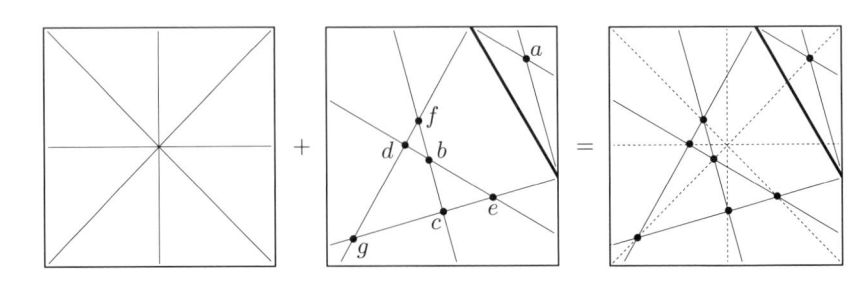

([Haga02] を参照).右の図を見ると,子線の交点はすべて,この一次折り線に乗っているようだ.

　学生が見出すべき仮説は,これだけではない.何本かの子線が直角に交わっているように見えないだろうか.具体的には,ある辺 S を母線に合わせて折ったときの子線と,S と平行な(かつ母線と同じ側にある)辺による子線との組だ.どうだろう.

　これらの仮説は,ユークリッド幾何によって証明できる.最もわかりやすい例は,上図で a と名づけた交点だ.この点は,正方形の上辺および右辺と母線とによって作られる直角三角形の内部にある.さらに,この三角形の内部にある 2 本の子線は,いずれも角の二等分線だ.したがって,点 a はこの三角形の内心であり,もう 1 本の角の二等分線にも乗っている.その直線は,正方形の一次折り線の 1 本にほかならない.証明終わり.

　ほかの交点について証明するには,母線と正方形の辺とを延長する.例えば,点 b は,母線と正方形の下辺および左辺とを延長してできる直角三角形の内心であるから,やはり正方形の対角線上にある.ここで重要なことは,正方形の辺 S を母線に合わせて折ったときの折り目は,S と母線とが作る角の二等分線だということだ.S と母線が交わっていれば,このことは明らかだが,S と母線が離れていても,折り目はやはり角の二等分線であり,S と母線とをそれぞれ紙の外部に延長してできる角を二等分している.

　次に,点 c を考えよう.右図のように,母線と正方形の左辺とを延長する.ここでできた角の二等分線が,c を通る折り目の 1 本である.そして,これら 2 辺と c を通るもう 1 本の子線とで作られる三角形を $\triangle ABC$ とする.ここで証明したいことは,c が一次折り線の 1 本に乗ることと,2 本の子線が c で直角に交わることだ.

　このいずれかが自明だと思ってしまう学生もいるだろう.例えば,直線 Bc で折ったとき点 C が点 A に重なるため,2 本の子線が直角に交わると考えるかもしれない.しかし,子線

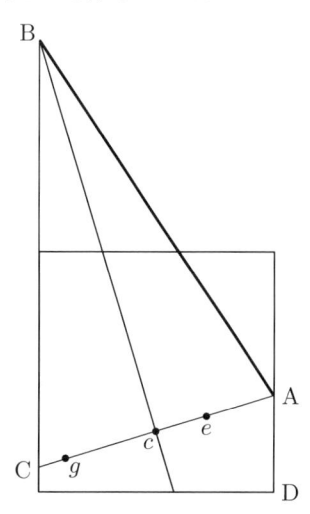

解説

ACは線分ADを母線に合わせて折ったときの折り目であって，それは必ずしも，Bcで折ったときにCとAが重なることを含意しない．実験からは，これが成り立つことを予想できるが，証明はできない．「折り紙による証明」には注意が必要だ．紙を折って観察される現象をすべて事実として受け入れることはできない．

証明のためには，例えば，正方形の左辺と右辺が平行であることに注目する．ACが作る錯角は等しいから∠BCA = ∠CADである．一方，ACの定義を考えれば，ACは∠BADを2等分するのだから，∠CAD = ∠CABだ．したがって∠CAB = ∠BCAであり，△ABCは二等辺三角形だ．

ここから，上記の両方を証明できる．二等辺三角形の底辺は，向かい合う頂点における角の二等分線と垂直に交わる．したがって，2本の子線は互いに垂直だ．また，線分CcとAcは長さが等しいから，cは正方形を縦に半分にする直線，すなわち一次折り線の1本の上にある．点dについても同様に議論できる．

点eとfについては，これらが三角形の傍心であることに注意する．三角形の傍心とは，1つの内角の二等分線と2つの外角の二等分線との交点である．これは，三角形の外側で三角形の1辺と他の2辺の延長線とに接する円の中心でもある．下図の左の△BEFを見ればわかるだろう．（この三角形は，前出の図の二等辺三角形の上の部分だ．）点fは，Bにおける

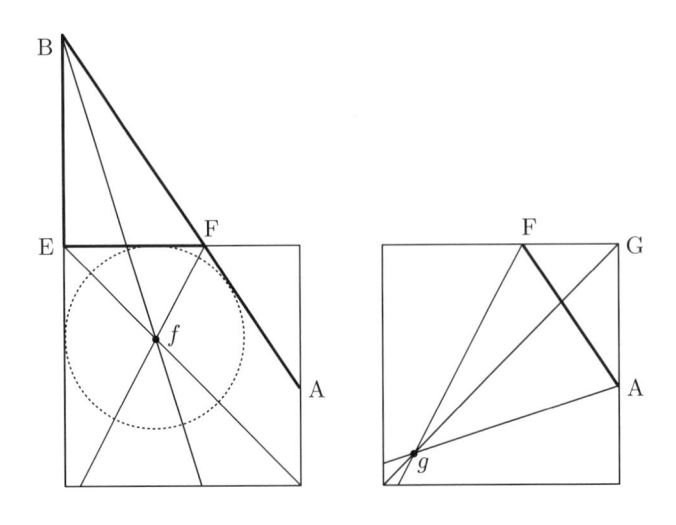

内角の二等分線と F における外角の二等分線の交点だ．したがって，f は △BEF の下にある傍心であり，E における外角の二等分線，すなわち一次折り線の 1 本も f を通るはずだ．点 e についても同様に証明できる．

残るは点 g だ．芳賀によれば，「数学の授業や講座では，この点が一次折り線上にあることの証明に，受講者が最も苦労する．」[Haga02] しかし，g もまた三角形の傍心である．前図の右に示すように，g を定める子線は △GAF の 2 つの外角の二等分線であり，この傍心を通るもう 1 本の内角の二等分線は，一次折り線の 1 本だ．

もちろん，傍心を用いずに証明することもできる．幾何を専攻する学生なら，ほかにも証明を思いつくだろう．例えば芳賀は，点 g に対して以下のような証明を与えている．下図に示すように，g から正方形の右辺および上辺と母線とに垂線（それぞれ gH, gJ, gI）をひく．子線（Fg と Ag）は角の二等分線だから，△gAH ≡ △gAI であり，△gFI ≡ △gFJ である．したがって，gJ, gI, gH はいずれも長さが等しい．点 g は，正方形の上辺と右辺とから等距離にあるのだから，正方形の対角線上にあるはずだ．

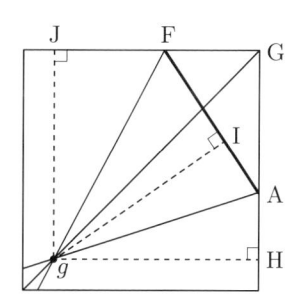

ただし，内心と傍心を用いた証明には，一般の場合に適用できるという利点がある．上記の証明は特定の場合にしか適用できないが，内心と傍心は，母線がどこにあっても適用できる．垂線を利用するなどの証明法は，それほど容易に一般化できない．

この演習問題も，さらに探求できる．例えば，母線の位置をランダムに選んだとき，その両側で子線が一般の位置に配置されるから，子線の交点の数は一般に，母線の両側でそれぞれ三角数になる．これはもちろん，交点のすべてが正方形の内部になければ成り立たない．そこで，正方形の外部にある

ものも含め，すべての交点を考慮に入れた場合，元の正方形のまわりに同じ大きさの正方形を敷きつめてみれば，やはりすべての交点がいずれかの一次折り線に乗る．

さらなる発展問題として，任意の凸多角形の用紙での線辺折りも考えられる．その場合，一次折り線は，それぞれの頂点の角の二等分線にすればよいだろうか．

指導方法 この演習問題で立てるべき仮説，すなわち子線の交点がすべて一次折り線に乗るということは，まったく明らかでない．クラスの誰もこのことに気づかないという可能性も高い．この仮説に到達するには，実験を注意深く行う必要がある．母線を折ったのち，見やすいようにペンでなぞるのもよい方法だ．そして，子線を折るたびに，交点に印をつけるとよい．こうすることで，少なくとも作業が丁寧になるだろう．

重要なことは，母線をさまざまに変えて何度も実験することだ．一次折り線の1本を母線とすることもヒントになるだろう．例えば母線が正方形の対角線である場合，子線の交点は2つのみで，その両方が，もう1本の対角線に乗っている．このような単純な例では，2点がどちらも対角線の上にあるという「明白な」事実のほかに観察すべき事実がほとんどないので，ほかの場合に同じようなことが成り立たないかと調べるきっかけになる．

ここで紹介したオリガミクスの4つの例は，単純な折り紙幾何学演習に驚くほど豊かな内容が秘められている場合があることを示している．芳賀はほかにも多くの演習を提案しているし，読者も考えてみるとよい．このような演習の価値は，単に楽しいということに加えて，それぞれが数学研究の「実験室」となることにある．つまり，それぞれに，実験，仮説，証明，反証といったサイクルのすべてが含まれている．教師がすべきことは，学生にすべてを任せ，必要に応じてちょっとした示唆を与えながら，進行を見守ることだけだ．

プロジェクト 12
スター・リング・ユニット

このプロジェクトの概要
ユニット折り紙で星形のリングを作る方法を示す．ただし，リングを作るために必要な紙の枚数は明示しない．しっかりしたリングを作るためのユニットの数を計算で求める．

このプロジェクトについて
このユニットの折り方は簡単なので，多数のユニットを短時間で折ることができるだろう．12 から 16 までの任意の数のユニットでリングを作ることができるが，問題は，すべてのユニットをしっかり組めるような「正しい」枚数を求めることだ．そのためには，ユニットを幾何的に分析し，角度を調べ，多角形の内角の和に関する公式を思い出す必要がある．発展問題として，組みあがったリングの半径を求める．

演習問題と授業で使う場合の所要時間
演習問題では，ユニットの折り方を示し，必要なユニットの枚数を尋ねる．
このユニット折り紙では，各自が少なくとも 12 のユニットを折る必要があるので，折るのに 20 分から 30 分かかるだろう．問いに答える時間は，授業によって異なるが，ヒントを用いる場合 5 分から 10 分を見込めばよい．

115

演習問題

スター・リング・ユニット

　このユニットを組むことで，星形のリングを作ることができる．12 枚から 20 枚の紙で同じものを折ってほしい．

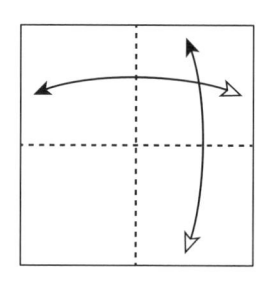

(1) 縦横に半分の折り目をつける．

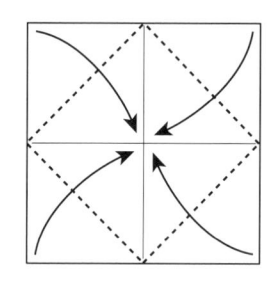

(2) 各頂点を中心に合わせて折る．

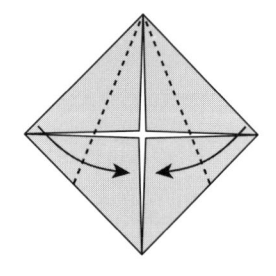

(3) 上の 2 辺をそれぞれ垂直の中心線に合わせて折る．

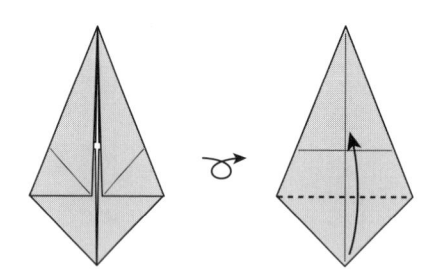

(4) 裏返し，下の頂点を図に示すように折る．

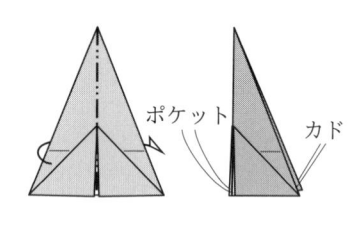

(5) 向こう側に半分に折ればできあがりだ．これをたくさん作ってほしい．

　組み方　1 つのユニットのカドを，別のユニットのポケットに差し込む．（カドとポケットは，手順(5)の図で示した．）

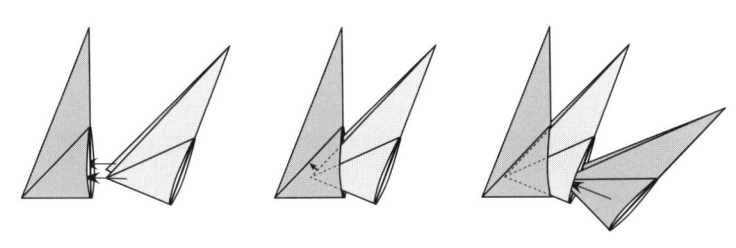

プロジェクト 12 | スター・リング・ユニット

ユニットを 1 つずつ組んでゆき，最初のユニットに戻れば，リングができる．

問 すでに気づいたかもしれないが，12, 13, 14, あるいはそれ以上のユニットを組めばリングが閉じる．ただし，枚数によっては形が安定しない．そこで，しっかりとしたリングを組むために必要なユニットの数を求めてほしい．

(ヒント：ユニットをしっかりと組むには，すべてのユニットを隣のユニットにできるだけ深く差し込み，カドの上辺がポケットの上辺に「くっつく」ようにしなければならない．

下図を見れば，ユニットをしっかり組んだときの角度を計算できるだろう．)

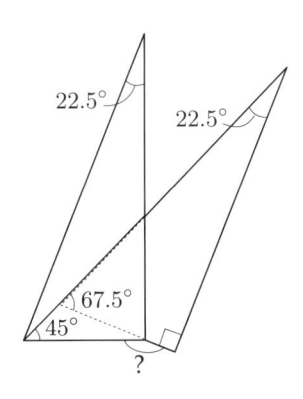

解説

　このユニット作品を最初に考えた人が誰かは，わからないようだ．米国の非営利団体である OrigamiUSA のウェブサイトに掲載されている折り図では「伝承作品」となっている．この言葉は通常，日本や欧州で古くから伝えられてきた折り紙作品を指すが，この作品が，折り鶴のように日本の江戸時代にさかのぼるとは考えにくい．そもそも，その時代にユニット折り紙があったかどうかもはっきりしない．この作品はむしろ，おそらく 1960 年代から 1970 年代に世界のあちこちで何人かの人が独立に発見したので，作者不詳となっているのだろう．

　このユニットを折るのは簡単だ．最初のいくつかを折った後は，1 つあたり 1 分から 2 分で折れるだろう．したがって，25 分もあれば 12 枚から 16 枚のユニットを折れるはずだ．

　教師は，授業の前にユニットの組み方を練習しておくとよい．12 のユニットでリングを作ることができ，YouTube のビデオでも 12 枚で折るよう指示しているものがある．しかし，実際に作ってみれば，12 枚で作ったリングはぐらぐらして不安定であることがわかるだろう．楕円形に「つぶす」こともできる．どうやら，この作品を作ったことのある人の中でも，リングを作るための「正しい」枚数を知っている人は少ないようだ．その枚数は，数学によって求めることができる．

　正解は，読者の予想通りかもしれないが，16 枚だ．このユニットには，$90°$，$45°$，$22.5°$ の角度があるので，枚数が 2 の累乗になるのは理にかなっている．そして，8 枚や 32 枚は明らかにありえない．

　ここでは 2 通りの解法を示す．第 1 はおそらく最も自然な方法で，角度を計算するだけだ．第 2 の解法では，多角形の内角の和に関する公式を用いる（したがって，この公式を教える授業の演習として最適だ）．

● 解法 1

　最も単純な解法はおそらく，1 つのユニットを追加するときの回転角を求める方法だろう．この回転角はすべてのユニットで等しいはずだから，その値で $360°$ を割れば，必要なユニットの枚数が得られる．

解説 | プロジェクト 12 | スター・リング・ユニット

　それぞれのユニットは 22.5°, 67.5°, 90° の直角三角形だ．これらの角度は，ユニットの折り手順からすぐにわかる．ユニットの先端（角度が最も小さいところ）は，正方形の頂点を 2 回半分に折っているのだから，22.5° だ．

　次に，2 つのユニットを組んだときの角度を調べる．図を丁寧に描けば難しくないが，ヒントの図を用いてもよい．下図では，点に A, B, C, D の名前をつけ，1 つの角度を追加した．

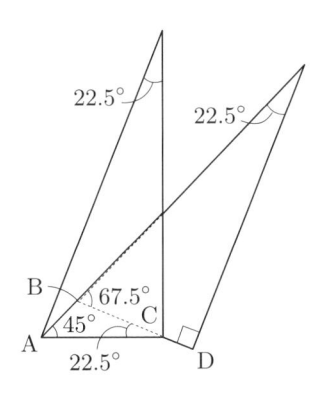

　∠ABC = 180° − 67.5° = 112.5° だから ∠BCA = 180° − 45° − 112.5° = 22.5° だ．つまり，右のユニットから左のユニットに進むと 22.5° だけ回転する．完全なリングを作るには 360° 回転すればよいのだから，必要な枚数は次のように求められる．

$$\frac{360°}{22.5°} = 16$$

　筆者の経験では，このような単純な解法を思いつく学生は少ない．この解法では個々のユニットに注目する必要があるが，多くの人はむしろリング全体を見るようだ．その場合は，次に示す解法が自然に感じられるだろう．

●解法 2

　完成したリングを見ると，中央に多角形の穴がある．すべてのユニットが（上図に示すように）奥まで差し込まれていれば，この多角形の内角はすべて等しいはずだ．したがって，1 つの内角が計算できれば，n 角形の内角の和が $180° \times (n-2)$ であるという公式を用いて，必要な枚数を求めること

ができる．というのも，n がその枚数と等しいからだ．

前図から，この多角形の内角の大きさは次のように求められる．

$$\angle ACD = 180° - 22.5° = 157.5°$$

したがって，n をユニットの数（これは多角形の辺の数と等しい）とすると，内角の和は $157.5° \times n$ だから，

$$157° \times n = 180° \times (n-2) \implies n = 16$$

となる．

どちらの解法も単純だが，ユニットの図を丁寧に書くことが重要だ．繰り返しになるが，ヒントを用いれば，この問題をすぐに解くことができるだろう．

ヒントを用いない場合，ユニットを注意深く分析して図を描く必要がある．このような，「現実世界」を幾何的にモデル化する能力は，とても役に立つ．したがって，できるだけヒントを使わず，学生に図を描かせるようにすべきだ．ただし，その場合はより多くの授業時間が必要となるだろう．

● **発展問題：半径を求める**

このプロジェクトの発展として，元の正方形用紙の辺の長さを 1 としたときのリングの半径を求めるという問題が考えられる．ここでリングの半径とは，星形の頂点から穴の中心までの距離だ．

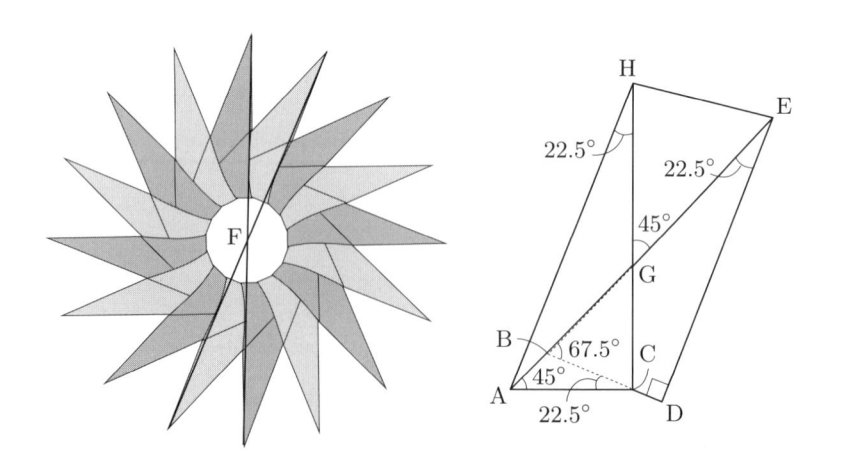

すなわち，前ページ図の左で F と名づけた点と星形の頂点との距離を求める．そのために前ページ図の右を使うことができる．

元の正方形の辺の長さを 1 としたとき，折り手順から，ユニットの右辺 ED の長さが $\sqrt{2}/2$ であることがわかる．（これは，手順(2)における斜めの折り線の長さに等しい．）ユニットの短い辺，すなわち図の BD の長さは $(\sqrt{2}-1) \times \sqrt{2}/2 = (2-\sqrt{2})/2$ だ．これは次のようにして求めることができる．この直角三角形は 22.5°-67.5°-90° の三角形なので，プロジェクト 2「折り紙三角比」で求めた「正規化された」辺の長さを用いることができる．ED の長さがわかっているので，BD を求めるには，その正規化された辺の長さを掛ければよい．計算すれば $BD = (2-\sqrt{2})/2$ となる．同様に $EB = \sqrt{2-\sqrt{2}}$ が得られる．

ここからはさまざまな解法があるが，いずれにせよ，最終的な答えには不格好な多重根号が含まれる．ここでは，正多角形の面積を求める 2 つの公式を利用する．この解法は，三角比を用いて正多角形の面積を求める授業で利用できるだろう．

公式の 1 つによれば，正 n 角形の半径（中心から頂点までの距離）を r としたとき，面積 A は

$$A = \frac{1}{2}nr^2 \sin(2\pi/n)$$

で求められる．この式を導くのは難しくない．正多角形を中心と各頂点を結ぶ線分で切り分けて n 個の合同な三角形とし，その三角形の底辺と高さを計算して面積を求め，最後にそれを n 倍すればよい．倍角の公式を利用して変形すると，上記の式が得られる．

しかし，今は r を求めたいのだから，この式はすぐには使えない．そこで，もう 1 つの公式を使う．正 n 角形の辺の長さを s としたとき，

$$A = \frac{1}{4}ns^2 \frac{1}{\tan(\pi/n)}$$

だ．この式も，先ほどと同様の方法で導くことができる．そして，この式はすぐに使える．ユニットを 16 枚使っているのだから，$n = 16$ だ．したがって，上図の EH の長ささえわかれば，正 16 角形の面積が求まる．そうしたら，最初の面積の公式を使って，半径 r を求めることができる．

EH の長さを求めるには，余弦定理を用いればよい．

解説

$$EH^2 = GH^2 + GE^2 - 2 \cdot GH \cdot GE \cos 45°$$

GH は二等辺三角形 AGH の 1 辺だから，$GH = \sqrt{2} - 1$ であることが容易にわかる．EG は以下のように求まる．

$$\begin{aligned}
EG &= EB - GB \\
&= EB - GC \\
&= EB - AC = EB - BD \\
&= \sqrt{2 - \sqrt{2}} - (2 - \sqrt{2})/2 \\
&= \frac{\sqrt{2}}{2} - 1 + \sqrt{2 - \sqrt{2}}
\end{aligned}$$

これで，余弦定理を用いて EH の長さを計算できる．この平方根の計算は骨が折れるが，最終的に

$$EH = \sqrt{\frac{19}{2} - 6\sqrt{2} - 2\sqrt{20 - 14\sqrt{2}}}$$

が得られる．辺の長さから面積を求める公式に $n = 16$ と $s = EH$ を代入すると

$$A = 2\left(19 - 12\sqrt{2} - 4\sqrt{20 - 14\sqrt{2}}\right) \frac{1}{\tan(\pi/16)}$$

である．ここで，$\pi/16 = 22.5°/2 = 11.25°$ であり，$1/\tan 11.25°$ の正確な値は，プロジェクト 2「折り紙三角比」で用いた技法で求めることができる．11.25°-78.75°-90° の三角形で，長い隣辺の長さを 1 とすると，短い隣辺の長さは

$$\frac{\sqrt{4 - 2\sqrt{2}} - 1}{\sqrt{2} - 1} = (1 + \sqrt{2})\left(\sqrt{4 - 2\sqrt{2}} - 1\right)$$

である．これが $\tan 11.25°$ の値だ．その逆数を計算すると $1 + \sqrt{2} + \sqrt{2(2 + \sqrt{2})}$ になる．これを面積の公式に代入して整理すると，正 16 角形の面積が

$$2\left(-21 + 15\sqrt{2} + \sqrt{1220 - 862\sqrt{2}}\right)$$

と求まる．この根号の計算には，Sage や Mathematica といった数式処理システムを使うとよいだろう．

この面積が $(1/2)nr^2 \sin(2\pi/n)$ と等しいので，$n = 16$ を代入して，r に

ついて解けばよい．なお，プロジェクト 2 で見たように，
$$\sin(2\pi/16) = \sin(22.5°) = \frac{\sqrt{2}-1}{\sqrt{4-2\sqrt{2}}}$$
である．最終的に，r の値が次のように求まる（数式処理システムの助けを借りよう）．
$$\begin{aligned} r &= \sqrt{7 - \frac{9}{\sqrt{2}} + \frac{3}{2\sqrt{58+41\sqrt{2}}}} \\ &= \frac{1}{2}\sqrt{28 - 18\sqrt{2} + 3\sqrt{116 - 82\sqrt{2}}} \fallingdotseq 0.880523 \end{aligned}$$

以上から明らかなように，半径を求める問題は，紙の枚数を求める問題に比べて，はるかに大変だ．

●補足

角度の計算ができて，n 角形の内角の和が $180° \times (n-2)$ であることを知っていれば，中学生でも演習問題に取り組むことができる．

半径の問題では，高校レベルの三角比の知識と，平方根を含む複雑な計算の能力が必要となる．ただし，この問題の解法はほかにもあるだろう．ここで示したのはその 1 つにすぎない．いずれにせよ，半径の問題では，正確な値を要求せず，近似値を求める問題としてもよい．（もちろん，正確な値を求めることを学生に挑戦させてもよい．）

このプロジェクトにおける問題は，教師でありウェスタンニューイングランド大学数学教育科修士課程（MAMT）の受講生でもあったアン・ファーナムによって，中学生を対象として考案された．そのため，半径を求める問題では，近似値を小数で求めることが目標となっていた．

プロジェクト 13
蝶爆弾

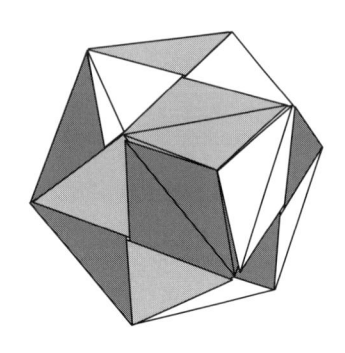

このプロジェクトの概要
ケネス・カワムラが創作した「蝶爆弾」と，その「双対」である「覆面正八面体」の作り方を示す．これらの作品は「爆発」させて楽しむことができる．繰り返し爆発させるには，組み方に習熟する必要がある．

このプロジェクトについて
折り紙作品「蝶爆弾」は，立方八面体の三角形の面がピラミッド状にへこんだ形をしている．そのため，この作品を組み立てるには，立方八面体の形が頭に入っていなければならない．また，この作品は組むのが難しいため，なおさら立体の構造と対称性に注意を払わなければならない．ただし，遊べる作品であるため，学生は興味をひかれるだろう．
「覆面正八面体」は，必要な紙の枚数が少なく，組むのもそれほど難しくない．

演習問題と授業で使う場合の所要時間
演習問題では，折り紙作品の折り方を示す．
（1）「蝶爆弾」の折り方
（2）「蝶爆弾」を組むときに役立つ伝承作品「重ね箱」の折り方
（3）「覆面正八面体」爆弾の折り方

「覆面正八面体」は 30 分から 40 分で作れる．「重ね箱」と「蝶爆弾」には 1 時間が必要だ．「蝶爆弾」のみを作っても，やはり 1 時間ほどかかるだろう．「重ね箱」の補助がなければ，組むのがとても難しいからだ．

演習問題 1

蝶爆弾 （創作：ケネス・カワムラ）

正方形の厚手の紙を 12 枚使う．3 色用意する（1 色につき 4 枚）．

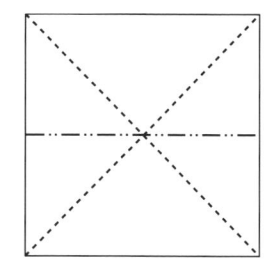

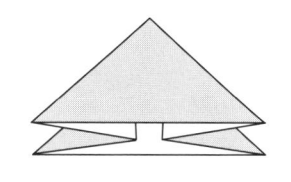

(1) 両方の対角線に沿って谷折りし，山折りで水平に半分に折る．

(2) すべての折り線を一度に折ると，上図の形になる．平らにして，しっかり折り目をつけ，少し開く．
これを残りの 11 枚で繰り返す．

組み方　目標は，立方八面体を作ることだ．この立体には，正方形の面が 6 つと正三角形の面が 8 つある．

まず，正方形の底面を，図に示すように 4 枚のユニットで作る．すべてのユニットで，同じ側が隣のユニットの上に重なるようにする．

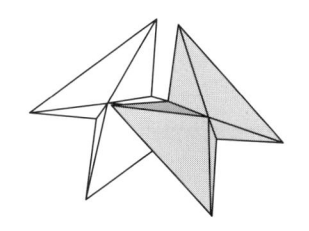

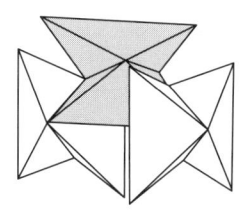

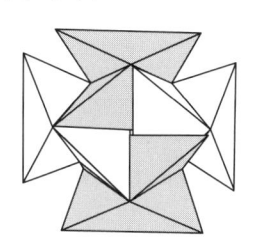

次に，この底面の 1 辺に 1 つのユニットを追加し，三角錐のくぼみを作る．ここでも，ユニットの上下関係に気をつける．形を保つのが難しくなるだろうから，2 人で作業すると（つまり手の数を増やすと）よい．これを底面の各辺で繰り返す．

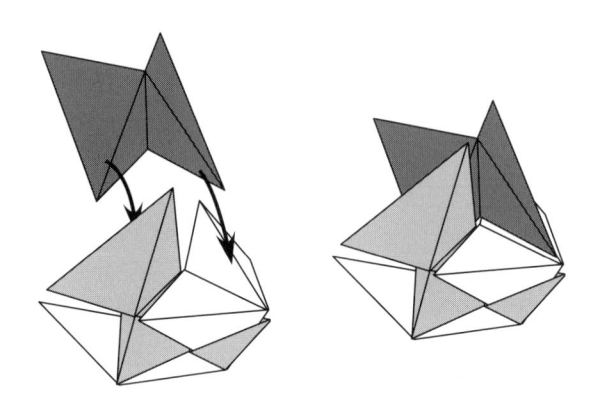

さらにユニットを追加し，正方形の面と三角錐のくぼみを作ってゆく．最後の1枚を組むまでは，形が安定しないだろう．

　さて，これはなぜ「爆弾」なのか．完成した作品を宙に放り投げ，下から掌で叩いてみれば，その理由がわかるだろう．

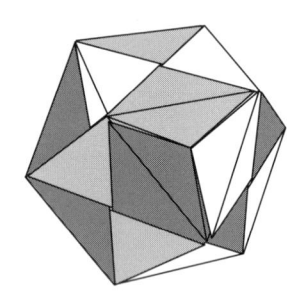

演習問題2

伝承の「重ね箱」

　この箱は，日本の伝承作品だ．これを使うと，「蝶爆弾」を組むのが容易になる．7.5 cm 四方の用紙で「蝶爆弾」を作る場合，「重ね箱」には 24 cm 四方の用紙を使うとよい．

プロジェクト 13 ｜蝶爆弾

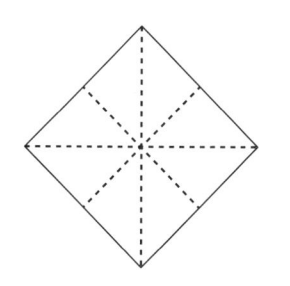

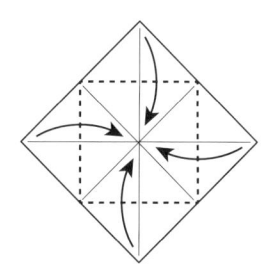

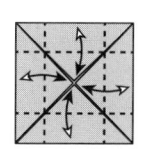

(1) 縦横斜めに折り目をつける．

(2) 各頂点を中心に合わせて折る．

(3) 各辺を中心に合わせて折り，戻す．

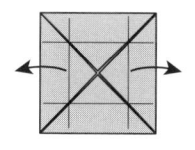

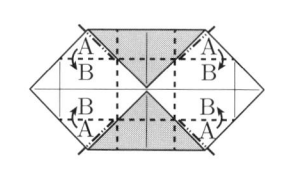

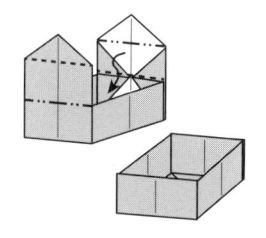

(4) 左右を広げる．

(5) 破線を谷折り，2点鎖線を山折りにして，箱の形を作る．AがBの上に重なる．

(6) 最後に，上に出ている部分を内側に折り込めば，箱の完成だ．

「蝶爆弾」での使い方　「蝶爆弾」を作るときに，「重ね箱」をホルダーとして利用できる．「蝶爆弾」の正方形の面が「重ね箱」の面とそろうようにする．

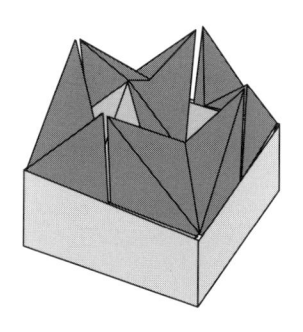

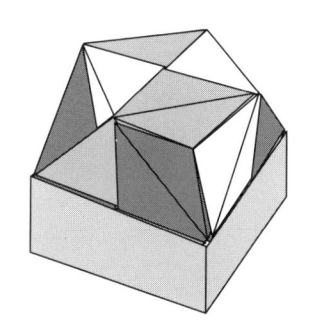

127

演習問題 3
蝶爆弾の「双対」

正方形の紙を 6 枚使う．3 色用意する（1 色につき 2 枚）．

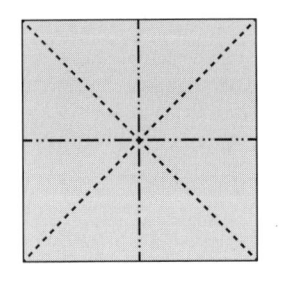

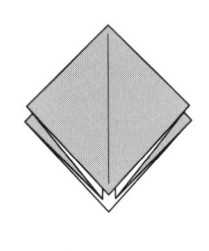

(1) 両方の対角線に沿って谷折りし，山折りで縦横に半分に折る．

(2) すべての折り線を一度に折ると，上図の形になる．平らにして，しっかり折り目をつけ，少し開く．
これを残りの 5 枚で繰り返す．

組み方　ユニットの配置は，立方体の 6 つの面と同じだ．編むように重ね合わせて，三角錐を 8 個作る．

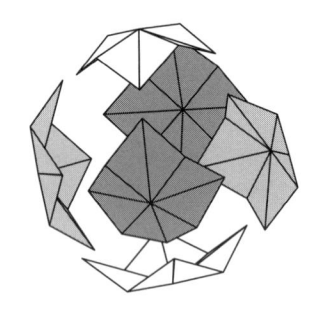

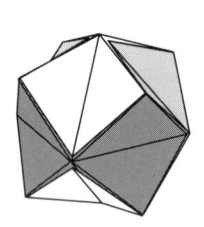

最後のユニットを組むまでは，全体が安定しないだろう．難しければ 2 人で組むとよい．（手の数は多いほうがよい．）

これも「爆弾」だ．空中に放り投げ，下から掌で叩けば，爆発する．

問　この立体の形は，どう記述すればよいだろうか．

解説

　演習問題のほとんどすべては，作品の作り方だ．これらの作品から引き出せる学習項目もあるが（それについては後述），作品を作ること自体が，多面体の形をイメージし理解する練習となる．

　このプロジェクトの難しいところは，ユニットを組むことだ．「蝶爆弾」も，その「双対」である「覆面正八面体」も，最後のユニットを組むまでは極めて不安定だ．後述の PHiZZ ユニットなど多くのユニット折り紙には，ユニットを固定するための機構がある．ところが，この2つの作品では，ユニットは単に重なっているだけで，すべてをかみ合わせてはじめて固定される．特に，最後のユニットを差し込む際には，全体が緩んでしまうだろう．すべてのユニットの位置を整えるには，全体を軽く絞るようにする．

　教師は，これらの作品の作り方を，授業の前に何度も練習する必要がある．多くの場合，学生から助けを求められるだろう．そのときに教師が苦労していたのでは，うまくない．（逆に，数学クラブなどでは，学生と教師が共に発見のプロセスをたどるのもよいだろう．）

　授業では，以下を参考にしてほしい．

- 「蝶爆弾」では，先に「重ね箱」の折り方を教えるとよい．授業の時間が限られている場合，「重ね箱」を宿題として，授業に持ってきてもらってもよい．これをホルダーとすることで，「蝶爆弾」を組むのが大幅に容易になる．
- 「覆面正八面体」を作る場合，あるいは「重ね箱」を使わずに「蝶爆弾」を作る場合，3つか4つのユニットを組んだら，それを片手の掌で包むように持ち，もう片方の手でユニットを追加してゆくとよい．「ホルダー」側の手の指を細かく動かして，あちこちを支える必要があるだろう．
- どちらの作品も，2人で作ると作りやすい．（教師が最初に作るときは，同僚の助けがほしいと思うだろう．）早くできる学生がいるだろうから，ほかの学生を手伝わせるとよい．それにより，教師の負担が軽くなるだけでなく，学生が自然に共同作業をすることになる．
- 演習問題の図は，効果的であると同時に教育的意味を持つように描かれ

ている．組み方を手順を追って示していないのは，紙幅を節約するだけでなく，教育的効果を損なわないようにするためだ．学生は，まず頭の中で立体をイメージしてから，実際に組み立てる必要がある．そのため，教師は，すべての学生が「腑に落ちる」まで，個別に説明する必要があるだろう．

これらの作品の作り方を教えるのに必要な時間は，さまざまな要素に依存する．「覆面正八面体」は，作って，爆発させ，再び組み上げるまで，30 分から 40 分かかるだろう．「蝶爆弾」はもっと長く，1 時間を要するだろう．最初に重ね箱を教えれば，組む時間はずっと短くなるが，全体の時間はそれほど変わらないだろう（「重ね箱」で 15 分から 20 分，「蝶爆弾」でおよそ 40 分）．

● **立体の詳細**

これらの作品を作るだけでも，特定の多面体の構造を暗黙のうちに学ぶことができるが，作った後でその形を考察するとよい．

覆面正八面体 演習問題の中で示唆したように，この作品の各ユニットを立方体の面とみなすことができる．実際，立方体の各辺の中点を押して「へこませる」と，この立体になる．

また，この立体は三角錐がいくつか集まったものとみることもできる．この作品を作るときには，ユニットを加えるたびに，三角錐を 1 つずつ作るようにするとよい．したがって，学生に投げかけるべき最初の質問は，三角錐の数だ．答えは 8 つだ．次に，その三角錐の底面の形を尋ねる．答えは正三角形だ．最後に，8 つの正三角形からなる立体は何かと問えば，答えは正八面体だ．したがって，この作品は，正八面体の 8 つの面のそれぞれが三角錐で覆われた立体とみることができる．そのため，筆者はこれを「覆面正八面体」と名づけた．筆者は多くの場合，事前に説明せず学生に作品を作らせ，その形について考えさせる．ただし，学生が正八面体になじんでいるなら，最初から覆面正八面体の形を説明すれば，組むのが容易になるだろう．

また，授業で双対の概念を教えるなら，この作品を組む際に立方体と正八面体との双対性を意識することで，立体の形をイメージしやすくなるだろう．

注意：この「覆面正八面体」は，さまざまな折り紙ユニットで作ることができる．有名な折り紙ユニットである薗部ユニット [Kas87] を 12 枚使っても，同じ形ができる（ただし，色分けのパターンは異なる）．学生の中にも，これを折ったことのある人がいるかもしれない．折り紙の本などには，この形を「星形正八面体」と呼んでいるものがあるが，それは正しくない．星形多面体とは，多面体の各面を互いに交差するまで延長してできる多面体だ．正八面体を星形化すると，各面に「ピラミッド」をかぶせたようになるけれども，その三角錐は正四面体だ．一方，この作品では，三角錐の頂点が直角になる．したがって，この形を「星形」と呼ぶのは適切でない．

蝶爆弾 この作品の基本構造は立方八面体であるが，三角形の面がピラミッド状にへこんでいる．（これは，立方半八面体 [Wei1] に似ているが，少し異なる．立方半八面体とは，立方八面体の三角形の面をくぼませて正四面体の穴にしたものだ．「蝶爆弾」では，くぼみの頂点が直角になっている．）この作品を「重ね箱」の中で作れば，この立体が，立方体の各頂点を各辺の中点まで削った形であることがわかるだろう．（立方八面体の正方形の面が元の立方体の面であり，立方八面体の各頂点が元の立方体の各辺の中点だ．）また，この立体は，正八面体の各頂点を各辺の中点まで削った形でもある．ここからも，立方体と正八面体が互いに双対であることがわかる．

蝶爆弾も覆面正八面体も，ユニットの組み方によって，右手系と左手系を作ることができる．（例えば，「蝶爆弾」の正方形の面はすべて，時計回りまたは反時計回りに組まれる．）

空間充填 「蝶爆弾」と「覆面正八面体」は，驚くべきことに，3 次元空間内ですきまなく積み重ねることができる（次図参照）．これは，正八面体と立方八面体とで空間を充填でき，「覆面正八面体」の三角錐が「蝶爆弾」のへこみにぴったりはまるためだ．

多くの学生がこの事実に興味をひかれる．1 回の授業で両方の作品を作るのは難しいかもしれないが，片方を授業で作ってもう片方を宿題とするなどして，この空間充填の性質を学生自身に発見させるとよい．

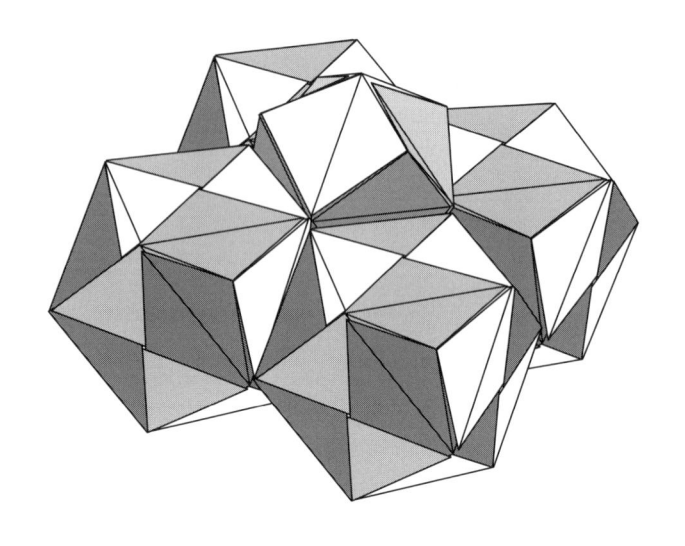

●バリエーション

この2つの作品から，多くのバリエーションを作ることができる．例えば，「蝶爆弾」で三角錐の「くぼみ」を反転して「でっぱり」にすると，下図の左のような立方体になる．この作品の「ユニット」は，正方形の紙を半分に折っただけだ．この作品は極めて不安定だ．

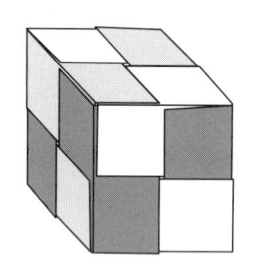

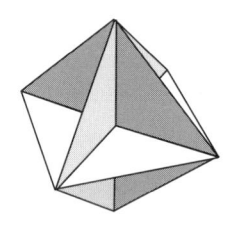

また，「覆面正八面体」の三角錐を反転してへこませることもできる．そのためには，ユニットの裏表を逆にすればよい．上図の右のような正八面体のスケルトンができる．この作品はとてもしっかりしていて，まったく「爆発」しない．この正八面体スケルトンは，次のプロジェクト「モリーの六面体」でも登場する（モリーの六面体もまた，このプロジェクトで取り上げた立体と構造が似ている）．

このようなバリエーションは，ロバート・ニール，ルイス・サイモン，ケネス・カワムラ，マイケル・ノートンなどさまざまな折り紙作家が創作している（ただし，これらの作品の不安定さを利用して「爆発」させたのはカワムラが最初だとされている）．実際，正八面体スケルトンから，正方形の紙の 4 隅を中心に合わせて折ったもの 6 枚で作る立方体（ここには示していない）まで，いくつかの経路で連続的に変化させることができる．そのようなバリエーションを読者自身で作ってみてほしい．

プロジェクト 14

モリーの六面体

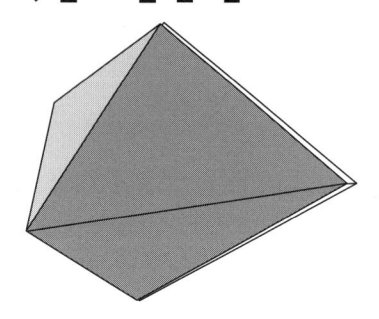

このプロジェクトの概要
3枚の単純なユニットで，見慣れない形の六面体を作る．目標は，正方形用紙の辺の長さを1としたとき，その立体の体積を求めることだ．体積が計算できたら，その値を $1 \times 1 \times 1$ の立方体と比較する．

このプロジェクトについて
このプロジェクトでは，まず立体の体積を計算する．そのために必要な公式は角錐の体積を求める公式のみだから，中学校の授業で取り組むこともできる．次に，体積の値をもとに，この六面体を $1 \times 1 \times 1$ の立方体の中にいくつ収めることができるかと考える．これは多面体の裁ち合わせにつながるので，大学の幾何の授業に適した演習となる．このように，このプロジェクトはさまざまなレベルの数学の授業で利用できる．

演習問題と授業で使う場合の所要時間
2つの演習問題がある．
（1） モリーの六面体の作り方を示し，その体積を尋ねる．
（2） モリーの六面体と組み合わせることのできる正八面体スケルトンの作り方を示す．
ユニットを折って六面体に組むのは，すぐにできるだろう．ほとんどの学生が10分以内に終えるはずだ．体積の計算は，うまいやり方を見つければ簡単だ．$1 \times 1 \times 1$ の立方体の裁ち合わせをどれだけ探求するかによるが，プロジェクト全体を30分で終えることができるだろう．

演習問題 1
モリーの六面体

この作品は，モリー・カーンが創作したもので，3 枚の紙を使う．個々のユニットは蛙のような形をしている．そのユニットを組み合わせた立体の形も興味深い．

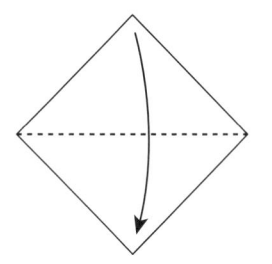

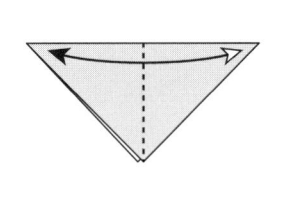

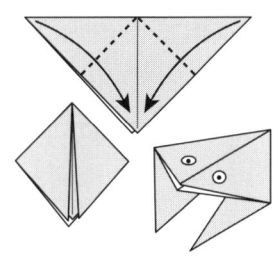

(1) 対角線で折る．　　(2) 半分に折って戻す．　　(3) 左右の頂点を下の頂点に合わせて折れば完成だ．これをあと 2 つ作る．

組み方　蛙の「両脚」を別の蛙の「口」に差し込む．蛙の位置関係が左図のようになるようにもう 1 匹の蛙を加えて三角形を作り，全体を絞る．

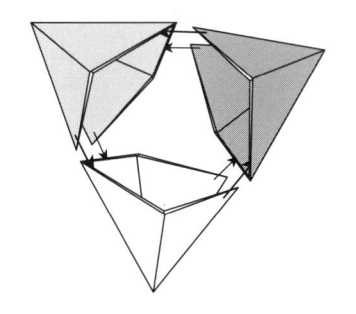

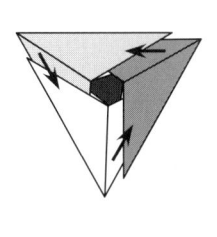

問 1　この立体の形を説明してほしい．面の形と数はどうなっているだろう．

問 2　元の正方形用紙の辺の長さを 1 とすると，完成した立体の体積はいくつだろう．（ヒント：角錐の体積 V は，底面積を B とし高さを h とすると，$V = \dfrac{1}{3}Bh$ で求められる．）

演習問題 2
正八面体スケルトン

この作品はユニット折り紙の古典だ．1960 年代にロバート・ニールが創作したもので，6 枚の紙を使う．

縦横に半分の折り目をつける．次に，紙を裏返して，対角線の折り目をつける．縦横を折るときと対角線を折るときで裏表を逆にすることが重要だ．

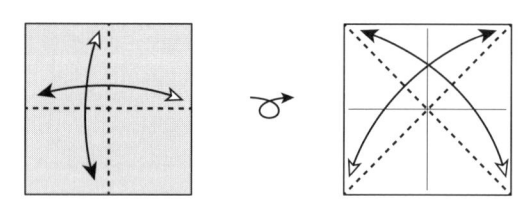

紙を畳んで，図のような星形にする．この形を，折り紙人は「風船の基本形」と呼んでいる．正方形の 4 つの頂点に対応する 4 つの三角形からなる．

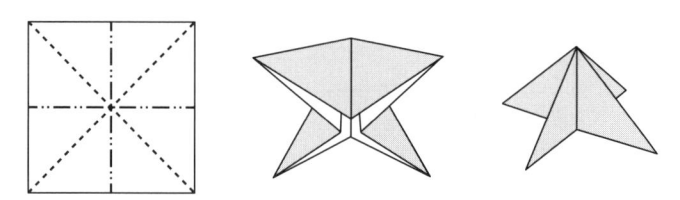

風船の基本形を，3 色の紙を 2 枚ずつで 6 つ作る．問題は，これらを組み合わせて正八面体スケルトンを作ることだ．（ヒント：それぞれのユニットの三角形を，別のユニットの三角形に，交互に差し込む．）

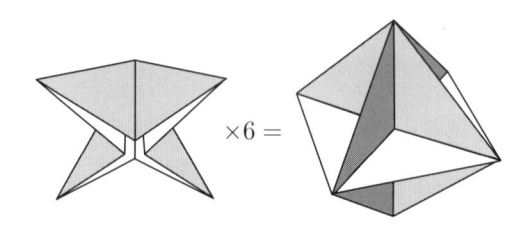

解説

モリーの六面体は，ユニット折り紙による立体としては，最も単純な部類に属する．この作品を創作したのは故モリー・カーンだが，その母は，米国の非営利団体である OrigamiUSA の創立者の 1 人であり，世界的な折り紙の普及に大きな功績のあった有名な折り紙人リリアン・オッペンハイマーだ．このシンプルな作品は，驚くほど数学的に興味深い．これは，折り紙教育における珠玉の作品だ．

この作品は，多くの人の手から手へ伝えられてきた．筆者は，ゲイ・メリル・グロスの著書 *The Art of Origami* [Gro93] でこの作品を知った．

● 作品の教え方

この作品のユニットは非常にシンプルで，折るのに 1 分もかからない．組むのは少し難しく，多少の試行錯誤が要るだろう．しかし，ユニットが 3 枚しかないので，全員が完成させることができるはずだ．

教室で多くの学生に教える場合，大きな紙を使って組み方を示すとよい．その際は，厚手の紙が適している．

学生が折る用紙は，7.5 cm 四方程度の大きさがよい．正八面体スケルトンも作る場合は，モリーの六面体と同じ大きさの用紙を使う．（正八面体スケルトンを作るにはおよそ 20 分かかることに注意．）

● 解法

モリーの六面体の各面は，見慣れた形，すなわち 45° の直角三角形だ．しかし，この立体を見たことのある人は少ないだろう．基礎的な三角形のみで構成される多面体であるから，特別な名前がついていてもおかしくないが，筆者の知る限り名前はないようだ．これは六面体である．すなわち，面が 6 つある．さらに言えば，合同な 2 つの三角錐をつなげた形，すなわち双三角錐である．ただし，双三角錐には他にも，各面が正三角形のものなど，多くの種類がある．（プロジェクト 15「名刺ユニット」参照．）

したがって，問 1 では，この立体に面が 6 つあり，それぞれが 45° の直角三角形であることを観察できればよい．

解説

問 2 の体積の問題には，さまざまな解法がある．いくつかの方法で体積を求めるよう学生に促すとよい．最も単純な方法は，角錐の体積の公式を使うことだ．

そのためには，この六面体を 2 つの角錐に切り分ける必要がある．正三角形の「赤道」で切るとしよう．また，さまざまな線分の長さを求める必要がある．ユニットをもう 1 つ作り，それを広げて立体と比較するとわかりやすい．以上のことを下図に示す．

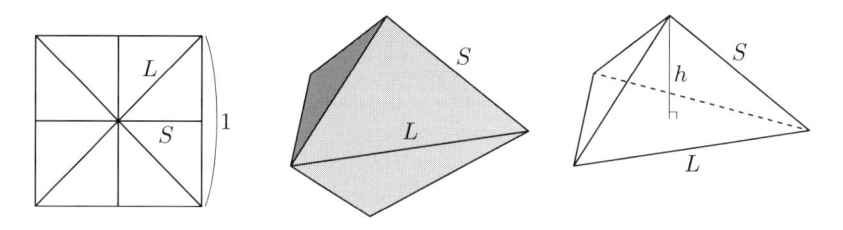

この六面体の体積を求めるには，半分にした三角錐の体積を計算し，それを 2 倍すればよい．ここで，ほとんどすべての学生が，上図の右に示す向きで体積の公式を適用しようとするだろう．つまり，正三角形の面を底面とし，その中心から，3 つの直角が集まっている頂点までを高さとするだろう．これは，簡単な解法ではないのだが，多くの学生が用いる解法だ．教師は，これが難しいことを認識しておく必要がある．

実際，体積の公式をこの方法で適用すると，高校や大学の幾何の授業（あるいは幾何的モデリングを用いる解析の授業）で扱うようなレベルになる．

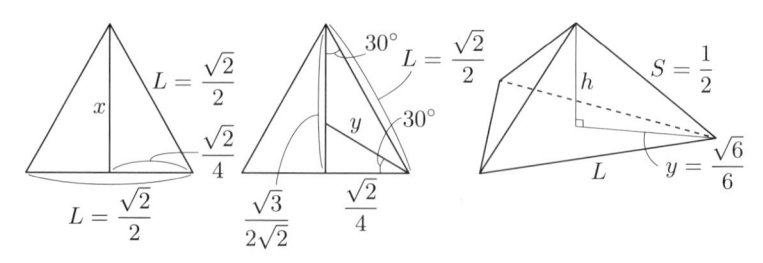

上図に，底面の正三角形の面積と高さ h を求める方法を示す．前掲の展開図から，六面体の 1 辺の長さ S は $1/2$（正方形の辺の長さの半分）であり，底面の正三角形の辺の長さ L は $\sqrt{2}/2$（正方形の対角線の長さの半分）

だ．この正三角形の高さを x とすると，ピタゴラスの定理から，または x が 30°-60°-90° の直角三角形の隣辺であることから（斜辺が L であり，もう 1 つの隣辺が $L/2$ だ），$x = \sqrt{3}/(2\sqrt{2})$ となる．

それゆえ，この三角錐の底面積は
$$B = \frac{1}{2} \cdot \frac{\sqrt{2}}{2} \cdot \frac{\sqrt{3}}{2\sqrt{2}} = \frac{\sqrt{3}}{8}$$
である．高さ h を求めるのは，やや難しい．これは，上図の右に示すように，斜辺が $S = 1/2$ であり y を隣辺とする直角三角形の，もう 1 つの隣辺の長さだ．y は底面の正三角形の頂点から中心までの距離であり，小さな 30°-60°-90° の三角形の斜辺でもある．三角比か相似を使えば，$y = \sqrt{6}/6$ と求めることができる．

h の長さは，ピタゴラスの定理を使って $h^2 + (\sqrt{6}/6)^2 = (1/2)^2 \implies h^2 = 1/12$ となる．したがって，この三角錐の体積は
$$V = \frac{1}{3} \cdot \frac{\sqrt{3}}{8} \cdot \frac{1}{\sqrt{12}} = \frac{1}{48}$$
であり，モリーの六面体の体積は $1/24$ になる．

三角錐の体積を求めるのに，正三角形の面ではなく 45° の直角三角形の面を底面とすれば，計算がはるかに容易になる．下図（前掲の図と同じ三角錐だが，回転している）に示すように，高さは $1/2$ とすぐにわかるし，底面積の計算も簡単だ．

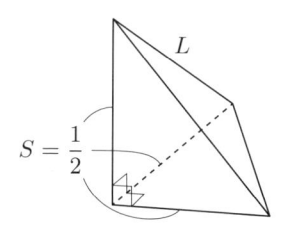

この方法で体積を計算すると，
$$V = \frac{1}{3} Bh = \frac{1}{3}\left(\frac{1}{2} \cdot \frac{1}{2} \cdot \frac{1}{2}\right) \cdot \frac{1}{2} = \frac{1}{48}$$
となる．やはり，全体の体積は $1/24$ だ．

解説

　以上からわかるように，この問題の難易度は，解法によって大きく変わる．後者の解法なら，角錐の体積の公式を学んだ中学生でも解くことができる．ただし，底面を注意深く選ぶよう示唆する必要があるだろう．それさえ気をつければ，この作品を作ることは中学校の授業に適した演習となる．
　高校や大学の教養課程であれば，前者の解法が，相似形，ピタゴラスの定理，三角比の演習となるだろう．筆者の経験では，この六面体は多くの学生にとってなじみのない形なので，数学的創造性に富んだ学生でない限り，正三角形の面を底面とする．とはいえ，この問題を三角比や相似形などの演習としたい場合には，正三角形の面を底面とするよう指示したほうがよいだろう．

●**体積と裁ち合わせ**
　モリーの六面体の体積が 1/24 と求まったが，これは意外に小さい値だと思わないだろうか．まだ折っていない紙が残っていたら，その辺どうしを合わせて $1 \times 1 \times 1$ の立方体を作ってみると，立方体がいかに大きいかがわかる．それにしても，この立方体の中にモリーの六面体が 24 個も入るというのは，不思議に感じられるのではないか．

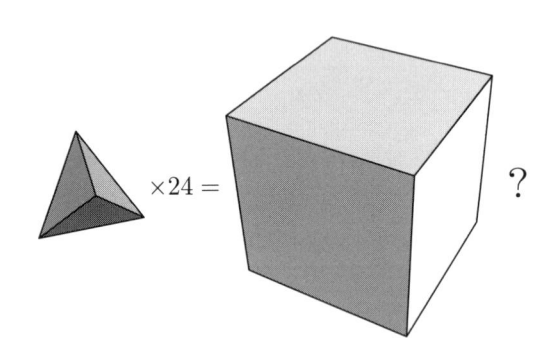

　計算上，24 個のモリーの六面体が $1 \times 1 \times 1$ の立方体に収まるはずだが，どのようにすれば収まるか考えるのは，興味深い演習となる．
　注目すべき事実は，モリーの六面体のすべての面に直角があることだ．実際，この六面体には，立方体の頂点とまったく同じ形の頂点が 2 つある．そ

こで，$1 \times 1 \times 1$ の立方体の 8 つの頂点にそれぞれモリーの六面体を置いてみよう．辺の長さ S が 1/2 だから，これら 8 つの六面体は，下図の左に示すように立方体にぴったり収まる．

これで，立方体の中に六面体が 8 つ入った．さらに多くの六面体を収めるため，六面体を先ほどと同様 2 つの三角錐に分割しよう．2 つの六面体をそれぞれ分割して，下図の中央のように並べ替えると，底面が正方形の四角錐になる．この底面は，立方体の各面の中央に空いている穴にぴったりはまる．下図の右に，この四角錐を 2 つ，立方体の上面と下面にはめた様子を示す．この図からわかるように，これらの四角錐は立方体の中心で接する．

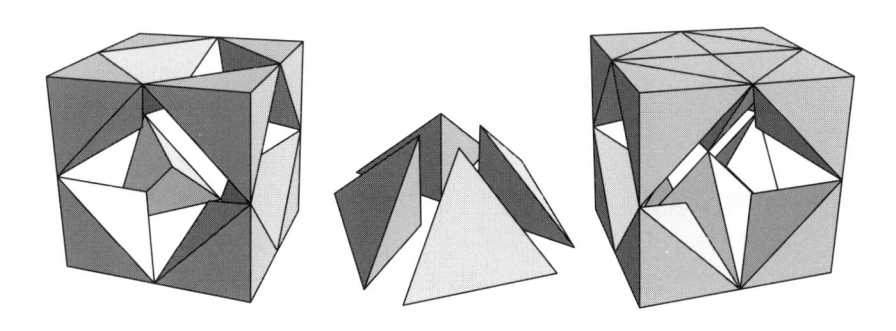

したがって，$1 \times 1 \times 1$ の立方体の面に空いた穴に六面体を 2 つずつ追加できる．頂点の 8 個に $2 \times 6 = 12$ 個の六面体が加わるので，20 個の六面体が立方体の中に収まったことになる．

ここで上図の右をよく見れば，各面の中央にある四角錐の側面は，各頂点にある六面体の面と接していない．したがって，この立方体の中にはまだ隙間がある．残り 4 つの六面体を液体にして注ぎ込めば，この隙間が埋まるはずだ．

もちろん，この方法では，$1 \times 1 \times 1$ の立方体を裁ち合わせてちょうど 24 個の六面体にすることはできないが，モリーの六面体の体積が 1/24 であることに納得できるだろう．

次ページ図に，立方体のもう 1 つの裁ち合わせ方法を示す．先ほど立方体の各面の中央に配置した，底面が正方形の四角錐（それぞれが，モリーの六面体を半分にした三角錐 4 つからできている）だけを取り出すと，図の左

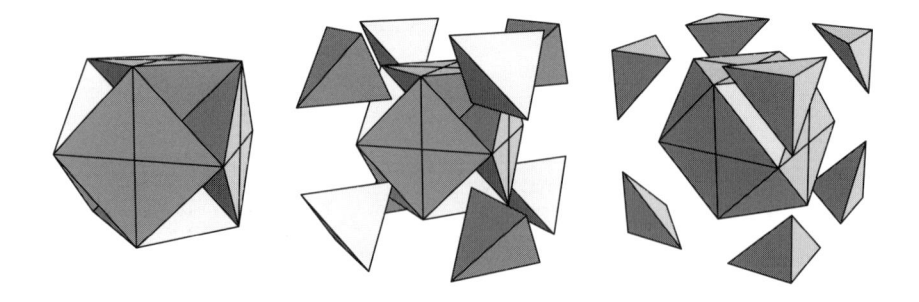

のようになる．これは，立方八面体の三角形の面をくぼませた形だ．プロジェクト 13 で作った「蝶爆弾」が思い出されるかもしれないが，両者の形は異なる．「蝶爆弾」のくぼみの側面が 45° の直角三角形である一方，この立体のくぼみの側面は正三角形だ．

このくぼみを，図中央のようにそれぞれ正四面体で埋めると，立方八面体になる．そして，立方八面体の三角形の面に，モリーの六面体を半分にした三角錐をそれぞれ貼りつけると，$1 \times 1 \times 1$ の立方体になる．それを図の右に示した．（この正四面体を，モリーの六面体と同じくらい簡単に折ることができたら嬉しいのだが，残念ながらそれは難しい．正四面体を折るには，プロジェクト 1「正方形から正三角形を折る」で用いたような折り方が必要になり，さらに大きさを合わせなければならない．）

以上で立方体が分割できたので，各ピースの数と体積を考えよう．モリーの六面体の半分が 8 個，各頂点にある．それぞれに接して正四面体が 8 個あり，中央部分は六面体の半分が $4 \times 6 = 24$ 個（あるいは六面体が $2 \times 6 = 12$ 個）でできている．モリーの六面体の半分が合計 32 個，つまり六面体が 16 個あるので，その体積を合わせると $16 \times 1/24 = 2/3$ になる．

正四面体は，辺の長さが $L = \sqrt{2}/2$ だ．この正四面体の高さ h は，斜辺が L で 1 つの隣辺が $\sqrt{6}/6$（モリーの六面体の体積を計算したときに y とおいた長さ）である直角三角形の，もう 1 つの隣辺だから，ピタゴラスの定理から

$$h^2 = \left(\frac{\sqrt{2}}{2}\right)^2 - \left(\frac{\sqrt{6}}{6}\right)^2 \implies h = \frac{1}{\sqrt{3}}$$

となる．したがって，正四面体の体積は

$$\frac{1}{3}\left(\frac{1}{2}\cdot\frac{\sqrt{2}}{2}\cdot\frac{\sqrt{3}}{2\sqrt{2}}\right)\cdot\frac{1}{\sqrt{3}}=\frac{1}{24}$$

である．なんと，この正四面体の体積はモリーの六面体と同じだ．正四面体は 8 個あるので，体積の合計は $8\times 1/24=1/3$ だ．$2/3$ と $1/3$ を足せば，立方体の体積 1 になる．

モリーの六面体と正四面体の体積が同じであることを幾何的に説明することもできる．立方体に内接する正四面体を考えよう．立方体において，互いに辺で接続されていない 4 つの頂点を選ぶことができる．その 4 つの頂点が，この立方体に内接する正四面体を構成する．この正四面体を立方体から取り去ったとすると，残りの部分は，モリーの六面体の半分である直角の三角錐 4 つがそれぞれ辺で接した形になる．

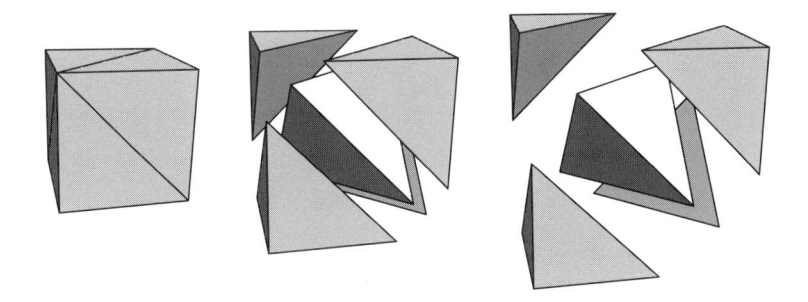

それを上図に示す．逆に，正四面体の 4 つの面にモリーの六面体の半分をそれぞれ貼りつければ，立方体になる．

ここで，立方体の体積を 1 としたときの正四面体の体積を求めると，ちょうど $1/3$ になる．（$1\times 1\times 1$ の立方体に内接する正四面体の辺の長さは $\sqrt{2}$ だ．それを使って，先ほどと同じ計算をすればよい．）すると，モリーの六面体の半分 4 つの体積は $2/3$ になる．モリーの六面体の体積は，当然ながら半分の 2 つ分だから，立方体の体積の $1/3$ だ．したがって，正四面体とモリーの六面体の体積は等しい．

● 指導方法の補足

ここまで読んでこられた教師の中には，「こんな複雑な裁ち合わせをどうやって授業で使えばよいのか」と首をひねる人がいるかもしれない．その疑

問は，ある意味で，的を外している．このプロジェクトのポイントは，このような単純な折り紙作品に数学的に豊かな内容があるということだ．モリーの六面体の体積を計算するという問題は単純だが，その値を $1 \times 1 \times 1$ の立方体と比較することで，立方体や立方八面体の裁ち合わせという手強い問題に導かれ，さらに立方体に内接する正四面体という古典的な問題に導かれる．このような，多面体の裁ち合わせや内接の探求は，魅力的な演習問題となる．ただし，学生にとって，裁ち合わせをイメージすることが難しく，まして自分で裁ち合わせ方法を見つけるのが困難なことは確かだ．

立方体に内接する正四面体や，立方体，立方八面体，正八面体の関係といったことは，プラトンの立体を扱う授業はもちろん，立体幾何学の授業全般に適している．多面体幾何学とその歴史やさまざまな立体の関係についての優れた教科書には，クロムウェルの著書 *Polyhedra* [Cro99] がある．

授業時間に余裕がある場合は，モリーの六面体の半分を折り紙で作ると，裁ち合わせがより理解しやすくなるだろう．六面体の半分を反転させてへこませ，もう半分に重ねれば簡単だが，そうすると正三角形の面がなくなってしまう．それでも，裁ち合わせに必要な直角の三角錐を形作ることができる．

もう 1 つの方法は，モリーの六面体のユニットを以下のように変えることだ．

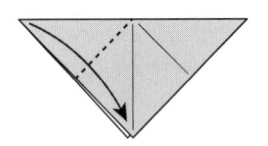

(1) モリーの六面体のユニットを一度開き，左側を折る．

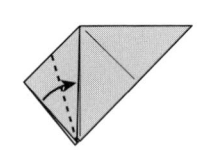

(2) 左下の辺を中心線に合わせて折る．しっかり折る必要がある．

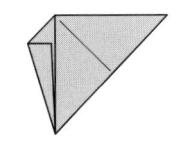

(3) これで完成だ．

このユニットを組むには，まず，折らなかった側をモリーの六面体と同じように組む．すると，折った側が，次図に示すように飛び出る．これらを編むようにして，正三角形の面を作る．面の中心に正三角形の穴が開くはずだ．

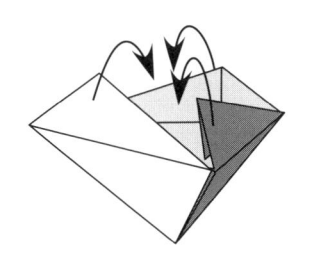

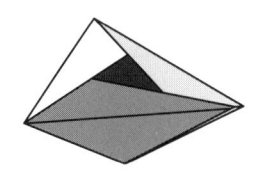

これをいくつも作れば，前述の立方体の裁ち合わせを実際に試すことができる．ただし，立方体の形を保つには，ホルダーとなる箱を用意するか，何人かで支える必要がある．

　このようなモリーの六面体の半分を使えば，どの学生も立方体の裁ち合わせを理解できるだろう．ただし，必要な枚数を折るのは大変だ．

●ボーナス問題：八面体の体積

　八面体スケルトンは，作ること自体を楽しめる作品だ．ユニット折り紙の古典であり，多くの作品がここから派生している．創作したのは，伝説的な折り紙作家であり，マジックの世界でも知られ，神学と心理学の教授を長く務めているロバート・ニールだ．

　演習問題では，この作品の組み立て方を問いとした．筆者の経験では，どの学生でも，作例を見るだけで組み立てることができた．作例を手にとってじっくり観察すれば，編むように組むことでユニットが固定されることがわかるだろう．多くのユニット折り紙と同様，最後のユニットを組むのは難しいが，しっかり組むことができる．

　この作品をこのプロジェクトに含めたのは，ユニットの展開図が，モリーの六面体のユニットとほとんど同じであるためだ．下図の左が八面体スケルトンのユニットの展開図，右がモリーの六面体のユニットの展開図だ（太線

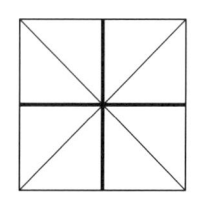

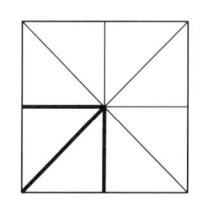

が山折り，細線が谷折りを表す）．

展開図は，山谷が異なるだけで，そのほかの点では同一だ．これが意味することは，八面体スケルトンの三角形の面が，モリーの六面体の三角形の面とまったく同じだということだ．

実際，この 2 つの作品をすきまなく組み合わせることができる．下図に，モリーの六面体を八面体スケルトンに乗せた様子を示す．これをいくつもつなげれば，変わった形の「タワー」ができる．

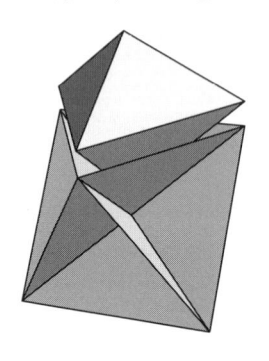

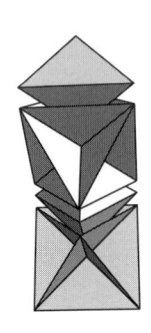

学生がそれぞれモリーの六面体と八面体スケルトンを作ったら，それらを積み重ねてタワーを作らない手はない．

もちろん，この八面体スケルトンが作る正八面体の体積を問わない手もない．すでにモリーの六面体の体積を求めているので，正八面体の体積はすぐにわかる．スケルトンに六面体の半分が 8 個収まるから，正八面体の体積は $8 \times 1/48 = 1/6$ だ．これも，$1 \times 1 \times 1$ の立方体と比べると小さく感じる．このように，2 つの立体の体積を当て推量で比較するのは難しい．

●ボーナスボーナス問題：展開図を変える

この八面体スケルトンから，新たな疑問が生まれる．同じ展開図でも山谷を変えるだけでまったく異なる作品ができるのだとすれば，別の山谷の割り当てで異なる作品を作ることができるだろうか．その新しい立体は，八面体スケルトンやモリーの六面体と組み合わせることができるだろうか．

これらの問いに対する答えは「できる」だ．詳細は読者への宿題とするが，解答の 1 つが本書のどこかにある．

プロジェクト 15
名刺ユニット

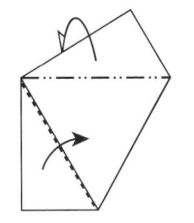

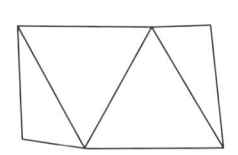

このプロジェクトの概要
名刺で折るシンプルなユニットを使って，どのような立体が作れるか探求する．

このプロジェクトについて
このユニットを用いると，すべての面が正三角形であり，すべての頂点で次数（頂点に集まる辺の数）が 5 以下である，任意の多面体を作ることができる．ただし，凹多面体を作るには，何本かの折り線の山谷を変える必要があるだろう．そこで，このプロジェクトでは，正四面体，正八面体，正二十面体からはじめて，双三角錐や変形双五角錐といった凸多面体を作ることを目標とする．

演習問題と授業で使う場合の所要時間
（1） ユニットの折り方と組み方を示し，さまざまな立体を作るよう求める．
（2） すべての面が正三角形であるジョンソンの立体の図を示す．
ユニットの折り方を教え，学生が正四面体と正八面体を作るまでには，30 分から 40 分かかるだろう．正二十面体や他の立体を作るには，もちろん，もっと多くの時間が必要だ．プロジェクトのすべてを授業でこなすには，何日かに分ける必要があるだろう．一部を宿題や課外活動としてもよい．

演習問題 1

名刺で作る多面体

　名刺はユニット折り紙でよく使われる．ユニット折り紙では，紙を折って「ユニット」を作り，それらをテープも糊も使わずに組み合わせて，さまざまな形を作る．欧米で一般的なサイズの名刺は 2 インチ × 3.5 インチの長方形であり，縦横比は 4 × 7 だ．

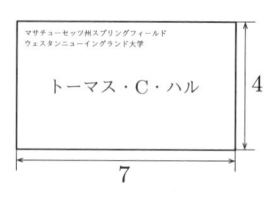

　そのような名刺を以下のように折ったシンプルなユニットから，さまざまな多面体を作ることができる．〔訳注：日本で一般的なサイズの名刺は，比率が少し異なるが，同じように折って多面体を作ることができる．〕ただし，折り線をしっかりとつけなければならない．このユニットを考えたのは，ジニーン・モズリーとケネス・カワムラだ．

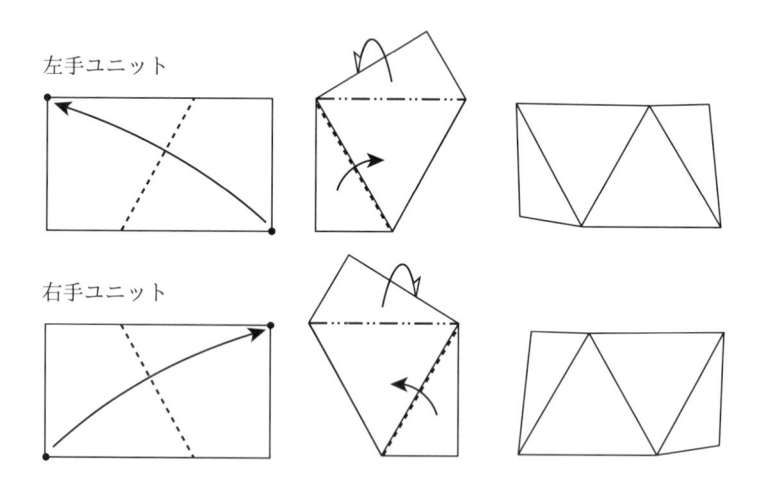

左手ユニット

右手ユニット

　問　欧米サイズの名刺をこのように折ってできた形は，正三角形のように見える．本当に正三角形なのだろうか．判定してほしい．

実習 1 右手ユニットと左手ユニットを 1 枚ずつ折り，それらを組み合わせて，正四面体（下図の左に示す）を作ってみよう．それができたら，4 枚のユニットで正八面体（下図の右に示す）を作ろう．右手ユニットと左手ユニットをそれぞれ何枚用いればよいだろうか．

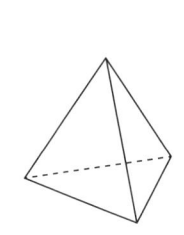

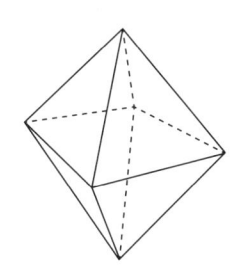

実習 2 ユニットを 10 枚（右手 5 枚，左手 5 枚）折り，正二十面体を作ろう．正二十面体には，正三角形の面が 20 ある．（下図を参照．）組むのはかなり難しい．2 人で作業するか，テープで仮止めするとよい．

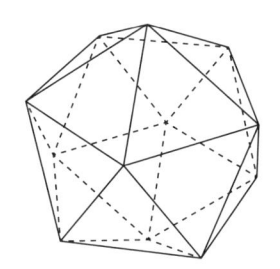

実習 3 このユニットから，ほかにどんな多面体が作れるだろう．（ヒント：さまざまな多面体を作ることができる．）ユニットを 6 枚使って多面体を作れるだろうか．8 枚ではどうだろう．できた多面体の形を言葉で説明してみよう．

演習問題

演習問題2
正三角形の面からなるジョンソンの立体

　名刺ユニットを使って，以下の立体を作ろう．右手ユニットと左手ユニットがそれぞれ何枚必要だろうか．

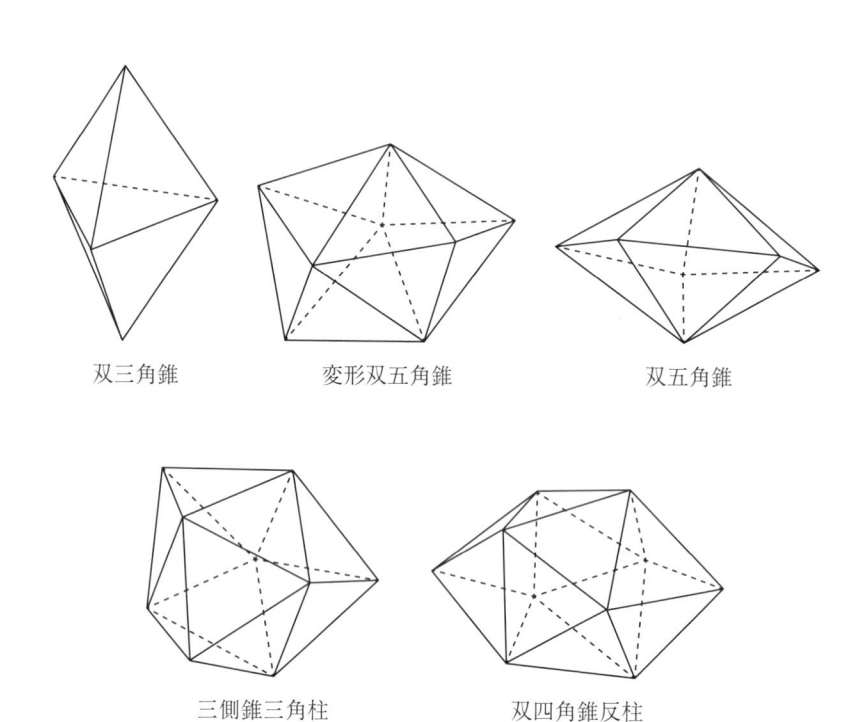

双三角錐　　　　　変形双五角錐　　　　　双五角錐

三側錐三角柱　　　　双四角錐反柱

解説

●問

欧米サイズの名刺を折ってできる三角形が正三角形に極めて近いというのは，まったくの偶然だろうが，4×7 という比率から得られる角度は $\arctan(4/7) = 29.7\cdots° \fallingdotseq 30°$ だ．〔訳注：日本で最も一般的なサイズは $55\,\text{mm} \times 91\,\text{mm}$ であり，角度は $31.1\cdots°$ となる．〕

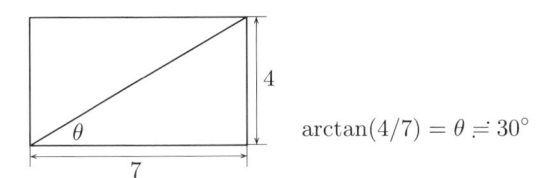

$$\arctan(4/7) = \theta \fallingdotseq 30°$$

●実習

このユニットは，互いに「抱き合わせる」ことで固定できる．長さの短い面を他のユニットの側面に巻きつけるようにするだけでよい．ただし，そのためには，折り目をしっかりつける必要がある．定規などでこするようにするとよい．最も簡単なものは正四面体だ．右手ユニットと左手ユニットが手を組むように合わさる．4 枚のユニットで正八面体を作る方法はいくつかある．右手 2 枚と左手 2 枚でもよいし，すべて左でも，すべて右でもよい．

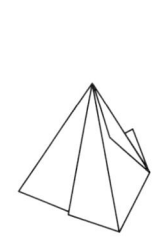

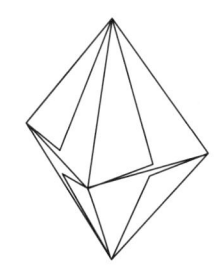

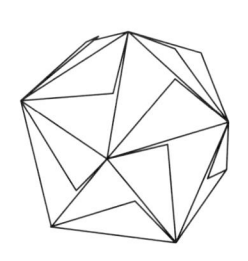

正二十面体を組むのは難しい．最後のユニットを差し込むまでは全体がバラバラになりやすいからだ．2 人で作業したり，粘着テープを使ったりするとよい．いったん組み上がれば安定するが，あまり強く握りしめてはいけない．

すべての面が正三角形である正多面体については，多くの学生がなじみがあるだろうが（そうでなければ，このプロジェクトで確認しておこう），す

解説

べての面が正三角形であり正多面体でない多面体を作るのは難しいだろう．しかし，そのような多面体は多数あり，そのいくつかを 10 枚までの名刺ユニットで作ることができる．実際，この名刺ユニットでは，以下の条件を満たす任意の多面体を作ることができる．

（1） すべての面が正三角形である
（2） すべての頂点で次数が 5 以下である

(2)の条件があるのは，以下の理由だ．次数が 6 のときは，正三角形が頂点のまわりで平面になることがあり，その場合はユニットを抱き合わせることができない．また，次数が 7 以上の場合は頂点が凸でなく，その場合にもユニットが組めないことがある．とはいえ，このユニットで作ることのできる立体は驚くほど多い．

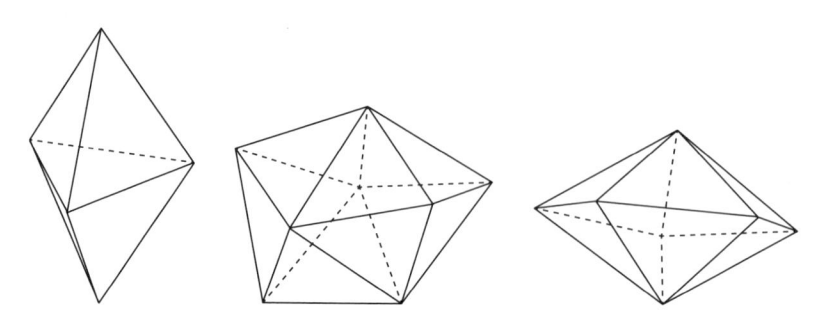

例えば上図に示したのは，左が双三角錐（ユニット 3 枚），中央が変形双五角錐（ユニット 6 枚），右が双五角錐（ユニット 5 枚）だ．

下図の左は三側錐三角柱で，ユニット 7 枚で作ることができる．次数 4 の頂点が 3 つ，次数 5 の頂点が 6 つある．右は双四角錐反柱で，8 枚のユ

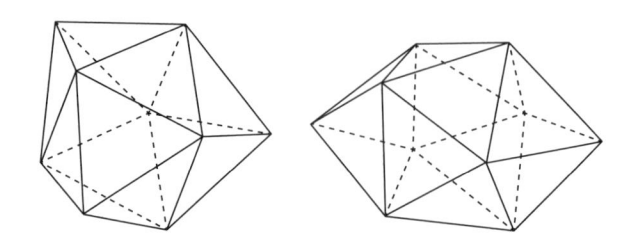

ニットが必要だ．次数 4 の頂点が 2 つ，次数 5 の頂点が 8 つある．正反四角柱の 2 つの正方形の底面にそれぞれ正四角錐を貼りつけた形だ．双三角錐反柱も作ることができそうだが，そのような立体は存在しない．いくつかの面が平らになって，平行六面体になってしまうからだ．（名刺ユニットを使ってそれを確かめることもできるが，できあがった立体は安定しない．）

これらはいずれもジョンソンの立体である．ジョンソンの立体とは，すべての面が正多角形ですべての辺の長さが同じ凸多面体のうち，古くから知られているもの（プラトンの立体，アルキメデスの立体，角柱，反角柱）を除いた立体だ．詳しくは，http://www.mathworld.com または優れたグラフィックプログラム Poly（http://www.peda.com/poly/ からダウンロードできる）を参照．

● 指導方法

このプロジェクトの内容は基本的に，さまざまな多面体を作ることだ．たいしたことがないように思えるかもしれないが，この演習の教育的価値は過小評価されるべきではない．空間的関係や幾何を理解するために多面体を作るということは，おそらくはギリシャ時代にさかのぼり，現代でもマグナス・ウェニンガー [Wen74] やジョージ・ハート [Hart01] といった大家に受け継がれている．実際，多くの人は，例えばプラトンの立体がどのようなものか，自分で作ってみなければ理解できない．完成品を手に取るだけでは不十分だ．これらの立体を深く理解するためには，実際に組み立てる必要がある．

名刺ユニットは，その 1 つの方法であり，日常的なものを材料とするので，とても楽しい．それぞれのユニットが，多面体上で隣接する 2 つの正三角形の面に対応するから，多角形の頂点の次数などに注意しながら組み立てる必要がある．

このプロジェクトをどれだけうまくこなせるかは，手の器用さと，3 次元的な視覚化能力に依存する．正四面体や正八面体をすぐに組んでしまう学生がいる一方，正四面体を組むのに多くの助力を必要とする学生もいるだろう．グループでこのプロジェクトに取り組ませると，早くできた学生が他の学生を手伝うことができる．それに，正二十面体は，グループで作ればはるかに容易になる．

解説

　ジョンソンの立体の多くを見つけることのできる学生は少ないだろう．双三角錐や双五角錐は見つかるかもしれないが，他の立体は直観的でない．すべての学生が，これ以上の立体はないと確信したところで，より複雑なジョンソンの立体を示すようにしよう．

　演習問題 2 はそのように用いるとよい．教室でプロジェクターが使えるなら，前述の MathWorld ウェブページや Poly プログラムで立体の画像を示してもよい．あるいは，演習問題 2 を用いず，ほかの立体を見つけることを宿題としてもよい．学生がウェブで検索すれば，すべての面が正三角形であるジョンソンの立体を見つけることができるだろう．

　このプロジェクトは，多面体や平面的グラフに関するさまざまな概念の復習にも役立つ．例えば，教養課程の数学の授業では，オイラーの公式 $V - E + F = 2$ を確かめるために，これらの立体を用いることができる．

● 名刺の入手方法

　名刺は，ユニット折り紙の一分野となっている．ウェブを検索すれば，ほかにも多くの名刺ユニットが見つかる．（プロジェクト 19「メンガーのスポンジ」も参照．）このような折り紙の経験があるなら，すべての名刺が同じサイズではないことに気がついているだろう．また，紙質もさまざまだ．名刺によっては，光沢のあるコーティングが施してあり，折るとコーティングが割れることがある．折りやすいのは，薄手の名刺だ．

　大量の名刺を容易に入手できることがある．名刺印刷サービスを提供している印刷所や文房具店などで，不要になった名刺がないかどうか聞いてみよう．印刷のエラーや顧客の都合で，大量の名刺が不要になることがある．そのような名刺をもらえる場合がある．もちろん，印刷していない名刺用紙を購入することもできるが，印刷された内容が折ったときに面白い形になる名刺を探すのも楽しい．レストランなどの名刺を収集し，色分けして，芸術的な作品を作る人もいる．

　学生に宿題として 10 枚から 20 枚の名刺を集めさせることもできる．ただし，名刺のサイズを揃える必要がある．また，折りやすいものという条件をつけることを忘れないように（入手できなかった学生のために名刺を準備しておく必要があるだろう）．

プロジェクト 16

5つの交差する正四面体

このプロジェクトの概要
フランシス・オウの 60°ユニットを用いて正四面体を 5 つ作り，それらを組み合わせて複合多面体を作る．

このプロジェクトについて
1 つの正四面体を作るのは難しくない．しかし，5 つの正四面体を組み合わせるのは，難しいパズルだ．正十二面体に基づく対称性を把握する必要がある．

最適な「支柱」の幅を求める発展問題は，ベクトルと解析の応用問題だ．複雑な対称性を注意深く調べる必要があるから，自分で作品を作らずに取り組むのは，容易なことではない．

演習問題と授業で使う場合の所要時間
演習問題 1「5 つの交差する正四面体」と演習問題 2「正四面体の組み合わせ」で，この作品の作り方を示す．演習問題 3「支柱の最適な幅」では，ベクトルと解析によってこの問題を解く手順を示す．

個々のユニットを折るのは容易だが，30 枚折る必要があるので，1 人でユニットを折ると 30 分以上かかるかもしれない．グループで取り組むとよいだろう．1 つの正四面体を作るのはそれほど難しくないが，ユニットを折る時間も含め 30 分から 40 分かかるかもしれない．正四面体を組み合わせるのは，極めて難しい．さらに 30 分から 40 分かかるだろう．演習問題 3 は，学生のレベルにもよるが，20 分かかるだろう．

演習問題 1

5つの交差する正四面体

　この折り紙作品は，まさにパズルだ．しかし，まずはフランシス・オウの 60° ユニット [Ow86] を使って，1つの正四面体を作ろう．

●フランシス・オウの 60° ユニット

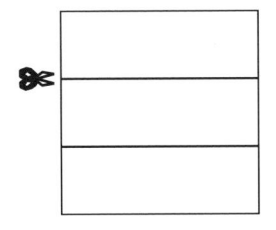

1 × 3 の紙を用いる．正方形の紙を三等分に折り，折り目に沿って切る．

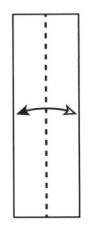

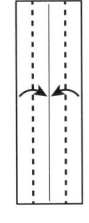

拡大

(1) 長手方向に半分の折り目をつける．

(2) 両辺を中心線に合わせて折る．

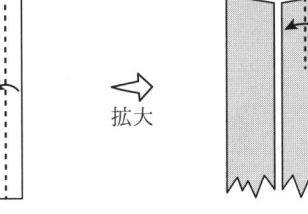

(3) 上端の右側で，半分の折り線を短くつける．

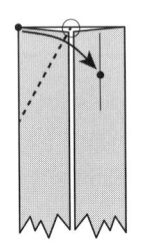

(4) 今折った折り目に左上の頂点が乗り，同時に折り目が上辺の中点を通るように折る．

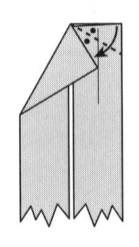

(5) 上辺の右側を，今折った辺に合わせて折る．

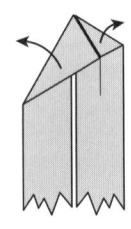

(6) 2 か所戻す．

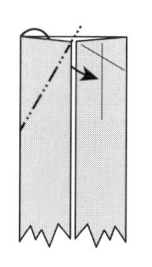

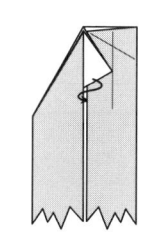

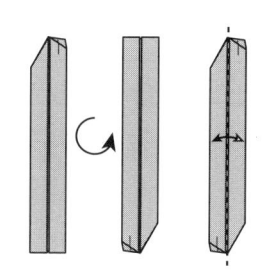

(7) 手順(4)でつけた折り目を使って，左上の頂点をひっくり返すように右へ折る（中割り折り）．紙の裏が出るはずだ．

(8) 裏が出た部分を，右側の紙の下にしまう．

(9) ユニットを 180°回転し，反対側で手順(3)–(8)を繰り返す．ユニットの中心線を折り直し「背骨」を強くしたら完成だ．

● **ユニットの組み方**

3 枚のユニットで 1 つの頂点を作る．1 枚のユニットの端を，隣のユニットの背骨に「ひっかける」ようにする．

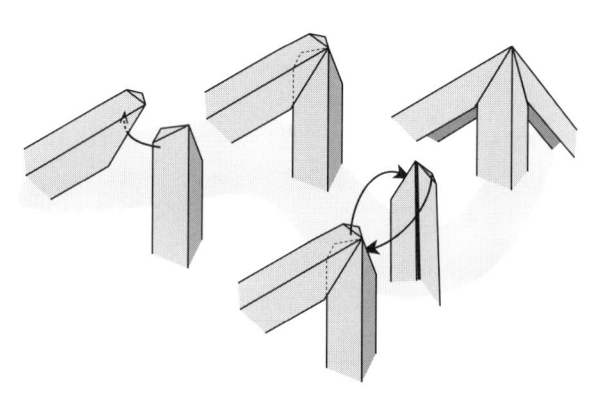

かなりしっかり固定されるはずだ．

6 枚のユニットで正四面体を作ろう．

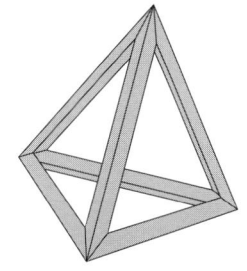

演習問題 2
正四面体の組み合わせ

　5つの正四面体を，1つずつ編むように組んでゆく．2つ目の正四面体は，1つ目の正四面体に編み込むようにしながら組む．2つの正四面体をそれぞれ組んでから組み合わせようとしても，うまくゆかない．2つ目の正四面体の1つの頂点を作り，それを1つ目の正四面体に差し込んでから，残り3枚のユニットを加える．

　最初の2つの正四面体は，ダビデの星を立体化したようになる．つまり，それぞれの正四面体の頂点が，他方の正四面体の面から飛び出すようになる．実際，すべてを組み上げると，どの2つの正四面体の組も立体ダビデの星を形作る．

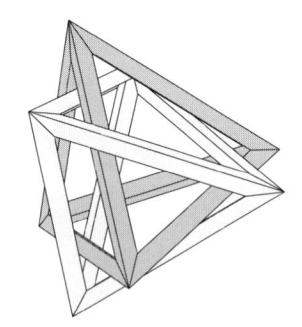

　3つ目の正四面体を編み込むのが最も難しい．右図は組み方がわかりやすい向きで見たものだ．図の中央で，3本の支柱が三角形を形作っていることに注意．裏側でも同じことが起きている．3つ目の正四面体を編み込むときは，この三角形を意識するとよい．すべてを組み上げたときには，正四面体のそれぞれの頂点の下に，この三角形が1つずつできるはずだ．

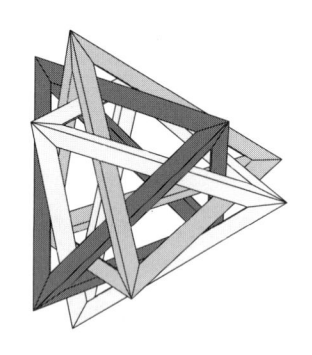

　これら2種の対称性，すなわち2つの正四面体による立体ダビデの星と各頂点の下の三角形に注意しながら，4つ目と5つ目の正四面体を編み込んでゆく．図をよく見ながら作業しよう．

プロジェクト 16 | 5つの交差する正四面体

演習問題 3
支柱の最適な幅

　フランシス・オウの $60°$ ユニットを 1×3 の紙で折ると，ユニットは 1×12 になる．つまり，正四面体の辺の長さを 1 とすると，支柱の幅は $1/12$ だ．
　これは最適な幅なのだろうか．この演習問題では，ベクトルと解析を用いて，支柱の最適な幅を求める．これを手計算で行うのは困難なので，数式処理システムの助けを借りてもよい．

　最適な支柱の幅は，下図の L の長さだ．これは，正四面体の辺 $v_1 v_2$ の中点である点 h から，別の正四面体の辺 $v_3 v_4$ までの距離だ．（演習問題 2 で

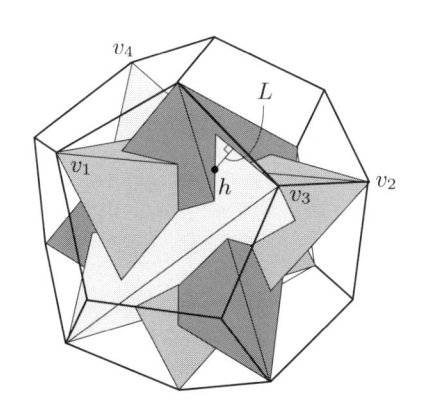

159

作った立体をじっくり観察して，このことを確かめよう．）

v_1 と v_2 の座標をうまくとると，h を z 軸上の点 $(0,0,1)$ にできる．そのときの v_3 と v_4 の座標は，すべての正四面体が正十二面体に内接することから，以下のように計算できる．（興味があれば自分で計算してみてもよいが，かなり手強い．）

$$v_1 = (-1, 1, 1)$$
$$v_2 = (1, -1, 1)$$
$$v_3 = \left(0, \frac{-1+\sqrt{5}}{2}, \frac{1+\sqrt{5}}{2}\right)$$
$$v_4 = \left(\frac{1-\sqrt{5}}{2}, \frac{-1-\sqrt{5}}{2}, 0\right)$$

以上を前提として，点 $h = (0,0,1)$ と線分 $v_3 v_4$ との距離 L を以下の手順で求めよう．

問 1　$v_3 v_4$ を含む $\mathbb{R}^3$ 内の直線を，媒介変数表示 $F(t) = (x(t), y(t), z(t))$ で表そう．

問 2　直線 $v_3 v_4$ 上の任意の点 $F(t)$ と点 $h = (0,0,1)$ との距離を表す式を求めよう．

問 3　問 2 で求めた距離関数の最小値を求めよう．それが L の長さだ．（ヒント：距離関数の 2 乗の最小値すなわち L^2 を求めてから平方根をとると簡単だ．）

問 4　問 3 で求めた支柱の最適な幅 L を，実際の幅である 1/12 と比較しよう．

解説

●この作品について

この作品は，1995 年に，当時ロードアイランド大学の大学院生だった筆者が考えた．Mathematica のポスターでこの立体を見たのだが，それは支柱が細すぎて，実際に作ったら形が崩れてしまうだろうと思えた．そこで，崩れないものを折り紙で作ってみようと考えたのだ．フランシス・オウの $60°$ ユニット [Ow86] が，この作品に最適だった．支柱の幅を自由に変えられるからだ．1×3 の紙を用いて 1×12 の支柱を作ればよいだろうと見当をつけた．最適な幅より少しだけ太いが，紙で作るには十分だ．まわりの大学院生に声をかけてユニットを折るのを手伝ってもらい，皆で苦労して組み立てた．その作品は，何年かのあいだ，数学科の会議室の天井から吊り下げられていた．

これがうまくできたので，作り方の図を描いて，自分のウェブサイトに載せるとともに，シンガポールに住んでいるフランシス・オウに送った．オウは，自分が考えたユニットからこのような複雑な作品が作れることに驚き，うれしかったという返事をくれた．それ以来，この作品は折り紙界で好評を博し，英国折紙協会の「人気作品トップ 10」[Robi00] に選ばれたこともある．

●授業での利用法

この作品（Five Intersecting Tetrahedra: FIT）は，見栄えがすると同時に，作りがいがある．授業の中で作る方法については，自由に考えてほしい．準備なしに学生とともに作ることで，発見の体験を共有したいと思う人もいるだろう．あるいは，自分であらかじめ FIT を作り，作り方や対称性について理解してから教えようとするかもしれない．その場合には，この作品の研究に十分な時間を見込んでおく必要がある．これを組み立てるのがまったく容易ではないからだ．チャレンジ精神があるなら，30 枚のユニットを 5 色の紙で折り，完成図だけを見ながら（演習問題のヒントも図も見ずに）組み立ててみよう．もっと難しいことに挑戦したければ，1 色だけで作ってみよう．

実際，演習問題の助けなしに作ってみると，この作品を作る学生の気分を想像できる．対称性を理解することの重要性がよくわかるだろう．

● この作品の対称性

この作品で，正四面体の各頂点を隣の頂点と直線で結ぶと，正十二面体ができる．これには理由がある．正十二面体の頂点の中で，互いに等距離にある4点を選ぶことができる．それらの頂点を直線で結べば，正十二面体に内接する正四面体ができる．（下図中央を参照．）

正十二面体の頂点の数は20であり，4で割り切れる．実際，5つの正四面体を，頂点の重複なしに，正十二面体に内接させることができる．そうしてできる立体は「5つの正四面体の複合多面体」と呼ばれる．（下図右を参照．）

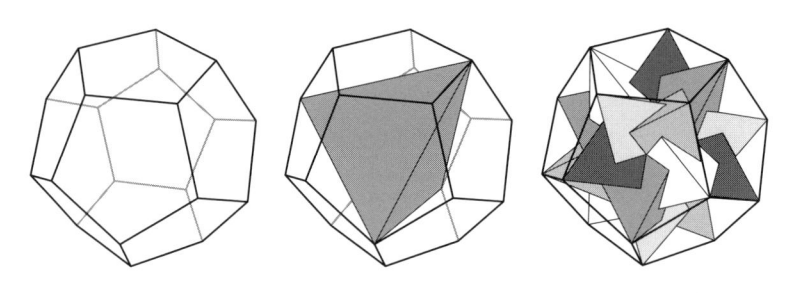

したがって，この作品の対称性は，多くの点で正十二面体と共通している．2つの向かい合う頂点を結ぶ軸について120°対称であり，5つの正四面体が交わる点を結ぶ軸（正十二面体の向かい合う面の中心を結ぶ軸）について72°対称であり，隣り合う頂点の「中点」（正十二面体の辺の中点）を結ぶ軸について180°対称だ．このような回転対称性は，交代群 A_5 と同型の回転群を生成する．

ただし，正十二面体は面対称でもあるが，FIT はそうではない．FIT には，互いに鏡像の関係にある2つのバージョンがある．すなわち，この作品はキラル [Wei2] だ．（次図を参照．）実際，授業でいくつもの FIT を作れば，互いに鏡像となる2種ができるだろう．そうなれば，$\mathbb{R}^3$ における鏡映対称について議論するよい機会となる．これは，$\mathbb{R}^2$ における鏡映対象に比べて，イメージするのが難しい．

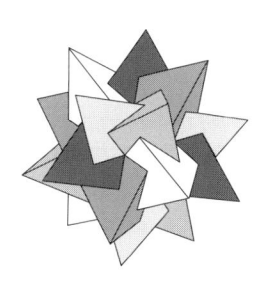

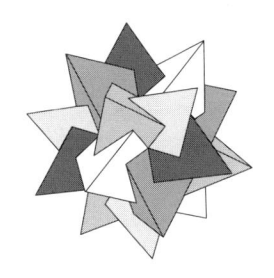

プロジェクト 16 | 5 つの交差する正四面体

●演習問題 3　支柱の最適な幅

この演習問題では，多くのヒントを示した．それは，この問題が難しいからだ．ベクトル幾何などの専門レベルの授業でこの問題を扱うなら，演習問題を用いず，学生に一から考えさせるとよいだろう．この演習問題は，ベクトルと解析の応用問題となるよう作られており，ほとんどの学生が解けるはずだ．

ただし，この演習問題では，いくつかの点を意図的に説明しなかった．まず，点 v_1, v_2, v_3, v_4 の座標は，以下のようにして求められている．正四面体を立方体に内接させることができるので，1 つの正四面体の頂点を，原点を中心とし辺の長さが 2 である立方体の 4 つの頂点と一致させる．そのような立方体の頂点は $(\pm 1, \pm 1, \pm 1)$ にある．その部分集合である

$$(-1, 1, 1), (1, -1, 1), (1, 1, -1), (-1, -1, -1)$$

は，正四面体の頂点となる．これらを適当な軸のまわりに $2\pi/5$ の整数倍だけ回転させると，他の 4 つの正四面体の頂点の座標が得られる．その計算は興味深いが難しく，授業で取り扱うには，多くの時間と追加の演習問題，そして数式処理システムが必要となるだろう．興味を持った読者は，ジョージ・ベルによる優れた要約 [Bell11] を参照してほしい．

もう 1 つ，演習問題で説明を省いたのは，点 h についてだ．v_1 と v_2 との中点 h と $v_3 v_4$ との距離が支柱の最適な幅になる理由を理解するには，自分たちで作った FIT をじっくり観察する必要がある．

正四面体の各辺の中点を見ると，どこでも他の 2 つの正四面体の支柱が接していることがわかる．次図にそれを示す．黒い点が，1 つの正四面体の辺の中点だ．

解説

言い換えれば, 点 h で, 1 つの正四面体の支柱の内側と別の正四面体の支柱の外側が接する. したがって, 最適な支柱の幅は, この点から正四面体の辺までの距離になる.

図を見ただけでは納得できないかもしれないが, これは FIT のもう 1 つの対称性であり, FIT を実際に手にとって観察すれば納得できるだろう.

問 1 ベクトルを用いれば, この直線は
$$F(t) = (v_3 - v_4)t + v_4$$
と書ける. 整理すれば, 次のようになる.
$$F(t) = \left(\frac{-1+\sqrt{5}}{2}t + \frac{1-\sqrt{5}}{2}, \sqrt{5}t - \frac{1+\sqrt{5}}{2}, \frac{1+\sqrt{5}}{2}t\right)$$

問 2 $v_3 v_4$ 上の任意の点 $F(t)$ と $h = (0, 0, 1)$ との距離の 2 乗 $H(t)$ を求めると簡単だ. 次のように内積を使って計算できる.
$$H(t) = |F(t) - h|^2 = (F(t) - h) \cdot (F(t) - h)$$
これは, もちろん, 標準的な距離の公式と同等だ. この式は, 都合のよいことに, かなり単純になる.
$$H(t) = 8t^2 - (9 + \sqrt{5})t + 4$$

問 3 関数 $H(t)$ は t についての二次式であり, 下に凸だから, 唯一の停留点 (微分係数が 0 になる点) が求めるべき最小値だ. $H'(t) = 16t -$

$(9+\sqrt{5})$ だから，v_3v_4 と h との距離の 2 乗が最小になる t の値は

$$t_0 = \frac{9+\sqrt{5}}{16}$$

である．これを $H(t)$ に代入して，平方根をとる．手で計算してもよいが，Mathematica や Maple といった数式処理システムを使ってもよいだろう．計算してみると，

$$H(t_0) = \frac{21-9\sqrt{5}}{16} \quad \text{すなわち}$$

$$\sqrt{H(t_0)} = \frac{1}{4}\sqrt{21-9\sqrt{5}} = \frac{\sqrt{6}(3-\sqrt{5})}{8}$$

が得られる．したがって，最適な支柱の幅 L は $\sqrt{6}(3-\sqrt{5})/8 \fallingdotseq 0.2339$ である．

問 4 問 3 で求めた L の値に意味を持たせるには，それと正四面体の辺の長さとの比を求めなければならない．FIT のユニットの長さは正四面体の辺の長さと同じだから，ユニットの幅である 1/12 と比較するべきは，正四面体の辺の長さに対する L の比の値だ．

正四面体の辺の長さは，次のように簡単に求められる．

$$|v_1 - v_2| = 2\sqrt{2}$$

したがって，求めるべき比 R は，次のようになる．

$$R = \frac{\sqrt{6}(3-\sqrt{5})/8}{2\sqrt{2}} = \frac{\sqrt{3}}{16}(3-\sqrt{5})$$

黄金比 $\varphi = (1+\sqrt{5})/2$ を使えば

$$R = \frac{\sqrt{3}}{12+4\sqrt{5}} = \frac{\sqrt{3}}{8\varphi^2}$$

と書ける．

小数で表すと $R = 0.0826981\cdots$ である．一方，実際のユニットにおける比は $1/12 \fallingdotseq 0.08333$ だ．なんと，1×3 の紙で折ったユニットの幅と最適な幅との差は 0.000635 より小さい．つまり，小数点以下 3 桁までの精度がある．実際の折り紙作品で誤差に気がつくことはないだろう．

具体的に考えてみよう．長辺が 20 cm の 1×3 の紙でフランシス・オウの

解説

60° ユニットを折ったとすると，支柱の幅は約 1.66667 cm になる．最適な幅は約 1.65396 cm だから，誤差は約 0.01271 cm すなわち 0.1271 mm に過ぎない．これなら気がつかない．

1×3 の紙で折った支柱はわずかに太いが，紙は柔軟な素材なので，問題にならない．では，木工の名手リー・クラスノーやガラス職人のハンス・シェプカーがしたように，FIT を木やガラスで作ったとしたらどうだろう．1 mm の何分の 1 かの誤差が問題となるだろうか．あるいは，厚い紙で巨大な FIT を作るとしたらどうだろう．堅い素材の場合は，太いほうにずれるよりも細いほうにずれるほうがよいかもしれない．

● 他の解法

この問題には，ほかにも解法がある．アリゾナ大学のドン・バルカウスカスは，ベクトルのみを用いる解法を提案した．まず，外積を用いて，2 本の直線 v_1v_2 と v_3v_4 のどちらとも垂直な方向ベクトル $\vec{v}$ を求める．次に，$\vec{v}$ と v_1v_2 を含む平面，および $\vec{v}$ と v_3v_4 を含む平面の方程式を求める．この 2 つの平面の交線を M とする．M と v_1v_2 の交点と，M と v_3v_4 の交点とを結ぶ線分の長さが，2 つの正四面体の辺の最小距離だ．ただし，これは最適な幅 L ではなく，支柱の断面である三角形の高さにあたる．L の長さを求めるには，三角比などを用いる必要がある．この解法は解析を用いないが，支柱の断面の形を調べるために，正四面体の辺における二面角（60°ではない）を計算しなければならず，手間がかかる．

もう 1 つ，解析を使わない解法を，イリノイ大学のカイル・カルダーヘッドが提案した．先ほどと同様，v_1v_2 と v_3v_4 の両方に垂直なベクトルを求めるが，ここではそれを単位ベクトルとする．そのベクトルを $\vec{v}_u$ とする．そして，$\vec{v}_u$ と，v_1v_2 上の任意の 1 点から v_3v_4 上の任意の 1 点までのベクトル $\vec{w}$ との内積を計算する．これは，$\vec{w}$ を $\vec{v}_u$ 上に射影したときの長さであり，2 直線 v_1v_2 と v_3v_4 との最小距離だ．この場合もやはり，正四面体の二面角を使って，最小距離から L の長さを計算する必要がある．

●指導方法

　FIT を授業で使う場合，教師が事前に，紙の大きさや厚さをさまざまに変えて作ってみるとよい．授業に組み込む方法については，自由に考えてほしい．教養課程の数学の授業では，難しいパズルとして楽しみながら，複雑な多面体の構造や対称性を示すことができるだろう．この作品を作るのが学生にとって難しすぎるようなら，1 つの正四面体を作ることを課題とし，FIT の完成形を見せるだけでよいかもしれない．興味を持った学生は自分で FIT を作るだろう．

　幾何や多変数解析の専門課程では，すべての演習問題をこなすことができるはずだ．やはり，授業の組み立ては自由だ．学生を 3 人ないし 4 人のグループに分け，折るのがうまい人と数学や視覚化に長けた人がそれぞれのグループに含まれるようにした教師もいる．カイル・カルダーヘッドもその 1 人で，「ほとんどのグループで折り紙のエースと数学のエースが別の学生なので，すべての学生が何らかの貢献をしたように感じたようだ」と述べている．

プロジェクト 17
折り紙
フラーレン

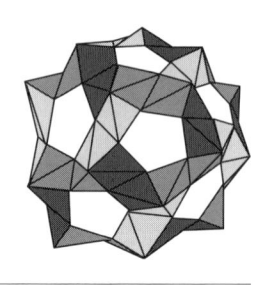

このプロジェクトの概要

まず，PHiZZ ユニットという折り紙ユニットを 30 枚用いて正十二面体を作る．次に，切頂二十面体のグラフにハミルトン閉路を見つけ，それをもとにグラフを 3 辺彩色する．そして，実際に 90 枚の PHiZZ ユニットで立体を作る．最後に，オイラーの公式を使って，フラーレンでは常に五角形の面の数がちょうど 12 であることを証明する．発展問題として，すべての球状フラーレンを分類する方法を示し，それらを作るのに必要な PHiZZ ユニットの枚数を求める．

このプロジェクトについて

PHiZZ ユニットは，グラフ理論の授業で用いるのに最適だ．ハミルトン閉路，辺彩色，オイラーの公式，数え上げの手法といった話題に触れることができる．なにより，多くの学生が大きなフラーレンを作るのに熱中するだろう．球状フラーレンの分類については，コクセターの優れた業績があるが，これはあまり知られていないようだ．そこでは，グラフ理論，組合せ論，多面体，ベクトル幾何といった分野が結びつく．このプロジェクトをグラフ理論の授業で取り上げれば，1 週間では終わらないかもしれない．もっと短くすませることもできるが，PHiZZ ユニットを実際に折ってフラーレンを組み立てることに時間を費やす価値はある．

演習問題と授業で使う場合の所要時間

3 つの部分に対応する 3 つの演習問題がある．演習問題 1 では，3 枚から 5 枚のユニットを折って組んでみるのに 20 分ほどかかるだろう．30 枚のユニットを折るのは宿題にするとよい．演習問題 2 は，平面的グラフになじんでいる学生がグループで取り組めば 15 分で終わるだろうが，そうでなければ 30 分から 40 分かかるかもしれない．演習問題 3 は約 30 分かかるだろう．

演習問題 1

PHiZZ ユニット

　この折り紙ユニット（1993 年トーマス・ハル創作）を用いると，さまざまな多面体を作ることができる．ユニットの名前は Pentagon Hexagon Zig-Zag（五角形 - 六角形 - ジグザグ）から来ている．しっかり組めるので，大きな立体を作るのに適している．

　ユニットの折り方　正方形の紙を，最初に 4 等分のジグザグに折る．あとは図をよく見て折ろう．

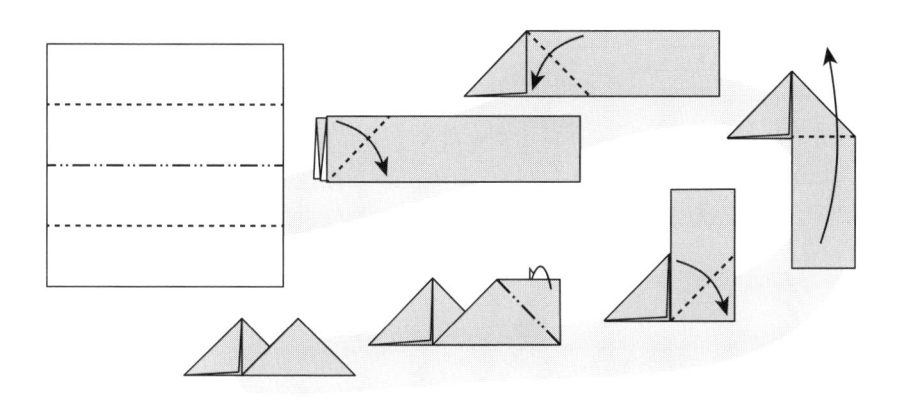

　すべてのユニットを同じ折り方で折ることが重要だ．鏡像の関係にあるユニットどうしは組むことができない．鏡像のユニットを作らないように気をつけよう．

　組み方　次の図は，ユニットの組み方を「上から」見たものだ．まず，1 つのユニットを少し広げ，別のユニットを差し込む．

演習問題

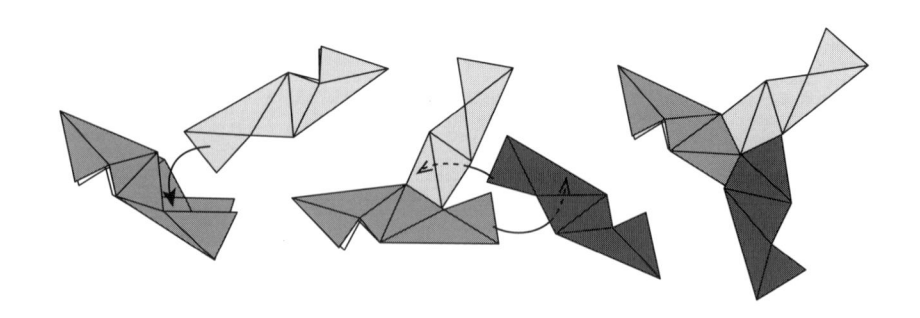

　ユニットを差し込む「すきま」が 2 つある場合は，片方（どちらでもよい）を広げて，別のユニットの先端をはさむ．差し込んだユニットの先端が，すきまを広げたユニットの折り目に「ひっかかる」ことで，ユニットが固定される．

　実習　ユニットを 30 枚折り，それらを組み合わせて正十二面体（下の図に示す）を作ろう．できれば，3 色の紙を 10 枚ずつ用いて，同じ色のユニットが接することがないようにしよう．

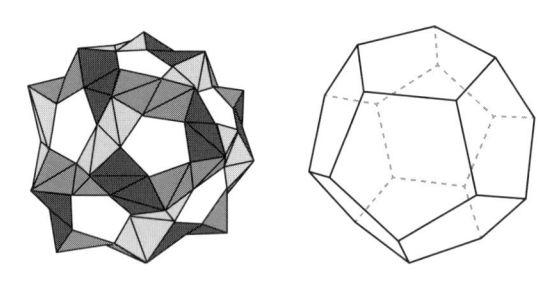

演習問題 2
平面グラフと彩色

　PHiZZ ユニットの色分けを計画的に行うには，多面体の平面グラフを描くとよい．多面体を机の上に置き，上面を広げながら全体を押しつぶし，どの辺も交わることのないように平らにしたものが，多面体の平面グラフだ．次図に，正十二面体とその平面グラフを示す．

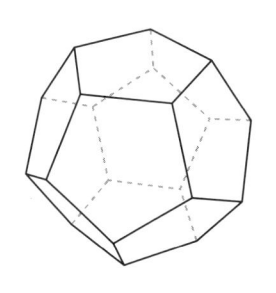

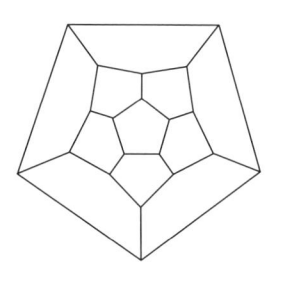

プロジェクト 17 | 折り紙フラーレン

演習 1 サッカーボールの平面グラフを描こう．五角形が 12 個と六角形が 20 個あることに注意．

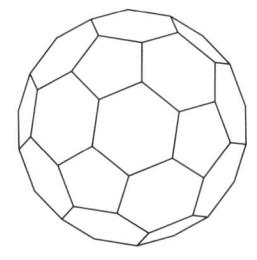

演習 2 グラフの 1 つの頂点から出発し，すべての頂点を 1 度ずつ通って元の頂点に戻る路を「ハミルトン閉路」と呼ぶ．正十二面体の平面グラフで，ハミルトン閉路を見つけよう．

3 色の PHiZZ ユニットを使って，どの頂点でも異なる色のユニットが接するように立体を作るという問題には，いつも手こずらされるだろう．しかし，平面グラフを使うと，それぞれのユニットがグラフの辺にあたるので，グラフを 3 辺彩色する（グラフの辺を，同じ色の辺が接することのないように 3 色で塗り分ける）という問題に置き換えることができる．

問 正十二面体のグラフを 3 辺彩色する際，ハミルトン閉路はどのように役立つだろうか．

演習 3 サッカーボールのグラフにハミルトン閉路を見つけ，それを利用して，3 辺彩色されたサッカーボールを PHiZZ ユニットで作ろう．（90 枚のユニットが必要だ．グループで作業してもよい．）

演習問題 3
PHiZZ フラーレン

フラーレンとは，以下の性質を持つ多面体の総称だ．

（1） すべての頂点で次数が 3（すなわち，それぞれの頂点に 3 本の辺が集まる）
（2） すべての面が五角形または六角形

PHiZZ ユニットは，五角形と六角形のリングを作ることができるので，フラーレンを作るのに適している．

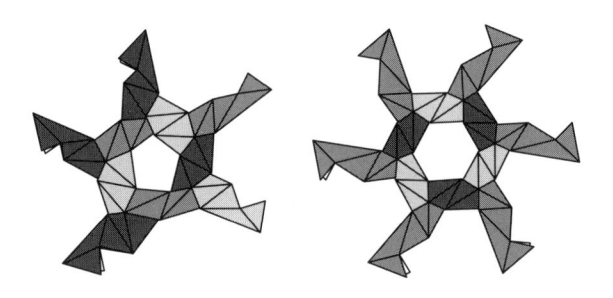

フラーレンの各面の作り方は上図の通りだが，立体を完成させるには，五角形の面と六角形の面がいくつずつあるか調べる必要がある．

下図に 3 種のフラーレンを示す．正十二面体（五角形 12，六角形なし），サッカーボール（五角形 12，六角形 20），そしてさらに高次のフラーレンだ．（これらがフラーレンであることを確認しよう．）

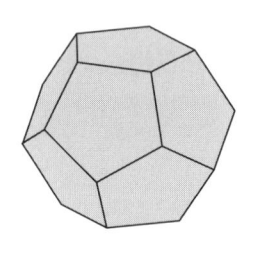

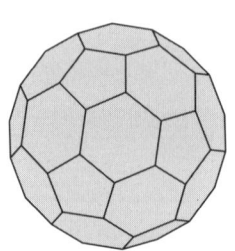

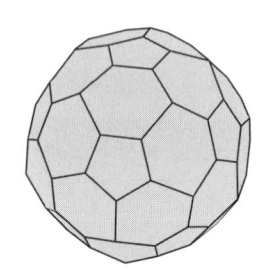

問 1　正十二面体には頂点と辺がいくつあるだろうか．サッカーボールはどうだろう．フラーレンの頂点の数 V と辺の数 E との関係を表す式を見つけよう．

問 2　フラーレンの面の数を F とし，五角形の面の数を F_5，六角形の面の数を F_6 とする．以下のあいだに成り立つ式を見つけよう．
（a）　F_5, F_6, F（極めて簡単）
（b）　F_5, F_6, E（やや難しい）

問 3　問 1 および問 2 の答えを，多面体に関するオイラーの公式 $V - E + F = 2$ と組み合わせ，F_5 と F_6 の関係を表す式を求めよう．

問 4　問 3 の答えから，フラーレンはどんな特徴を持つといえるだろうか．

解説

● **演習問題 1　PHiZZ ユニット**

　PHiZZ ユニットは，筆者が 1993 年，大学院生だったときに創作した．大きな多面体を作ることができるような，しっかり固定できるユニットが狙いだった．このユニットは，紙の面積の 1/4 がロック機構に寄与するので，目的にかなった．それだけでなく，「リング」を作ることで，多面体の面を簡単に作ることができる．ただし，三角形や四角形の面には向いていない．ユニットが曲がってしまい，ロックが外れやすくなる．そこで，このユニットでは五角形と六角形の面のみを作ることとし，Pentagon-Hexagon Zig-Zag（五角形 - 六角形 - ジグザグ，略して PHiZZ）ユニットと名づけた．ただし，後になって七角形以上の多角形も作れることがわかった．その場合，面の曲率が負になる．プロジェクト 18「折り紙トーラス」を参照．

　このプロジェクトの中心は PHiZZ ユニットを折って組むことなので，教師は事前に十分時間をとって，PHiZZ ユニットの折り方と組み方に慣れておく必要がある．学生によっては，あるいは教師であっても，演習問題の図を見ただけで組み方を理解するのは難しいかもしれない．図を注意深く見ると同時に，説明文をよく読んでほしい．このプロジェクトでは，少なくとも，30 枚のユニットで正十二面体を作り，その平面グラフを使って 3 辺彩色することを目標としよう．90 枚のユニットでサッカーボール（別名バックミンスターフラーレン，またの名を切頂二十面体）を作れば，見栄えのする作品ができるはずだ．演習問題に沿って，ハミルトン閉路を使って 3 辺彩色すれば，天井から吊るすデコレーションとして最適な作品ができる．

　このユニットには，文房具店などで手に入る「ブロックメモ」が適している．ただし，糊がついている付箋は，糊のためにユニットの機能が損なわれるので，向いていない．筆者の経験では，プラスチックのケースに入っているものが，正確な正方形であることが多いようだ．（正方形でない紙では，ユニットを正確に折ることが難しい．）

　一般的な折り紙用紙の場合は，小さい正方形に切るとよい．500 枚以上のユニットを使って大きなフラーレンを作るなら，7.5 cm 四方のメモ用紙を使っても，学生寮の部屋で作るには大きくなりすぎるだろう．そのような場

合は，折り紙用紙を 5 cm 四方に切るとよい．ずっと扱いやすくなる．

ユニットは正確に折れているほどよい．授業では，学生が正確に折っているかどうか確かめる必要があるだろう．折り目がずれていたりしっかり折れていなかったりするようではいけない．

しかし，もっと大切なことは，互いに鏡像になるようなユニットを作らないことだ．折り図の通りに折れば，すべてのユニットが同じ向きになるはずだ．しかし，折るのに慣れてきて，図を見ずに折っていると，反対向きのユニットができてしまうことがある．そのようなユニットは，他のユニットと組むことができない．十分気をつけよう．

正十二面体を作るときに，3 枚組の「頂点」をいくつか作り，それらを組み合わせようとする人がいるが，これはとてもまずいやり方だ．3 枚組の頂点どうしを組むたびに新しい頂点ができるので，正しく組むのが極めて難しい．どこかの時点で，すでに作った頂点をほぐすことになるだろう．PHiZZ ユニットを組むには，まず 1 つの頂点を作り，そこにユニットを 1 枚ずつ加えてゆくとよい．授業では，そのように学生に示唆しよう．

●演習問題 2　平面グラフと彩色

ここでは，まず，サッカーボール（切頂二十面体ともいう）の平面グラフを描く．このような演習には多くの学生が楽しみながら取り組むが，ヒントを提供する必要があるかもしれない．その場合，正十二面体の平面グラフを描いて見せるとよい．まず五角形を 1 つ描き，そのまわりに，すべての頂点で次数（辺の数）が 3 になるように五角形を加える．サッカーボールの場合は，やはり五角形から始めるが，そのまわりを六角形で囲む．例えば上図のように，できるだけ対称なグラフを描こう．

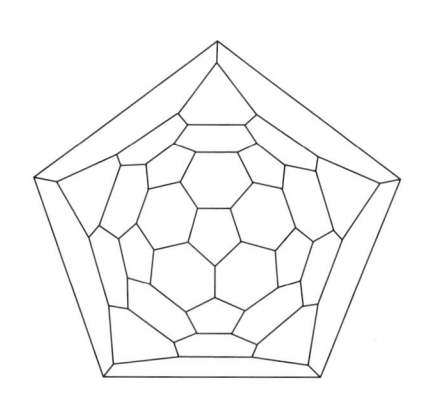

次に，そのグラフのハミルトン閉路を考える．ハミルトン閉路によって 3 辺彩色を簡単に得られるからだ．ハミルトン閉路が見つかったら，その閉路

に沿って，辺を 2 色で互い違いに塗ってゆく．3 次グラフ（すべての頂点に 3 本の辺が集まっているグラフ）の頂点の個数は必ず偶数であることを証明できる．（演習問題 3 の問 1 を参照．）ハミルトン閉路はすべての頂点を 1 度ずつ通るから，ハミルトン閉路の辺の数も偶数であり，2 彩色可能である．そして，残った辺を第 3 の色で塗れば，3 辺彩色のできあがりだ．

正十二面体やサッカーボールのハミルトン閉路は，いくつもある．下図に例を示す．

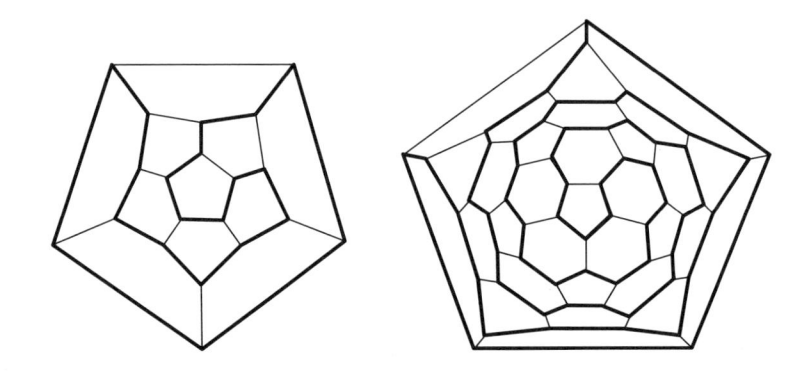

ここから，グラフ理論のさまざまな話題につなげることができる．例えば，1890 年代，テイトがハミルトン閉路を使って四色定理（当時はまだ予想だった）を証明しようとした．テイトは，平面的グラフの 4 面彩色を 3 次平面的グラフの 3 辺彩色に変換する巧妙な方法を考案した．そして，3 連結 3 次平面的グラフには必ずハミルトン閉路が存在すると考えたのだが，それは誤りだった．1946 年に，ハミルトン閉路を持たない 3 連結 3 次平面的グラフをタットが見つけた．詳しくは [Bar84] および [Bon76] を参照．

●演習問題 3　PHiZZ フラーレン

この演習問題に授業で取り組む場合，その前に演習問題 1 を終えておくべきだ．少なくとも PHiZZ ユニットで正十二面体を作り，できればサッカーボールも作っておくとよい．そうすれば，より大きなフラーレンを想像することは難しくない．また，ジオデシックドームがフラーレンと類似していることを指摘するのもよい．ウォルトディズニーワールドリゾートのエプコットにあるスペースシップアース館の写真を探してみよう．

（正確に言うと，実際に建造されたジオデシックドームのほとんどは，フラーレンの双対だ．フラーレンとジオデシックドームの関係は，平面的双対グラフのよい例だ．すなわち，フラーレンではすべての頂点の次数が3であり，一方ジオデシックドームではすべての面が三角形である．また，フラーレンの面は五角形か六角形であり，一方ジオデシックドームの頂点の次数は5または6である．）

　演習問題には，正十二面体（「つまらない」フラーレン），サッカーボール（化学者が「バックミンスターフラーレン」と呼ぶ，炭素原子60個からなる分子の形でもある），そして，より大きなフラーレンを示した．3つ目のフラーレンがサッカーボールと異なる点は，3つの六角形が集まる頂点があることだ．サッカーボールでは，それぞれの頂点に1つの五角形と2つの六角形が集まっている．このことを不思議に思う人も多いだろう．3つの正六角形が集まるなら，その頂点は平らになるはずだ．それでは多面体にならないのではないか．その推論はまったく正しい．実際，これらの六角形は正六角形ではない．五角形と六角形をこのように組み合わせて多面体を作るには，六角形はすこしいびつでなければならない．（演習問題の図はMathematicaで生成したが，六角形がいびつに見えるとしたら，本当にいびつなのだ．）　ただし，PHiZZユニットには柔軟性があるので，そのようないびつな六角形も違和感なしに作ることができる．

問1　PHiZZユニットで多面体を作り始めれば，正十二面体とサッカーボールに頂点と辺がいくつあるかは，すぐにわかるだろう．立体ができたら，数えて確認しよう．折り紙で多面体を作ることのポイントは，手を使った演習によって，目標の立体を頭の中に構築することだ．この種の問いによって，頭の中で作った形が再び呼び起されるが，そのためには，学生自身が問題に取り組む必要がある．

　ともあれ，頂点と辺の数は次のようになる．

	頂点	辺
正十二面体	20	30
サッカーボール	60	90

ここから $V = 2E/3$ が予想できる．これをフラーレン一般について証明しよう．フラーレンのすべての頂点について，そこから出ている辺の数を数えると，1つの頂点につき3本の辺があるのだから，合計は $3V$ となる．ただし，これではすべての辺を2度ずつ数えている．というのも，各辺が2つの頂点を結んでおり，それぞれの頂点で同じ辺を数えるからだ．したがって，$3V = 2E$ である．

ここから，すべてのフラーレン（あるいはすべての3次グラフ）の頂点の数が偶数であることをただちに証明できる．

このようにして数を数えることが，多面体の組合せ論において有効であることを強調したい．実際，次の問いでも同様の技法で数を数える．

問2 (a)の答えは，もちろん $F = F_5 + F_6$ だ．これは簡単だ．

(b)では，問1と同じような辺の数え上げが必要になる．ここでは，フラーレンのすべての面について，面を囲んでいる辺の数を数える．五角形の面には辺が5本ずつあるから，五角形の面についての合計は $5F_5$ になる．六角形の面では $6F_6$ だ．そして，ここでも，各辺を2度ずつ数えている（それぞれの辺は2つの面の境界だ）．したがって，次の式が成り立つ．

$$5F_5 + 6F_6 = 2E$$

問3 これまでに得た式のすべてを組み合わせるが，その方法はいくつかある．例えば，オイラーの公式に $V = 2E/3$ を代入して V を消去すると，

$$F - \frac{1}{3}E = 2$$

となる．さらに $F = F_5 + F_6$ と $2E = 5F_5 + 6F_6$ を代入すれば，F_5 と F_6 についての式になるはずだ．

$$F_5 + F_6 - \frac{1}{3}\left(\frac{5F_5 + 6F_6}{2}\right) = 2$$
$$6F_5 + 6F_6 - 5F_5 - 6F_6 = 12$$
$$F_5 = 12$$

なんと，六角形の面の数も消えて，五角形の面の数が定数になる．問3は，いわば「ひっかけ」問題だ．F_5 と F_6 についての式といっても，F_6 は含ま

れない.

しかし，これで問 4 の答えが明白になった．すべてのフラーレンには五角形の面がちょうど 12 ある．

●**発展**

$F_5 = 12$ という式には，多くの人が驚く．この式は，フラーレンとジオデシックドームをより深く探究するきっかけとなるだろう．他のフラーレンの平面的グラフを描くには，すべての頂点で次数が 3，五角形の面が 12，六角形の面がいくつかという条件を守ればよい．例えば，五角形の面が 12 で六角形の面が 2 つしかない 3 次グラフを，できるだけたくさん作ってみよう．（その立体を作るのに，PHiZZ ユニットが何枚必要だろうか．）六角形が 1 つだけのグラフを作れるだろうか．（答えは「できない」だ．）

ほかにもさまざまな事実を見つけることができるだろう．北アイオワ大学のジェイソン・リバンドは，「PHiZZ ユニットで作った正十二面体では，平行な 2 つの五角形の穴が，プラトンの立体の面と異なり，同じ向きである．その理由を説明するのは，よい演習になる」と述べている．また，1993 年のハンプシャー大学夏期数学講座の受講者であったゴウリ・ラマチャンドランは，正十二面体を 3 辺彩色すると，向かい合う面に同じ色が現れる（ある面が，例えば 2 本の黄色，2 本のピンク，1 本の白の辺で囲まれるとすると，向かい合う面も同じ色の組み合わせになる）ことに気がついた．これは大きなフラーレンでも成り立つだろうか．

さらに別の問題として，正十二面体を，例えば赤，青，緑の 3 色で辺彩色したとき，この 3 色が時計回りに並ぶ頂点と反時計回りに並ぶ頂点がある．時計回りの頂点がいくつで，反時計回りの頂点がいくつだろう．その数はいつでも同じだろうか．また，それらは正十二面体の上にどのように配置されているだろうか．このように，フラーレンの彩色に関しては数多くの問題があり，学生のレポートの題材が豊富だ．

化学に興味のある学生なら，ナノテクノロジーの科学者が研究している分子の模型を PHiZZ ユニットで作ろうと思うかもしれない．ライス大学のリチャード・E・スモーリーのウェブページ http://smalley.rice.edu/smalley.cfm?doc_id=4866 に，そのような分子の画像がある．スモー

リーは C_{60}（バックミンスターフラーレン）分子の発見によってノーベル賞を受賞した 1 人であり，最近の研究対象であるチューブ状のフラーレン（カーボンナノチューブ）は超伝導に革命をもたらすかもしれない．

ジオデシックドームの建造物は，球に近い．フラーレンを球に近づけるには，12 個の五角形を均等に配置し，そのあいだに六角形を並べることになる．すなわち，それぞれの五角形を正二十面体の頂点に対応させ，正二十面体の各面を 3 つの五角形といくつかの六角形に置き換えることを考える．（下図を参照．）このような三角形状の「タイリング」によって，球状フラーレンの頂点や辺の数が決定され，対称性の群 [Hull05-2] が定まる．

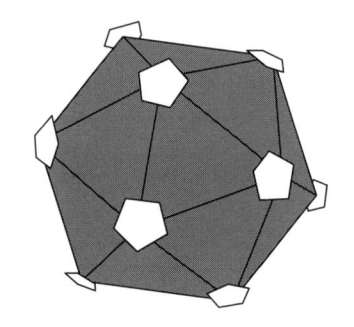

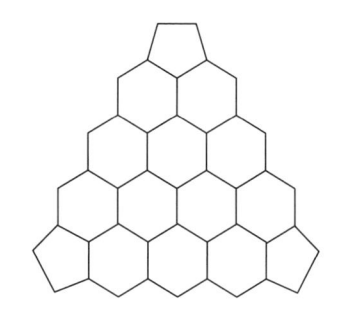

コクセター [Coxe71] は，フラーレンの双対を，三角格子上の三角形タイルを使って分類している．そこから，球状フラーレンの頂点，辺，面の数に関する式を導くことができる．簡単に言うと，五角形と六角形のタイリングの双対である三角形のタイリング（ジオデシックドームに相当する）は，三角格子上で互いに等距離にある 3 つの点によって，完全に分類できる．具体的には，ベクトル $\vec{v}_1 = (1,0)$ と $\vec{v}_2 = (1/2, \sqrt{3}/2)$ の整数係数線形結合で生成される格子を考える．$\vec{v}_1$ の整数倍を p 軸とし，$\vec{v}_2$ の整数倍を q 軸としよう．三角形タイルの 1 つの点を $(0,0)$ としたとき，もう 1 つの点が (p,q) にあるとする．これで第 3 の点の位置が決まる．すなわち，(p,q) を原点のまわりに $60°$ 回転した点だ．$(p,q) = (2,1)$（すなわち $2\vec{v}_1 + \vec{v}_2$）とした例を次図に示す．

このとき，三角形タイルの面積が簡単に計算できる．格子 1 マス（ジオデシックドームの三角形の面 1 つに相当する）の面積が 1 になるように正規

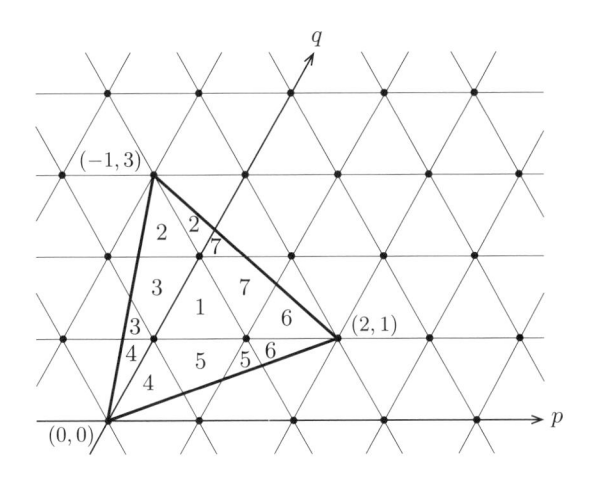

プロジェクト 17 | 折り紙フラーレン

化し，この単位三角形がいくつ含まれるかを数えればよい．タイルの対称性のため，タイルの端で切り取られている面には，どこかに片割れがあることが保証される．(上図では三角形に番号をつけて示した．) したがって，正規化された面積は常に整数だ．コクセターは，(p,q) によって生成される三角形タイルの面積が $p^2 + pq + q^2$ であることを示した（証明してみよう）．

(p,q) タイルに基づいてジオデシックドームを作ると，正二十面体の各面がこの三角形タイルになるので，全体の表面積すなわち面の数は $20(p^2 + pq + q^2)$ になる．その双対であるフラーレンには，これと同じだけの数の頂点がある．$3V = 2E$ より，このフラーレンの辺の数，すなわち必要な PHiZZ ユニットの枚数は，$30(p^2 + pq + q^2)$ だ．

筆者が作ったことのあるフラーレンの中で最も大きいものは，$(3,3)$ のタイルに基づくもので，810 枚の PHiZZ ユニットを要した．http://mars.wne.edu/~thull/gallery/modgallery.html に写真がある．

プロジェクト 18
折り紙トーラス

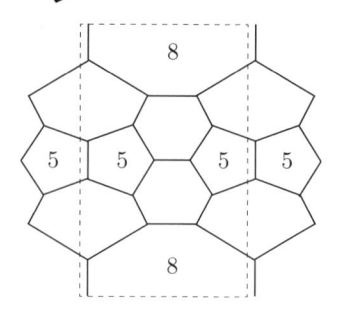

このプロジェクトの概要
PHiZZ ユニットでトーラスを作る．それにより，正曲率と負曲率やトーラスの基本領域といった概念に触れる．また，実際にトーラスを作るために，「フラーレントーラス」の組合せ論を探求する．

このプロジェクトについて
このプロジェクトは，トーラスの位相幾何へのよい導入となる．グラフ理論の授業なら，平面でない面におけるグラフを体験するよい機会だ．トーラス上のオイラーの公式 $V - E + F = 0$ を使った数え上げにより，五角形，六角形，七角形のみからなる 3 正則な（すべての頂点に 3 本の辺が集まる）トーラス的グラフでは五角形の数と七角形の数が等しいことなどを証明する．
このプロジェクトは，前のプロジェクト「折り紙フラーレン」の続きだが，その演習問題 1 だけすませていれば，取り組むことができる．

演習問題と授業で使う場合の所要時間
3 つの演習問題がある．
（1） PHiZZ ユニットで，七角形以上の（曲率が負の）リングを作る．
（2） トーラスグラフを基本領域に描く．
（3） 種数 g の向きづけ可能な面上のオイラーの公式を調べることにより，「フラーレントーラス」での五角形の数と n 角形の数の関係を求める．
演習問題 1 では，時間がかかるのはユニットを折ることだけだ．ユニットを事前に折っていれば，15 分から 20 分しかかからないだろう．演習問題 2 の前半は，トーラスグラフを描くだけだ．これは 10 分から 15 分で十分だろう．しかし，PHiZZ ユニットでトーラスを作るのには，ずっと時間がかかる．演習問題 3 はいくつかの部分に分かれており，通して 40 分から 50 分かかるだろう．いくつかの部分を宿題としてもよい．

演習問題 1
七角形以上の PHiZZ ユニットのリング

この演習問題では，PHiZZ ユニットで七角形以上のリングを作る．

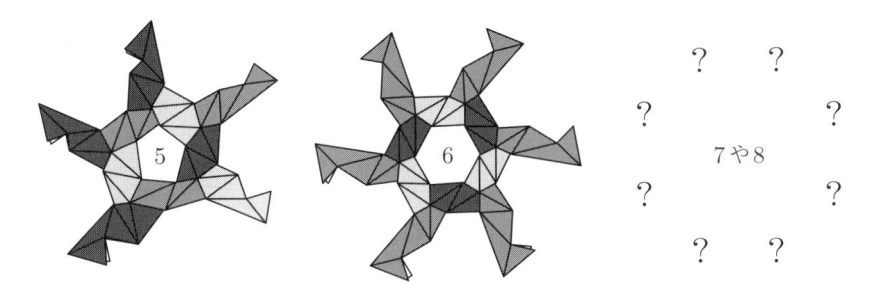

実習　PHiZZ ユニットで，七角形と八角形のリングを作ろう（それぞれ，ユニットが 14 枚と 16 枚必要だ．グループで取り組んでもよい）．リングを閉じるのが難しいかもしれない．ユニットに余分な折り目をつけないように注意しよう．これまでと同じ組み方で組めるはずだ．

問　五角形や六角形のリングと七角形や八角形のリングの形を比べよう．
特に，これらのリングを曲面の上に置くとしたら，五角形のリングはどんな曲面に置けるだろう．
六角形はどうだろう．
七角形や八角形のリングはどうか．

PHiZZ ユニットでトーラス（ドーナツの形）を作るとしたら，これらのリングをどこに配置すればよいだろう．

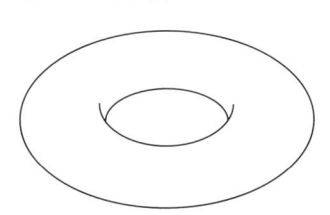

演習問題 2
トーラスグラフを描く

　PHiZZ ユニットでトーラスを作るとき，フラーレンのように平面グラフを描くことができないので，イメージするのが難しいかもしれない．

　しかし，トーラスを「平ら」にして，トーラス上のグラフを紙に描く方法がある．下図に例を示す．すなわち，互いに垂直な 2 本の直線でトーラス面を切り，広げて長方形にする．これは「トーラスの基本領域」と呼ばれる．

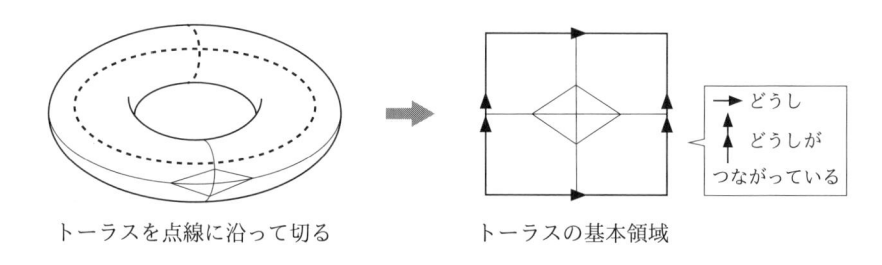

トーラスを点線に沿って切る　　　トーラスの基本領域

→どうし
↓どうしが
つながっている

　基本領域では，辺が境界に達したら，反対側の境界から戻ってくる．辺を上下および左右の境界で「ワープ」させることによって，トーラス上のグラフを基本領域に描くことができる．

　実習　「正方形トーラス」（下図に示す）のグラフを基本領域に描こう．

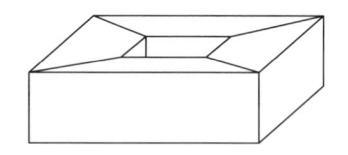

　次に，PHiZZ ユニットでトーラスを作ろう．まず，トーラスの基本領域に，以下を満たすグラフを描いてほしい．
- （1）すべての頂点で次数が 3 である（それぞれの頂点に 3 本の辺が集まる）
- （2）五角形，六角形，またはそれ以上の多角形のみからなる．（四角形や三角形の面は，PHiZZ ユニットではうまく作れない．）

PHiZZ ユニットでトーラスを作るには，多くのユニットが必要だ．数百枚のユニットで作った人もいるが，それほど多くなくても作ることができる．下図は，数学者のサラ゠マリー・ベルカストロが考えたトーラスのグラフで，84 枚のユニットを必要とする．このグラフは，図の左の点線で囲んだパターンを，基本領域の中で 4 回繰り返している．面の種類は，五角形，六角形，八角形のみだ．

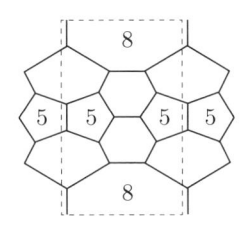

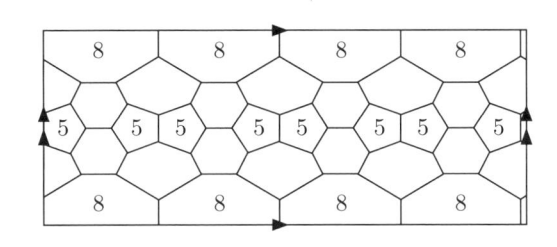

　このトーラスを作ってもよいし，別のトーラスを自分で考えてもよい．八角形の代わりに，より大きな多角形，例えば十角形を使えば，より小さいトーラスを作ることができる．

ヒント　トーラスを作るときには，内側の負曲率の多角形から作り始めるとよい．そのほうが難しいように思えるかもしれないが，内側を後に作るよりも先に作るほうがずっと易しい．内側の輪を作ってしまえば，外側に五角形や六角形を作ってゆくのは簡単だ．

演習問題 3

トーラス上のオイラーの公式

　問 1　下図に「正方形トーラス」を示す．この多面体で，オイラーの式 $V - E + F$ の値を計算しよう．

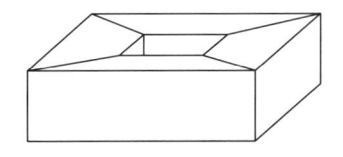

問2 穴が2つのトーラス（下図）ではどうなるだろう．

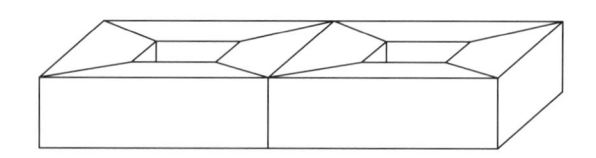

問3 多面体の穴の数を「種数」と呼ぶことにしよう．（例えば，トーラスの種数は1，穴が2つのトーラスの種数は2，正二十面体の種数は0となる．）種数 g の多面体に関する一般化されたオイラーの公式を見つけよう．

● 「フラーレントーラス」の特性

トーラス上のオイラーの公式は，PHiZZユニットでトーラスを作る際に役立つ．

問4 PHiZZユニットを使って，五角形，六角形，七角形の面のみからなるトーラスを作るとき，五角形の面の数 F_5 と七角形の面の数 F_7 との関係を表す式を求めよう．（ヒント：ここでも $3V = 2E$ が成り立つ．その証明は，すべての球状フラーレンで五角形の面の数がちょうど12であることの証明とほぼ同じだ．）

問5 PHiZZユニットで，五角形，六角形，八角形の面のみからなるトーラスを作るとき，五角形の面の数と八角形の面の数との関係を表す式を求めよう．

問6 問4と問5の結果を一般化できるだろうか．

解説

このプロジェクトの前に，プロジェクト 17「折り紙フラーレン」に取り組む必要がある．1 つには，PHiZZ ユニットの折り方と組み方を知らなければならないし，球状フラーレンを作らずにトーラスを作るのは極めて難しいからだ．もう 1 つの理由は，このプロジェクトにおける数え上げの技法（特にオイラーの公式を使うもの）が，フラーレンのときと同じであるためだ．

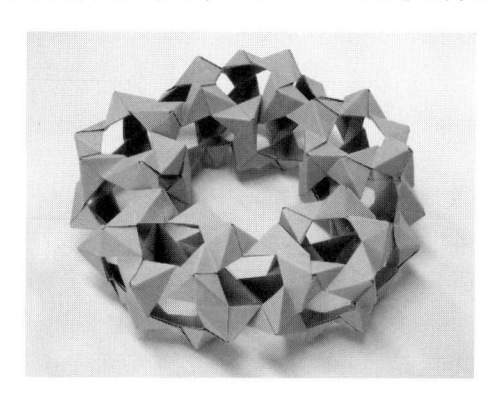

プロジェクト 17 と同様，教師は事前に PHiZZ ユニットでトーラスを作ってみるべきだ．これには時間がかかる．小さなトーラスでも 100 枚近くのユニットを必要とするからだ．（上の写真のトーラスは 105 枚のユニットで作られている．）演習問題 2 に示したベルカストロのトーラスは 84 枚で作ることができる．これは基本構造を 4 回繰り返しているが，3 回にすることもできる．そうすると 63 枚しか必要としないが，ユニットに大きな力がかかるので，組むのが難しくなる．

下図は筆者が考えた PHiZZ トーラスだ．十角形を使った基本構造を 3 回繰り返している．これは 81 枚のユニットを必要とする．

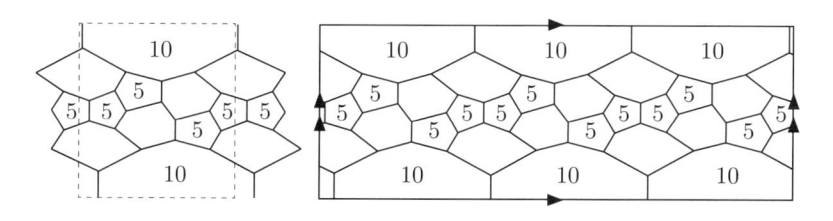

解説

　トーラスを作るときのコツは，内側から作り始めることだ．トーラスの内側は曲率が負になるので組むのが難しい．それを先にすませておけば，五角形と六角形を加えるのは容易だ．（フラーレンと同様，最後のユニットを組むのが最も難しい．それをトーラスの内側に残すより，外側の五角形または六角形を最後にしたほうが，はるかに簡単だ．）

　PHiZZ ユニットでトーラスを作るのは，取組みがいがある．多くの学生が，厚紙で多面体を作ったことがあるだろう．ユニット折り紙で多面体を作る場合は，その経験を生かすことができる．しかし，トーラスを作ったことのある学生は少ないだろう．このプロジェクトは，種数や曲率といった概念を直観的に把握するよい機会となるだろう．

●演習問題1　七角形以上の PHiZZ ユニットのリング

　ここでは，PHiZZ ユニットで七角形以上の多角形を作れることと，そのとき曲率が負になることを確かめる．筆者はこれらの事実に気がつくのに何年もかかった．七角形以上のリングを初めて作るときは，それが不可能なように思えるかもしれない．六角形のリングを作ったとき，それ以上ユニットを加えるところがないように感じられただろう．しかし，リングをねじるようにして曲率を負にすれば，さらにユニットを加えることができる．

　結局，問いに対する答えは以下のようになる．

- 五角形のリングは，ドーム状の曲面に置くことができる．
- 六角形のリングは平坦であり，平面の上に置くことができる．
- 七角形以上の多角形は，双曲放物面あるいはポテトチップのような鞍型の面に置くことができる．
- 五角形は，曲率が正であるところ，つまりトーラスの外側にしか置けない．一方，七角形以上の多角形は，曲率が負であるトーラスの内側に置く必要がある．

●演習問題2　トーラスグラフを描く

　この演習問題の前半では，トーラスの基本領域という概念を使って，トーラスグラフを描く．学生がすでにこの概念になじんでいれば，何の問題もないだろう．基本領域の概念を習ったばかりの位相幾何の授業にも，この演習

問題は適している．トーラスグラフを実際に描くことは，この概念の理解を確実にするよい方法だ．

正方形トーラスのグラフを下図に示す．

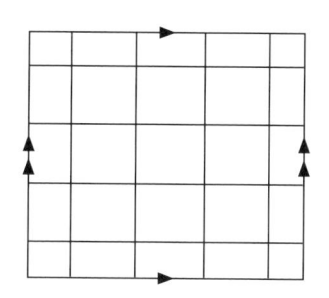

後半では，PHiZZ ユニットで「フラーレントーラス」を作る．ベルカストロによる設計図を用いたとしても，トーラスを作るのは難しい．また，必要なユニットの枚数も多いので，グループで取り組むとよい．トーラスを作るのは難しいと繰り返して強調しなければならない．PHiZZ ユニットで球状フラーレンを作ったことがなければ，トーラスなど不可能なように思えるだろう．一方で，完成させたときの達成感から得られる教育的効果は大きいので，困難な組み立てに挑戦する価値は十分にある．

それに比べれば，ベルカストロの例のような PHiZZ トーラスの設計図を描くのは，いくらか容易だろう．このような演習に授業で取り組むには，教師の側に経験が必要だ．筆者なら，学生自身にしばらく描かせてみて，すべての頂点で次数が 3 になっているか，すべての面が五角形以上であるか，すべての辺が基本領域の境界で「ワープ」しているかといったことを確かめながら進める．

学生は小さなグラフを作りがちだが，それを PHiZZ ユニットで作るのは難しい．ただし，できるだけ小さいトーラスを作るというのも面白い．2000 年のハンプシャー大学夏期数学講座では，ベルカストロと筆者がこのプロジェクトを課し，100 枚以下のユニットを使った素晴らしい作品がいくつも生まれた．

もちろん，大きなトーラスを作るのも面白い．筆者が作った最も大きなトーラスは，660 枚の PHiZZ ユニットを使ったもので，マサチューセッツ州ヘイバーヒルにある Origamido Studio に何年か展示されていた．大きな

解説

フラーレンと同様，大きなトーラスはグループで作るのに適している．

●演習問題 3　トーラス上のオイラーの公式

この演習問題では，フラーレンには五角形の面がいつもちょうど 12 あることの証明に用いたのと同じ数え上げ手法を使う．五角形，六角形，そしてそれらより大きい n 角形からなる「フラーレントーラス」でも，似たような結果が得られる．例えば，五角形，六角形，七角形のみを用いる場合，五角形の面の数と七角形の面の数が等しいことを証明できる．（ここでもすべての頂点の次数が 3 であることに注意．）七角形の代わりに八角形を使うと，五角形の数が八角形のちょうど 2 倍になる．（演習問題 2 のベルカストロの例で，それを確かめよう．）

問 1　この問いは，演習問題 2 でトーラスのグラフを基本領域に描いていれば，容易だろう．$V = 16$，$E = 32$，$F = 16$ であるから，$V - E + F = 0$ だ．

問 2　この 2 穴トーラスでは，平坦な面を辺が横切っているので，少し戸惑うかもしれない．しかし，その辺を取り去っても，E と F が 1 つずつ減るので，$V - E + F$ の値は変わらない．

例えば $V = 28$，$E = 60$，$F = 30$ から $V - E + F = -2$ が得られる．

意欲のある学生なら，2 穴トーラスのグラフを基本領域に描きたいと思うかもしれない．その場合，基本領域は八角形であり，各辺を適切に向きづける必要がある．演習問題では触れていないが，位相幾何の授業なら，発展問題として最適だ．

問 3　これまでで以下の 3 つのデータが得られた．

曲面	$V - E + F$	種数 g
球	2	0
トーラス	0	1
2 穴トーラス	-2	2

ここから $V - E + F = 2 - 2g$ が予想できる．位相幾何やグラフ理論の授業なら，これを証明するべきだ．

学生がこの式を思いつかないようなら，$V - E + F = $（$g$ に関する式）が目標だと示唆するとよい．

問4 この問いも，フラーレンで $F_5 = 12$ を証明していれば，難しくない．$3V = 2E$ だから，トーラスのオイラーの公式を

$$F - \frac{1}{3}E = 0$$

と書き換えることができる．さらに，$F_5 + F_6 + F_7 = F$ と $5F_5 + 6F_6 + 7F_7 = 2E$ を代入すれば，

$$F_5 + F_6 + F_7 - \frac{1}{3}\left(\frac{5F_5 + 6F_6 + 7F_7}{2}\right) = 0$$
$$6F_5 + 6F_6 + 6F_7 - 5F_5 - 6F_6 - 7F_7 = 0$$
$$F_5 - F_7 = 0$$

となる．すなわち，五角形の面の数と七角形の面の数は等しい．

問5 先ほどと同じ計算で七角形を八角形に替えれば，$F_5 - 2F_8 = 0$ が得られる．つまり，五角形の数は八角形の 2 倍だ．

問6 このような問題を数学の授業で問う目的は，第一に「一般化」で何が意味されているかを考えることであり，第二にその一般化のための方法を考えることだ．そのため，意図的に漠然とした問いにした．何が問題かを学生に伝えることがヒントになるが，それはできるだけ控えよう．抽象的な問いを具体的なモデルに昇華することが，この問いの教育的目標だ．

五角形，六角形，そして n 角形のみを用いて PHiZZ トーラスを作るとすると，これまでと同じ計算によって

$$F_5 - (n-6)F_n = 0$$

が得られる．したがって，n 角形 1 つごとに五角形が $n - 6$ だけ必要だ．

●他の立体

　PHiZZ ユニットでトーラスを作ると，このユニットのさらなる可能性に気づくだろう．五角形と六角形だけでチューブ状のフラーレンを作るのは簡単で，適当なところに七角形以上のリングを配置すれば，そのチューブを曲げることができる．したがって，螺線や n 穴トーラス，さらにはクラインの壺でさえ（非常に難しいが）作ることができる．ウェブで「PHiZZ ユニット」を検索してみれば，さまざまな立体の写真が見つかる．

　唯一の欠点は，そのような立体を作るにはたいてい何百枚もの PHiZZ ユニットが必要だということだ．それでも，大学の数学の研究室では，PHiZZ ユニットで大きな立体を作ることに夢中になる学生をしばしば目にすることになるだろう．

プロジェクト 19

メンガーの スポンジ

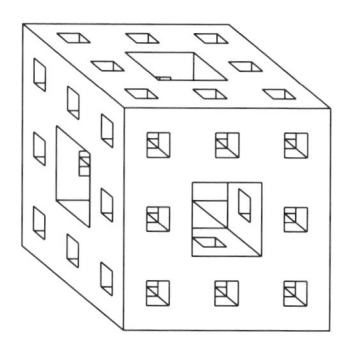

このプロジェクトの概要
名刺を使って立方体モジュールとパネルを作る．次に，それらを組み合わせて「レベル 1」のメンガーのスポンジを作る．さらに，レベル n のスポンジを作るために必要なユニットの枚数を計算する．

このプロジェクトについて
このプロジェクトはフラクタルへの導入だ．計算では，等比数列と自己相似の理解が必要となる．

演習問題と授業で使う場合の所要時間
前半では，ユニットの折り方を示し，レベル 1 のメンガーのスポンジを作ることを課題とする．後半では，さらに大きなスポンジを作るために必要なユニットの枚数を計算する．これは離散数学や組合せ論の授業に適している．

ユニットはあっという間に折れるが，それを組み合わせて立方体を作るのには，10 分から 15 分かかるかもしれない．パネルのつけ方と立方体のつなぎ方を習得するには，さらに 15 分ほどかかるだろう．したがって，演習問題の前半だけで 40 分かかるかもしれない．後半の問題は，組合せ論の授業向けで，やはりかなりの時間がかかるだろう．

演習問題

名刺で作る立方体とメンガーのスポンジ

この名刺で作る立方体は，おそらく最も簡単なユニット折り紙だ．6 枚の名刺を使う．ユニットを折るには，2 枚の名刺を十字になるように重ね，お互いを巻くように折る．それをはがせば，ユニットが 2 枚できる．

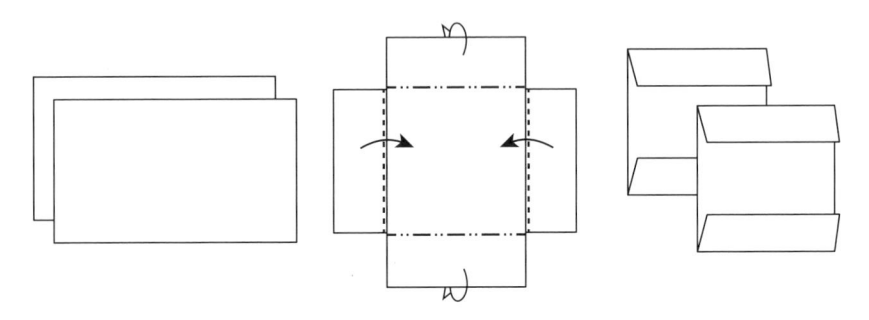

これを 6 枚折って，立方体を作ろう．それぞれのユニットが立方体の面になり，折った部分が別のユニットをつかむようになる．すべてを組むと，折った部分が外側に出て，全体が固定される．

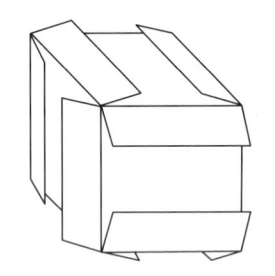

さらに 6 枚のユニットを「パネル」として追加し，立方体の表面を平らにすることができる．その方法を考えよう．

また，2 つの（パネルをつけていない）立方体の面と面を合わせ，折った部分をかみ合わせてつなげることができる．したがって，立方体を組み合わせた立体を作ることができる．

プロジェクト 19 | メンガーのスポンジ

実習 「レベル 1」のメンガーのスポンジを作ろう．メンガーのスポンジとは，フラクタル図形の 1 つで，次のようにして作ることができる．立方体（レベル 0）から始め，それを 20 個組み合わせて大きな立方体状の枠組み（レベル 1）を作り，それを 20 個組み合わせてさらに大きな枠組み（レベル 2）を作り，という操作を繰り返す．1 つレベルが上がるごとに元の大きさまで縮小しながら操作を無限に繰り返したものが，メンガーのスポンジだ．

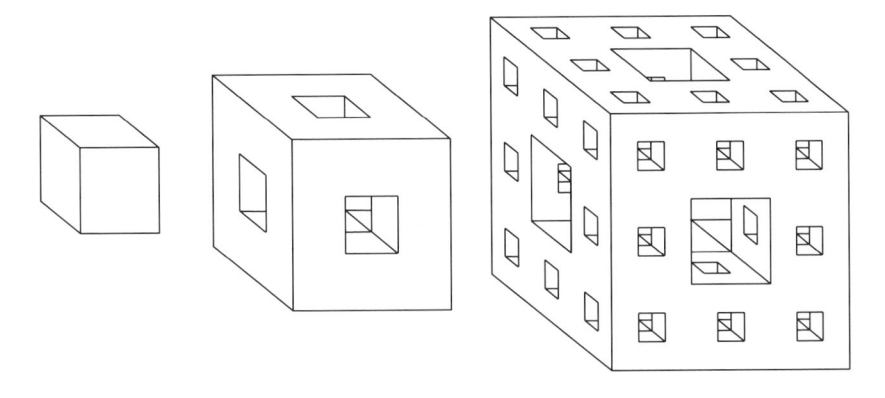

レベル 1 のスポンジを作るには，ユニットが何枚必要だろう．パネルをつけたら何枚になるだろう．

問 1 パネルをつけないレベル n のメンガーのスポンジを作るのに必要なユニットの枚数を U_n とする．例えば $U_0 = 6$ だ．
U_1, U_2, U_3 の値を求めよう．そして，U_n を n に関する閉じた式で表そう．

問 2 パネルをつけたレベル n のメンガーのスポンジを作るのに必要なユニットの枚数を P_n とする．例えば $P_0 = 12$ だ．
P_1, P_2, P_3 の値を求めよう．P_n を表す式（できれば閉じた式）を見つけよう．

解説

このプロジェクトでは，大量の名刺が必要になる．まず，パネルつきの立方体を作るのに 12 枚使う．レベル 1 のスポンジを作るには，パネルなしでも 120 枚のユニットが必要だ．授業ではグループで取り組むとよい．ただし，ユニットを折るのは極めて簡単で，多量のユニットもすぐに折れる．グループで作業すれば，授業時間内にレベル 1 のスポンジを作ることができるだろう．

演習問題では以下を示さなかった．

(1) ユニットから立方体を作る方法
(2) パネルをつける方法
(3) パネルのついていない立方体をつなげる方法

(1)については，折った部分が立方体の外側に出るようにすることが重要だ．この部分が内側に入ってしまうと，形が保てない．また，最後の 1 枚を組むときにユニットを支えておくのが難しいだろう．折り目をしっかりつけたほうが組みやすい．このユニット折り紙も，慣れるまでは 2 人で（つまり手の数を増やして）組むとよい．演習問題の図をよく見て作ろう．

(2)については，考え方は難しくない．新しいユニットを，パネルをつける面に対して直角にかみ合わせればよい（下図を参照）．ただし，実際の作業には手こずるかもしれない．パネルの片側をひっかけたら，立方体を少し広げながら，反対側をかみ合わせるとよい．パネルをはめると，立方体がとても丈夫になる．

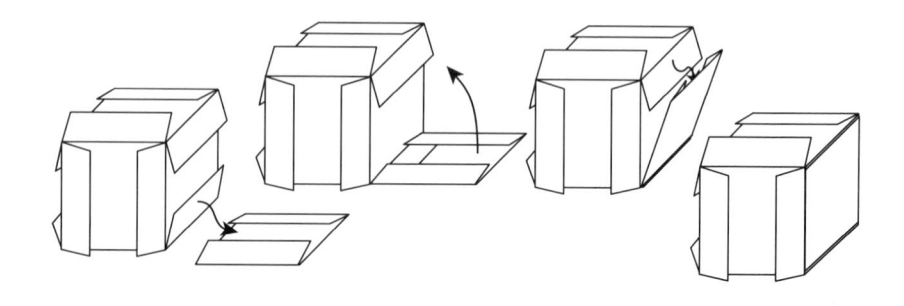

(3)の考え方は，パネルと同じだ．2つの立方体の面と面を合わせてつなぐ．これもしっかり組めるので，強固な立体を作ることができる．

レベル1のスポンジを作るときは，内側の面にもパネルをつけよう．色のついた名刺を使えば，きれいな作品ができる．ただし，内側のパネルは，外側の立方体をつなげる前につける必要があるだろう．

レベル1のスポンジの作り方は学生自身に考えさせよう．内側から外側に向かって計画的に作れば難しくないはずだが，先に外側の立方体をつなげてから内側のパネルをはめようとすれば，いらいらさせられるだろう．また，計画を立てることで，メンガーのスポンジの構造をよりよく理解できるし，後半の問いに答える準備もできる．教養課程などでは，最後の問題は省略してもかまわない．この問題はかなり難しく，数学や計算機科学の専門課程での組合せ論や離散数学の授業向けだ．

どのような授業でも，学生が立方体を組み合わせた立体を作るのに夢中になることが珍しくない．このプロジェクトを試してくれたアルビオン大学，デビットソン大学，ロヨヤ・メアリーマウント大学の教師たちは，学生がレベル2あるいはレベル3のメンガースポンジを作ったと報告している．ついでに言えば，レベル3のスポンジを初めて作ったのは，そしてすべての面にパネルをつけたおそらく唯一の人物は，ジニーン・モズリーだ．その名刺メンガースポンジプロジェクト（[Mos]）は，完成に数年を要し，重さが70 kgにもなったので構造力学の問題を解決しなければならなかった．レベル4のスポンジを作るにはユニットが100万枚以上必要で，モズリーによれば重さが1トン以上になり自重を支えられないだろうという．レベル4のスポンジを作るのはやめておこう．

●問1

$U_0 = 6$ であり，レベル1のスポンジは20個の立方体（レベル0のスポンジ）からできているから，$U_1 = 6 \times 20 = 120$ だ．レベル2はレベル1のスポンジが20個でできるから，$U_2 = 120 \times 20 = 2400$ だ．同様に，$U_3 = 48000$ だ．一般に，$U_n = 6 \times 20^n$ である．

●問 2

$P_0 = 12$ だが，P_1 の計算は U_n のときほど易しくない．考え方はいくつかあるが，一般化できる方法を探そう．例えば，次の方法は一般化できない．

$$P_1 = U_1 + (\text{「頂点」の立方体 8 個のパネル})$$
$$+ (\text{「辺」の立方体 12 個のパネル})$$
$$= 120 + 8 \times 3 + 12 \times 4$$
$$= 120 + 24 + 48 = 192$$

レベル 2 になると頂点と辺だけでは立方体を分類しきれないので，この方法では P_2 が計算できない．

よりエレガントな解法として，P_n を，パネルつきのレベル $n-1$ のスポンジ 20 個分から，レベル $n-1$ のスポンジどうしが合わさっている面のパネルの枚数を引いた数だと考える．そうすれば，パネルがいらない面の数さえ数えればよい．例えば P_1 は次のように計算される．

$$P_1 = (\text{8 個の頂点にそれぞれ } P_0) + (\text{12 本の辺にそれぞれ } P_0)$$
$$= 8(P_0 - \text{いらないパネル 3 枚})$$
$$+ 12(P_0 - \text{いらないパネル 2 枚})$$
$$= 8(P_0 - 3) + 12(P_0 - 2) = 8 \times 9 + 12 \times 10 = 192$$

同様に，

$$P_2 = (\text{8 個の頂点にそれぞれ } P_1) + (\text{12 本の辺にそれぞれ } P_1)$$
$$= 8(P_1 - \text{いらないパネル } 3 \times 8 \text{ 枚})$$
$$+ 12(P_1 - \text{いらないパネル } 2 \times 8 \text{ 枚})$$
$$= 8(P_1 - 24) + 12(P_1 - 16) = 8 \times 168 + 12 \times 176 = 3456$$

となり，

$$P_3 = (\text{8 個の頂点にそれぞれ } P_2) + (\text{12 本の辺にそれぞれ } P_2)$$
$$= 8(P_2 - 3 \times 8^2) + 12(P_2 - 2 \times 8^2)$$
$$= 66048$$

となる．一般に，次の漸化式が予想される．

$$P_n = 8(P_{n-1} - 3 \times 8^{n-1}) + 12(P_{n-1} - 2 \times 8^{n-1}) = 20 P_{n-1} - 6 \times 8^n$$

次のように考えれば，この式を直接導くことができる．P_n を計算するには，

レベル $n-1$ のパネルつきスポンジの枚数 P_{n-1} を 20 倍し，いらないパネルの枚数を引く．辺の位置にあるレベル $n-1$ のスポンジ 12 個では，2 つの面のパネルがいらない（したがって $12 \times 2 = 24$ 面）．これらの面のそれぞれが頂点の位置にあるスポンジの面と合わさる．したがって，パネルがいらない面は合計で 48 になる．レベル $n-1$ のスポンジでは 1 つの面に 8^{n-1} 枚のパネルがあるので，$48 \times 8^{n-1} = 6 \times 8^n$ を引けば漸化式の完成だ．

この漸化式を解いて閉じた式にするには，母関数を用いる．すなわち，両辺に x^n を掛け，1 以上のすべての n について和をとる．

$$\sum_{n=1}^{\infty} P_n x^n = 20 \sum_{n=1}^{\infty} P_{n-1} x^n - 6 \sum_{n=1}^{\infty} (8x)^n$$

ここで，母関数 $G(x)$ を $\sum_{n=0}^{\infty} P_n x^n$ とすると，$\sum_{n=0}^{\infty} (8x)^n = 1/(1-8x)$ であることから，

$$G(x) - P_0 = 20x G(x) - 6 \left(\frac{1}{1-8x} - 1 \right)$$
$$(1 - 20x) G(x) = 12 - \frac{6}{1-8x} + 6$$
$$G(x) = \frac{18}{1-20x} - \frac{6}{(1-8x)(1-20x)}$$

となる．最後の項を部分分数に分解するため，

$$\frac{6}{(1-8x)(1-20x)} = \frac{A}{1-8x} + \frac{B}{1-20x}$$

とおくと，$6 = A(1-20x) + B(1-8x)$ である．技巧的だが標準的な解法として，$x = 1/8$ とすると $A = -4$ が求まり，$x = 1/20$ とすると $B = 10$ が求まる．したがって，

$$G(x) = \frac{8}{1-20x} + \frac{4}{1-8x} = 8 \sum_{n=0}^{\infty} 20^n x^n + 4 \sum_{n=0}^{\infty} 8^n x^n$$

となるから，$P_n = 8 \times 20^n + 4 \times 8^n$ が得られる．

もちろん，ほかにも解法があり，もっと簡単な解法もあるだろう．しかし，漸化式と母関数は組合せ論の授業でたいてい取り上げられる．この問題は，それらの概念の応用として適している．

●**発展問題**

フラクタル幾何や組合せ論を学んでいる学生なら，メンガーのスポンジの表面積と体積を計算できるはずだ．メンガーのスポンジは，他のフラクタル図形と同様，直感に反した性質を示す．「レベル無限大」のメンガーのスポンジは，体積が 0 であるにもかかわらず，表面積は無限大だ．

この計算をするときは，スポンジのレベルを上げても全体の大きさを変えてはいけないことに注意しよう．つまり，レベル 0 のスポンジ（立方体）の辺の長さを 1 としたとき，この長さはどのレベルのスポンジでも保たれなければならない．したがって，レベル 1 のスポンジの体積は $20 \times (1/27)$ であり，レベル n のスポンジの体積は $(20/27)^n$ だ．これは，n を無限に大きくすると 0 になる．

レベル n のスポンジの表面積は，パネルの枚数 $P_n - U_n$ を使って計算できる．その極限をとれば，無限大に発散する．

プロジェクト 20
羽ばたく鳥と彩色

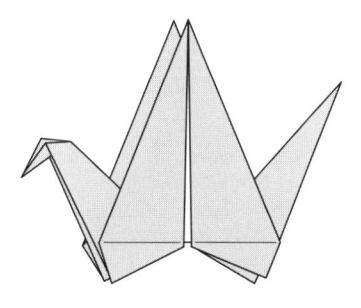

このプロジェクトの概要

折り鶴を簡略化した「羽ばたく鳥」の折り方を示す．折れたら，それを広げて展開図を描く．そして，その展開図を，隣り合う領域が必ず違う色になるように，できるだけ少ない数の色で塗り分ける．それをもう一度折り畳んだら，どうなるだろう．その意味はなんだろう．

このプロジェクトについて

このプロジェクトは，「計算折り紙」という分野への導入であると同時に，グラフの彩色の問題でもある．結果をグラフ理論のみで証明することは，よい演習となる．

演習問題と授業で使う場合の所要時間

前半で羽ばたく鳥の折り方を示す．その展開図を描き，彩色することが課題だ．
羽ばたく鳥の折り方は 15 分から 20 分で教えられるはずだ．展開図を描くのにいくらか時間がかかるかもしれないが，彩色とその考察にはそれほどかからない．全体で 45 分を見ておけばよいだろう．

演習問題

「羽ばたく鳥」の折り方 （破線は谷折り，2点鎖線は山折りを表す）

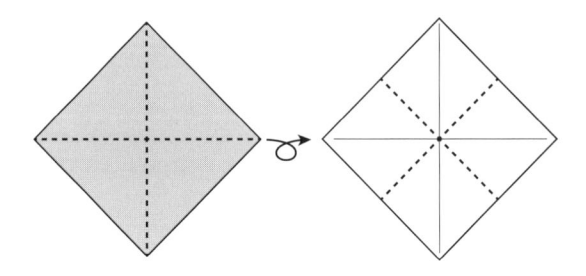

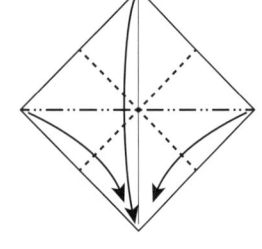

(1) 正方形の紙から始める．両方の対角線に沿って折り目をつけ，裏返す．

(2) 縦横半分の折り目をつける．

(3) これまでつけた折り目を使って，すべての頂点を1か所にまとめる．

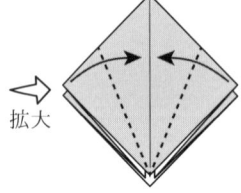

(4) この形は「正方基本形」と呼ばれる．開いているほうの辺を中心線に合わせて折る．

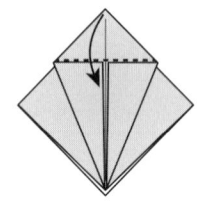

(5) 頂点を折り下げる．

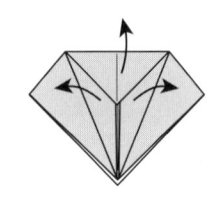

(6) 3か所戻す．

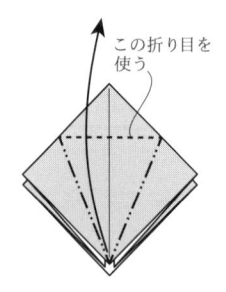

(7) 「花弁折り」をする．そのためには，図に示す折り線を使って手前の1枚を持ち上げる．

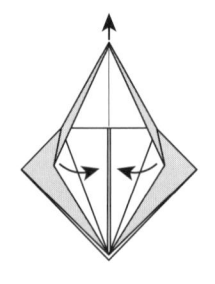

(8) 頂点をずっと上にあげながら，両側の辺が中心線に合うように平らにする．

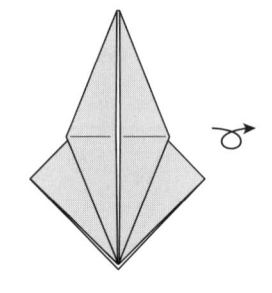

(9) このようになる．裏返す．

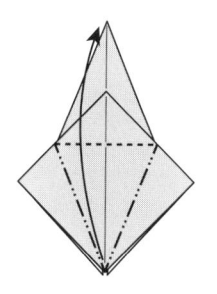

プロジェクト 20 ｜羽ばたく鳥と彩色

(10) こちら側も同じように花弁折りする．

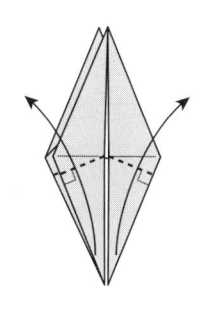

(11) この形は「鶴の基本形」と呼ばれる．2つの頂点を折り上げる．（これらは首と尾になる．）

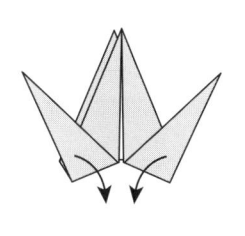

(12) しっかり折り目をつけて戻す．

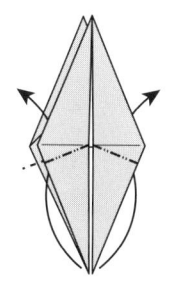

(13) 今つけた折り目を使って「中割折り」をする．つまり，層と層のあいだを少し広げて，先端を裏返すように折る．（次の図をよく見よう．）

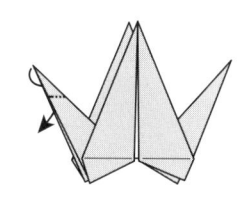

(14) 最後に，中割折りで頭を作る．

(15) これで「羽ばたく鳥」の完成だ．

このように，本のページのあいだにはさんでも形が崩れないような折り紙を「平坦折り紙」と呼ぶ．

実習 1 今折った「羽ばたく鳥」をていねいに広げ，折り目をペンでなぞって，この作品の展開図を描こう．ただし，完成した状態で折られていた折り目のみをなぞり，途中で目安として折った折り目はなぞらないように気をつけよう．

実習 2 実習 1 で描いた展開図を，できるだけ少ない数の色で「面彩色」

しよう．すなわち，折り目を境界として接している 2 つの領域が必ず異なる色になるように色分けしよう（地図の色分けと同じだ）．何色必要だろうか．

実習 3 実習 2 で彩色した展開図をもう一度折り畳んだら，作品はどうなるだろう．実際に折る前に予想を立ててみよう．それはすべての平坦折り紙で成り立つだろうか．証明しよう．

解説

このプロジェクトでは，単純な作業から驚くべき結果が得られる．目標は，すべての平坦折り紙の展開図が2色で塗り分けられること（グラフ理論の用語では2面彩色可能であること）を証明することだ．巧妙な「折り紙による証明」も可能だが，グラフ理論のみを使って証明することもできる．

● 折り方

授業では，演習問題にある折り図を提示して，学生に自分のペースで折らせてもよいし（グループで作業して，お互いに教えあうようにするのもよい方法だ），手順ごとに折り方を示してもよい．どちらの場合でも，教師は事前にこの作品を何度か折り，花弁折り（手順(7)から(8)）や中割折り（手順(13)および(14)）に慣れておく必要がある．これらの手順でつまずく学生が必ずいる．

この折り図では，片面に色をつけている．市販の折り紙用紙もそうなっているが，このプロジェクトではむしろ色のついていない紙が望ましい．白い紙のほうが，展開図を描いて色を塗るのに都合がよいからだ．コピー用紙を正方形に切れば，大きさもちょうどよい．

演習問題では触れなかったが，この作品が「羽ばたく鳥」と呼ばれているのには理由がある．片手で首の根元をつまんで持ち，もう片方の手で尾を引っ張ると，翼が動く．最初は紙を破らないよう慎重に引く必要があるが，いったん動き出せば，面白いように羽ばたく．ただし，羽ばたく機構は，このプロジェクトで取り上げる数学とは関係ない．

● 実習

せっかく折った作品を広げるのは気が進まないかもしれないが，折り図を逆にたどれば，元に戻すのは簡単だ．展開図を描くときは，完成形では折られていない折り目も描いてしまいがちなので，気をつけなければならない．

展開図は次図のようになるはずだ（この図では山折りと谷折りを線の太さで区別しているが，そうする必要はない）．

解説

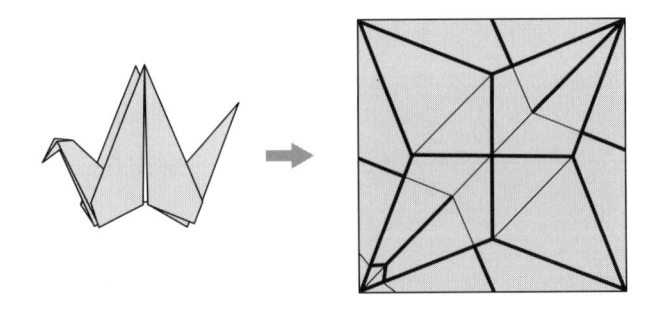

　展開図がうまく描けない場合，折り目を1つ戻すたびにその折り目をなぞるという方法を試してみるとよい．また，完成した状態で折り目をマーカーでなぞってから広げるという方法もある．いずれにしろ，次の実習に進む前に正解を示したほうがよい．そうすれば，確実に正しい展開図を色分けできる．

　展開図は2色で色分けできる．2色の面の境界がそれぞれ折り線なのだから，これらの色は，折り畳んだときの面の向きに対応する．つまり，2彩色した平坦折り紙の展開図を折り畳むと，片側が一方の色で，もう片側がもう一方の色になる．

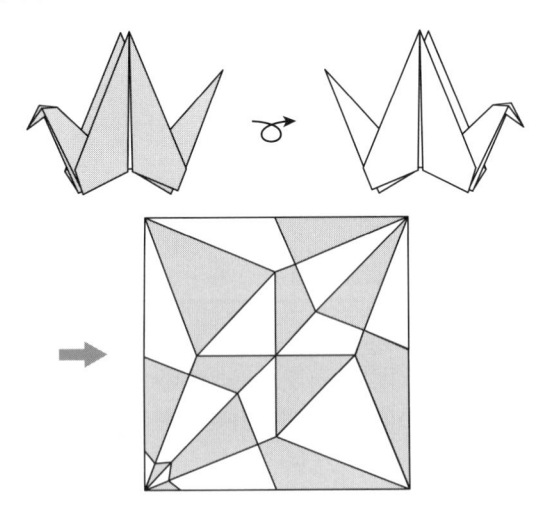

　実際，このことは，すべての平坦折り紙の展開図が2面彩色可能であることの簡単な証明になっている．平坦折り紙を折り畳んだとき，それぞれの

面は上向きか下向きかのどちらかだ．上向きの面を白とし，下向きの面を灰色で塗ったとする．それを広げると，展開図の各面は 2 色のいずれかであって，どの隣り合う面も異なる色になる．

　これをグラフ理論から証明することもできる．まず，平坦折り紙の展開図で，紙の内部にある頂点では次数（頂点に集まる辺の数）が常に偶数であることを証明する．（厳密な証明は簡単ではないので，授業では大ざっぱに確認するだけでもよい．）すると，正方形の輪郭も含めた展開図を平面的グラフとみなしたとき，次数が奇数の頂点が存在する可能性があるのは，正方形の輪郭の上のみだ．ここで，「正方形の外」の面内に新しい頂点 v を置き，その頂点と次数が奇数の頂点とをそれぞれ辺で結ぶ．一般に次数が奇数の頂点の数は偶数なので，v の次数は偶数であり，グラフのすべての頂点で次数が偶数になる．すべての頂点の次数が偶数である平面的グラフの双対グラフ（面を頂点に置き換え，頂点を面に置き換えたグラフ）を作ったとき，そのグラフの頂点を 2 つの集合に分け，それぞれの集合の中ではどの頂点も辺でつながっていないようにできる（このような性質を持つグラフを 2 部グラフと呼ぶ）．したがって，双対グラフは 2 頂点彩色可能であり，元のグラフは 2 面彩色可能である．そこから頂点 v を取り除いた展開図もやはり 2 面彩色可能だ．

　グラフ理論の授業では，このような証明をすることで，双対，2 部グラフ，頂点の次数といった基本的概念を確認することができる．学生にとってよい演習となるだろう．

　授業で十分な時間が割けない場合，この実習の順序を逆にすることができる．すなわち，

（1）　羽ばたく鳥を折る．
（2）　紙を折った状態で，片側を向いている面のすべてを例えば灰色で塗り，反対側を向いている面を白とする．
（3）　作品を広げ，展開図が 2 色で塗り分けられている理由を説明する．

紙を折ったまま色を塗るのは難しいが，時間は大幅に節約できる．

●**このプロジェクトの意味**

　数学専攻の学生なら，2 面彩色可能という結果そのものに興味をそそられるだろう．しかし，このプロジェクトにはもう 1 つの意味がある．「計算折り紙」という新しい分野（これは計算幾何学の一分野であり，最近急速に発展している．エリック・ドメインの著作 [Dem99, Dem02] などを参照）における大きな問題の 1 つに，「仮想折り紙」をコンピューターで折るためのプログラミングがある．その目標は，画面上の仮想的な紙をユーザーが操作して折り紙作品を作れるようなプログラムを作成することだ．折り紙に必要となる計算複雑性のため，そのようなプログラムができるのはまだ先だろう．（例えば，任意の展開図が平坦に畳めるかどうかという問題は NP 完全だ．[Bern96] を参照．）

　しかし，平坦折り紙に限れば，展開図が 2 面彩色可能ということから，折ったときにどの領域がどちら向きになるかがすぐに計算できる．したがって，このプロジェクトの結果は，計算折り紙の研究にとって重要だ．

プロジェクト 21
1頂点平坦折り

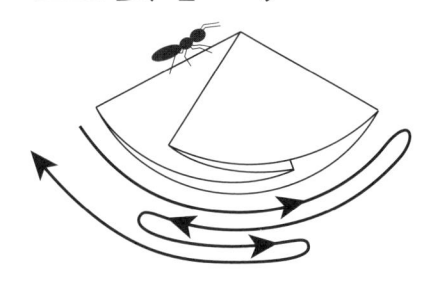

このプロジェクトの概要
1頂点平坦折り紙，すなわち展開図に頂点が1つだけあり平坦に折り畳める折り紙を多数折る．目標は，パターンを見つけ，予想を立て，証明したり反例を見つけたりすることだ．

このプロジェクトについて
予想と証明には，幾何や組合せの基本的な知識と注意深い推論が必要となる．したがって，このプロジェクトは，幾何学や組合せ論の授業で，実験，予想，証明の過程を体験するために用いることができる．また，最小限の予備知識しか必要としないので，教養課程の数学や証明の授業でも利用できる．さらに，物理的な状況を研究し，数学的にモデル化するための言語，記法，理論を作り上げるモデリングの好例でもあり，数学的モデリングの授業にも適している．何より，ここで証明する予想は平坦折り紙理論の基礎となる．

演習問題と授業で使う場合の所要時間
演習問題1は，意図的に単純にした．学生自身が予想を立て，その反例または証明を見つけるようにするためだ．「解説」のセクションで挙げたように，数多くの予想を立てることができるので，ヒントは一切掲げていない．学生自身に発見させよう．

演習問題2では，Geogebra を使って1頂点平坦折りをモデル化する．目標は，実験によって川崎定理を再発見することだ．

演習問題1はオープンエンドな（決まった正解がない）課題なので，1回の授業時間全体あるいはそれ以上を費やすこともできる．演習問題2は，学生の Geogebra に対する習熟度によって，30分から40分かかるだろう．

演習問題1

1 頂点平坦折り

実習 1枚の正方形の紙に，頂点が1つで平らに折り畳めるような展開図を作成したい．つまり，頂点を紙の中心近くに置いて（辺の上ではいけない），そこから何本かの折り線を伸ばし，全体を平坦に折り畳みたい．下図に，そのような展開図の例を示す．（破線が谷折り，2点鎖線が山折りを示す．） 数多くの展開図を作ってほしい．

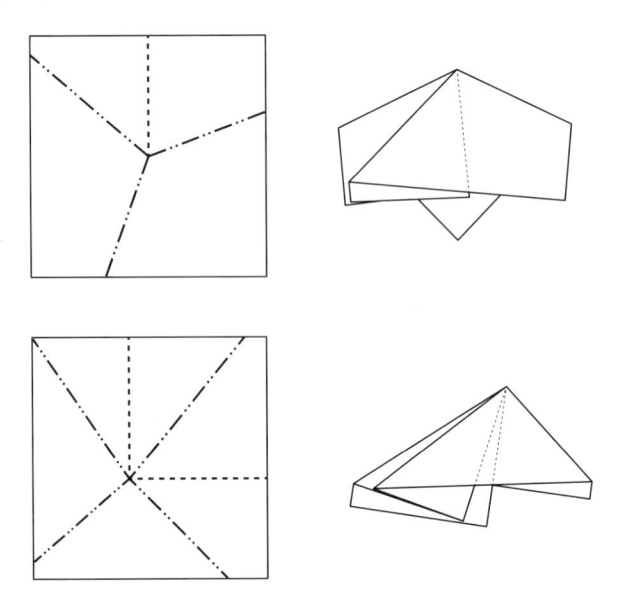

何か気がつくことはないだろうか．平坦に折り畳める展開図には，どんな規則があるだろう．平坦に折り畳める1頂点の展開図について，できるだけ多くの予想を立てよう．

予想を立てたら，クラスで発表しよう．みなが同意するだろうか．反例を見つける人がいるだろうか．あるいは，証明を考えつく人がいるだろうか．

演習問題 2

Geogebra による 1 頂点平坦折り

以下のようにして，1 頂点平坦折りを Geogebra でシミュレートしよう．

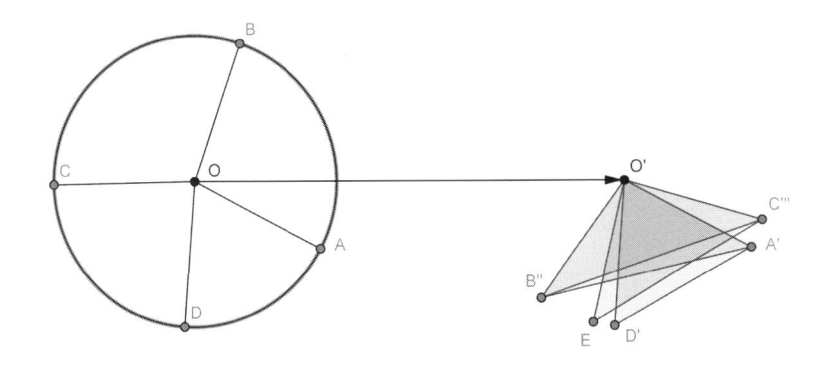

(1) ワークシートの左側に円を作成する．中心を O とする．
(2) 円周上に 4 つの点 A, B, C, D を置く．
(3) それらの点と O とをそれぞれ線分で結ぶ．この円と線分が展開図に相当する．
(4) ワークシートの右側に点 O′ を作成する．「2 点を結ぶベクトル」ツールを使って，O から O′ までのベクトルを作成する．
(5) 「ベクトルに沿ってオブジェクトを平行移動」ツールを使って，A を手順(4)で作成したベクトルに沿って A′ に移す．点 B, C, D についても同様に点 B′, C′, D′ に移す．
(6) 「多角形」ツールを使って △O′A′D′ を作成する．この三角形が，折り紙の出発点となる．
(7) 次に，点 B′, C′, D′ を折り線 O′A′ で折る．すなわち，「直線に関する鏡映」ツールを使って，各点を 1 つずつ折り線に関して反転し，点 B″, C″, D″ を作成する．
(8) 「多角形」ツールを使って △O′A′B″ を作成する．
(9) 点 C″ と D″ を線分 OB″ で折る（鏡映変換する）．それらの点を C‴ および D‴ とする．

(10) 「多角形」ツールを使って △O′B″C‴ を作成する．

(11) D‴ を折り線 O′C‴ で折り，E とする．(Geogebra は D⁗ という表記を好まないようで，新しいアルファベットが割り当てられる．)

(12) 「多角形」ツールを使って，最後の三角形となる △O′C‴E を作成する．

(13) 「オブジェクトの表示／非表示」ツールを使って，点 B′, C′, C″, D″, D‴ を隠す．これらの点はもう使わない．

演習 最後に作成した点 E は，点 D′ と一致しただろうか．一致したなら，左側の展開図は平坦に畳めるということだ．一致していないなら，左側の円周上にある点を動かして，一致させよう．そうしたら，「角度」ツールを使って，∠AOB, ∠BOC, ∠COD, ∠DOA を測ろう．これらの角度について，何か予想が立てられるだろうか．

解説

このプロジェクトに授業で取り組む場合，教師は事前に多数の 1 頂点平坦折り紙を折ってみる必要がある．その理由は，このように紙を自由に折る演習では可能な折り方について思い込みを持つ人が多いからだ．

例えば，折り線は紙の端から端まで一直線でなければならないとか（下図の右を見れば，その必要がないことがわかる），何本もの山折り（または谷折り）が隣りあってはいけないとか（下図の左では多くの山折りが連続している）考える人がいる．

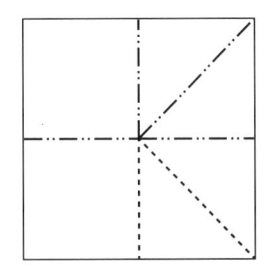

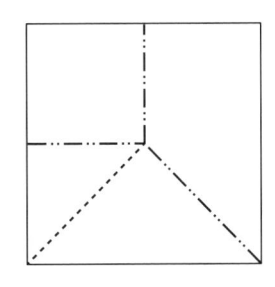

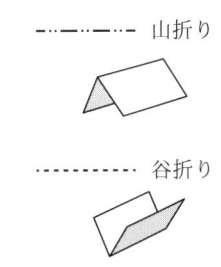

多くの例を折ることで，あるいは学生がグループで作業することによって，そのような思い込みを払拭できるだろう．（ただし，頂点が紙の内部になければならないことを忘れないように．）

もう 1 つ気をつけなければならないことは，折り方が弱くてはいけないということだ．はっきりとした折り目をつけることが重要だ．あいまいな折り目は，正しい予想に対する反例のように見えることがある．

●予想

では，どのような予想が立てられるだろうか．以下に例を示す．

（1） 1 頂点平坦折りでは，次数（折り線の数）が常に偶数である．
（2） 2 本の折り線のあいだの角度はどれも 180° 以下である．
（3） 折り畳んだ紙で，頂点に十分近い適当な位置（折り線の上を除く）を針で刺したとすると，そこには必ず偶数枚の紙が重なっている．
（4） 山折り線の数と谷折り線の数との差は常に 2 である．

（5） 3つの隣りあった角を順に $\alpha_1, \alpha_2, \alpha_3$ としたとき，$\alpha_1 > \alpha_2$ かつ $\alpha_3 > \alpha_2$ ならば，それらの角のあいだの 2 本の折り線は山谷が必ず異なる．

（6） 折り線のあいだの角を順に $\alpha_1, \alpha_2, \cdots, \alpha_{2n}$ としたとき，$\alpha_1 - \alpha_2 + \alpha_3 - \cdots - \alpha_{2n} = 0$ である．

（7） (6)と同じ記法で，$\alpha_1 + \alpha_3 + \cdots + \alpha_{2n-1} = \alpha_2 + \alpha_4 + \cdots + \alpha_{2n} = 180°$ である．

（8） $\alpha_1 - \alpha_2 + \alpha_3 - \cdots - \alpha_{2n} = 0$ を満たす 1 頂点の展開図は平坦に畳める．

もちろん，「すべてを山折りまたはすべてを谷折りにすることはできない」というような単純な予想を立てる学生もいるだろう．また，誤った予想を立てる学生もいるだろう．そのような予想も，授業では等しい重みで扱うべきだ．

筆者は，学生が予想を立てるたびに黒板に書き出すようにしている．そうすれば，学生は，さらに多くの予想を探すこともできるし，列挙された予想の証明や反証を考えることもできる．それぞれの予想に，それを思いついた学生の名前を冠すると，学生が前向きになるだろう．「予想 2」より「田中予想」のほうが，証明しようという気になる．また，自分が考えていることが自分のものであるという感覚を持つことは，数学の研究者を目指す大きな動機になる．さらに，この演習問題を複数の授業時間にまたがらせることもできる．予想のリストの中からいくつかを選んで証明することを宿題とすればよい．

すでに述べたように，これらの予想を学生自身が立てることが望ましい．平坦折り紙の理論では，予想(4)および(6)から(8)が特に重要だ．これらはそれぞれ前川定理および川崎定理と呼ばれる [Kas87]．ただし，ジャック・ジュスタン [Jus84, Jus86] も独立にこれらを見つけており，(6)はほかにも何人かが独立に見つけている．([Rob77] および [Law89] を参照．) 授業では，予想が 1 つくらい欠けていても問題はないが，これ以降の平坦折り紙や行列モデルのプロジェクトに取り組む予定があるなら，川崎定理に触れておく必要があるだろう．

実際，予想(6)から(8)に必要な角度の条件に学生が気づかないことは多い．そこで，演習問題 2 のように，Geogebra や Geometer's Sketchpad のよう

な動的幾何学ソフトウェアを使って，折り線が 4 本の場合をシュミレートするとよい．基本的な考え方は以下の通りだ．平坦折りでは，それぞれの折り線が鏡映変換の働きをする．次数（辺の数）が 4 の頂点をソフトウェアで作成したら，折り線のうち 1 本（演習問題では線分 OD）に沿って切ったと考える．そして，鏡映ツールを使って，折った後の状態を作図してゆく．折った後で切り口の位置が一致すれば，この 4 本の折り線からなる展開図は平坦に畳める．逆に，切り口がそろわなければ，この展開図は平坦に畳めない．

そして，折り線のあいだの角度を測ることで，1 頂点平坦折りの角度の条件に関するデータが得られる．それは，次数 4 の場合あるいは一般の場合に川崎定理を予想するための助けとなるだろう．

この単純な折り紙にひそむ数学に学生自身が気づくことが重要なので，教師は戦略的にヒントを与える必要があるだろう．例えば，山折りと谷折りの関係に気づかない学生も多い．演習問題の図には山折りと谷折りの区別を示しているので，それがヒントの 1 つになる．学生の誰も気づかないなら，「山折りと谷折りについて考える人が 1 人もいないなんて不思議じゃないか」と言ってみるのもよいだろう．そうすれば，山谷に注目し始めるだろう．

● **予想の証明**

これらの予想を証明する方法はいくつもある．本書が折り紙の数学の教科書であれば，1 つの結果から次の結果が導かれるような順序で示すところだが，学生はそのようにはしないだろうから，それぞれを別々に証明する方法を示すことも有益だろう．（これは，自分で研究することと出版物をただ読むこととの違いにも相当する．）

そこで，ここでは順不同で証明を列挙する．学生や読者も，より多くの証明を思いつくだろう．[Hull94], [Hull02-1], [Hull03] も参照してほしい．

定理 1（**前川定理**） 1 頂点平坦折りの山折りの数と谷折りの数をそれぞれ M と V とすると，$M - V = \pm 2$ である．

証明 1　平坦に折り畳まれた頂点を切り落とすと，切り口に面積 0 の多角形ができる．（次図を参照．）この切り口に沿って，モノレールが反時計回

りに進むとする．切り口を上から見ると，モノレールは山折り線のたびに $180°$ 回転し，谷折り線のたびに $-180°$ 回転する．1 周して出発点に戻ったときには，$360°$ 回転しているはずだ．したがって，

$$180M - 180V = 360 \quad \text{すなわち} \quad M - V = 2$$

である．切り口を下から見れば -2 が得られる． □

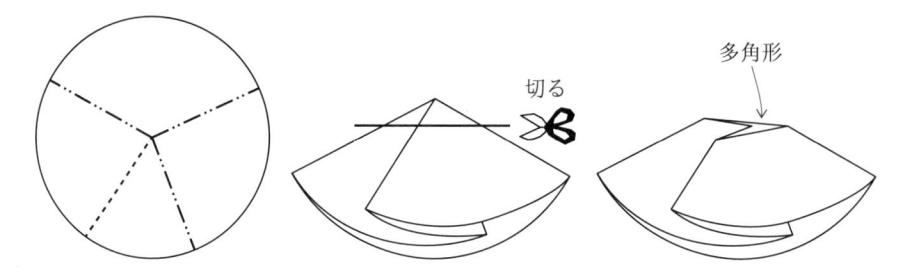

証明 2（1993 年のハンプシャー大学夏期数学講座の受講者であったジャン・シワノビッチによる） 折り線の数を n とすると，$n = M + V$ である．平坦に折られた頂点を切り落とすと，切り口は面積 0 の n 角形になる．谷折りの頂点での内角を $0°$，山折りの頂点での内角を $360°$ と見れば，内角の和の公式から $0V + 360M = (n-2) \times 180 = (M + V - 2) \times 180$ であり，$M - V = -2$ が得られる．山折りと谷折りを入れ替えれば（これは紙を裏返すことに相当する），$M - V = 2$ となる． □

定理 2（**偶数次数定理**） 1 頂点平坦折りの頂点の次数（折り線の数）は常に偶数である．

証明 1（前川定理を使った証明） 折り線の数を n とすると，$n = M + V = 2V + M - V = 2V \pm 2 = 2(V \pm 1)$ だから，n は偶数である． □

証明 2（独立した証明） 前川定理の証明 1 で使ったモノレールのたとえで，モノレールが向きを変えるたびに，右に進むか左に進むかを記録する．すべての折り線が平らに畳まれているので，「右」と「左」が交互に並ぶ．モノレールが出発した辺に戻ったときに記録をやめると「右」の数と「左」

の数が同じになるから，この文字列の長さは偶数だ．そして，文字列の長さは頂点の次数に等しい． □

<u>定理 3</u>（**大小大の定理**） 1 頂点平坦折りの隣り合う 3 つの角 $\alpha_{i-1}, \alpha_i, \alpha_{i+1}$ が $\alpha_{i-1} > \alpha_i$ および $\alpha_i < \alpha_{i+1}$ を満たす場合，これら 3 つの角のあいだの 2 本の折り線は山谷が異なる．

<u>証明</u> 2 本の折り線がどちらも山折りまたは谷折りだと仮定する．それを折り畳むと，大きな角 α_{i-1} と α_{i+1} の両方が，より小さな角 α_i を，紙の同じ側で覆うことになる．そのためには，紙が自分自身と交わらなければならない．それは不可能なので，これら 2 本の折り線の山谷は異なる． □

<u>定理 4</u>（**川崎定理**） 頂点 v が平坦に折れるのは，v のまわりの角の交代和（交互に足し引きした結果）が 0 になる場合であり，そのときに限る．

<u>証明</u> 平坦に折れる頂点 v のまわりの角を順に $\alpha_1, \cdots, \alpha_{2n}$ とする．この頂点を折り畳んで，折り線の上に蟻を置いたとする．この蟻は，頂点のまわりを歩いて一周する（紙を広げると，蟻の歩いた跡は v を囲む閉曲線になる）．蟻が最初に α_1 の角度を歩いたとする．折り線にぶつかると，反対向きに α_2 だけ歩く．そこでまた折り線にぶつかり，α_1 と同じ向きに α_3 だけ歩く（下図を参照）．蟻が 1 周したとき，蟻の動いた角度は交代和 $\alpha_1 - \alpha_2 + \alpha_3 - \cdots - \alpha_{2n}$ で表される．蟻は元の位置に戻ったのだから，この交代和は 0 でなければならない．

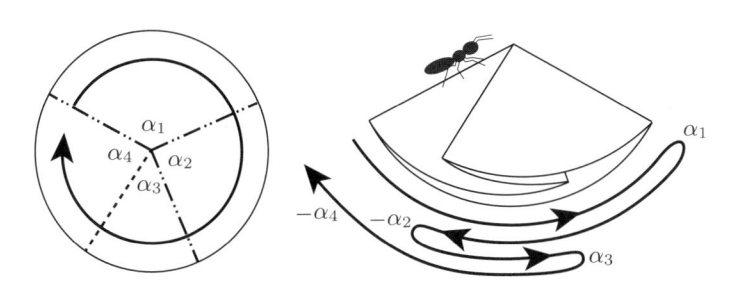

解説

逆に，$\alpha_1 - \alpha_2 + \alpha_3 - \cdots - \alpha_{2n} = 0$ を仮定し，その頂点が平坦に折り畳めることを証明しよう．そのためには，v において，紙が自分自身と交差することなく折り畳めるように山折りと谷折りを割り当てればよい．

v の折り線からランダムに 1 本選び，それを l とする．l に沿って紙を切り，2 本の「切れ端」を作る．そして，残りの折り線に山折りと谷折りを交互に割り当てる．これをジグザグに折ってゆけば，平坦に折り畳むことができる．角度の交代和が 0 だから，2 本の切れ端は同じ位置にある．切れ端のあいだに紙がはさまっていなければ，切れ端どうしを貼り合わせれば，l が山折りか谷折りになって，全体が平坦に折り畳まれたことになる．（下図を参照．）

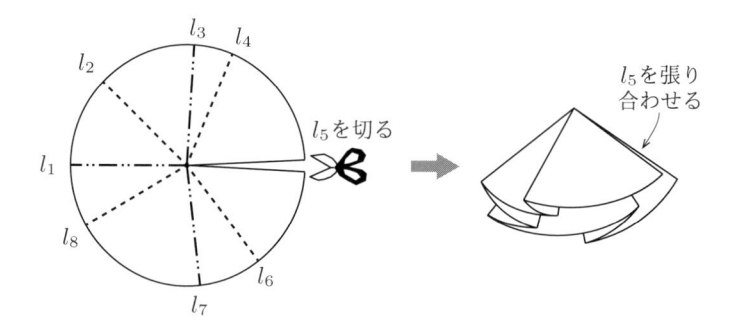

切れ端のあいだに紙がはさまっている場合は，ジグザグに折った蛇腹の最も外側にある折り線の 1 本について，山谷を逆にする（下図を参照）．そうすれば，切れ端どうしが重なって，貼り合わせることができる．　　□

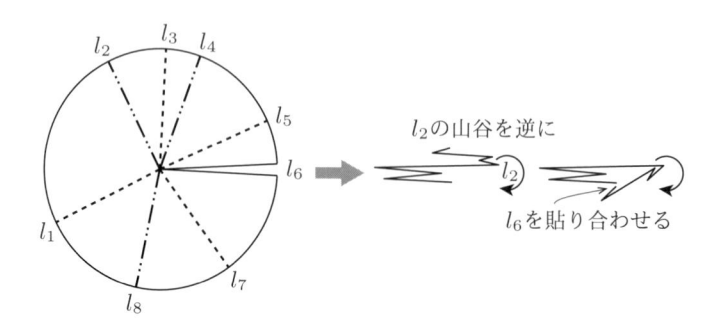

<u>定理 5</u>（**角度の定理**）　1 頂点平坦折りでは，2 本の折り線のあいだの角度は常に 180° 以下である．

<u>証明 1</u>（川崎定理による証明）　1 頂点平坦折りでは $\sum (-1)^i \alpha_i = 0$ である．一方，$\sum \alpha_i = 360°$ である．これらの式の辺々を足し引きして整理すると，次の 2 式が得られる．
$$\alpha_1 + \alpha_3 + \cdots + \alpha_{2n-1} = 180°$$
$$\alpha_2 + \alpha_4 + \cdots + \alpha_{2n} = 180°$$
したがって，1 頂点平坦折りでは，どの角度も 180° 以上にはなれない．ただし，次数 2 の「頂点」では，角度はちょうど 180° である．　□

もちろん，次数 2 の「頂点」は頂点とみなさないとしてもよいが，そのような頂点が存在すると主張する学生もいるだろう．平坦折り紙の理論において，次数 2 の頂点を認めると便利な場合もあるので，このことにはこだわらないほうがよい．

<u>証明 2</u>（独立した証明）　川崎定理を証明する前にこの定理を証明しようとする場合もあるだろう．その場合は，背理法が使える．

1 頂点平坦折りで，$\alpha_i > 180°$ となる角が存在するとする．折り紙に関する基本的な事実として，紙は伸びたり破れたりしない．したがって，任意の 2 点間の距離は，折ったときに変わらないか短くなるかのどちらかだ．すなわち，紙を領域 D とし折り操作を写像 $f : D \to \mathbb{R}^2$ としたとき，すべての $x, y \in D$ について $|f(x) - f(y)| \leqq |x - y|$ でなければならない．そうでないとすれば，2 点間の距離を伸ばすために紙が破れているはずだ．

ここで，x が角 α_{i-1} の中にあり，y が角 α_{i+1} の中にあるとしよう．$\alpha_i > 180°$ だから，角 α_i を含む領域は凸でない．したがって，α_i を含む領域を固定して，それと角 α_{i-1} および α_{i+1} との境界の折り線を折ったとすると，x と y は反対方向に動くので，距離が延びる．それは起こりえない．　□

<u>定理 6</u>（**紙の重なり定理**）　1 頂点平坦折りで，頂点の近くで折り線の上にない点において重なっている紙の枚数は常に偶数である．

解説

証明　川崎定理の証明で用いた蟻の議論で，蟻がこの点をそれぞれの領域で 1 度ずつ通るとする．あるときに右から左に通過したら，次は左から右に通過するはずだ．つまり，もし蟻が点の右側から出発したら，最初は点の上を右から左に通過し，次は折り返して左から右に進みながら点の上を通る．したがって，蟻はこの点を右左交互に偶数回通過するので，紙の枚数は偶数である．　　　　　　　　　　　　　　　　　　　　　　　　　　　　□

● **指導方法**

　ここでいくつかの予想と証明を列挙したのは，授業でこのようなオープンエンドの演習に取り組む際に何が期待されるかを示すためだ．教師は，これらの予想や証明を講義形式で学生に伝えたいと思うかもしれないが，それは控えなければならない．このプロジェクトの眼目は，まったく見慣れない問題でありながら，事前の知識を必要とせず容易に探究でき，深い洞察にたどり着くことのできる問題を学生に提示することにある．学生は，そのような問題に取り組むことで，パターンを見つけ，予想を立て，それを証明するという数学研究を体験できる．

　ここで挙げた予想のいくつかを学生が思いつかないこともあるだろう．あるいは，このリストにない予想が立てられるかもしれない．このようなオープンエンドの演習では，授業で何が起こるか前もってわからないため，教えるのが難しく感じられるかもしれない．ここに書かれている内容をすべてカバーする必要はないと考えてほしい．目標は，問題に取り組み，予想を立てて証明することを体験することだ．ただし，プロジェクト 22「折り畳めない展開図」や行列モデルなど，他の平坦折りに関するプロジェクトに取り組む予定があるなら，前川定理と川崎定理が発見されるよう，ヒントを提供するべきだ．

　このプロジェクトは，数学的知識をほとんど必要としないという点で単純であり，楽しんで取り組める．一方で，数学者として考え「数学する」ことが求められるため，挑戦しがいがある．

　教養課程の授業などでは，動機づけが問題となるかもしれない．その場合，プロジェクト 20「羽ばたく鳥と彩色」のように具体的な平坦折り紙作品を最初に折るとよい．

●誤った証明

　学生が予想を証明する際，見込みのない方法で考えを進めることがある．さらに悪いことに，特に前川定理や川崎定理で，一見すると正しそうだが誤った証明をしがちだ．しかし，それゆえに，このプロジェクトは証明の練習として非常に有益だ．証明がそれほど難しくない（ただし堅実な思考が必要な）予想もあれば，証明が難しい予想もある．

　特に，前川定理や川崎定理を帰納法で証明しようとしないように気をつける必要がある．そのような証明はうまくゆかない．1頂点平坦折りの展開図から何本かの折り線を取り除いた展開図が平坦に折れるとは限らないからだ．例えば，次のような証明をする学生がいるかもしれない．山折り線が1本あれば，それと対になる谷折り線が1本あるはずだ．その対を取り除いてゆくと，次数2の「最も基本的な」1頂点平坦折りになる．その折り線が山折りだとしよう．任意の1頂点平坦折りは，それに山折りと谷折りを1本ずつ加える操作を繰り返して作られるのだから，山折りの数は谷折りの数より常に2だけ大きい．もちろん，この証明は誤りだ．（一方で，帰納法が有効な場合もある．「発展問題」のセクションを参照．）

　学生にとって，このような予想の証明が難しいのは，どこから始めたらよいかわからないからだ．ただちに適用できる公式もないし，「数学的な」内容が見えづらい．それこそが，このプロジェクトのもう1つの価値だ．数学の研究者であれば，何かを証明するために自分で数学的モデルを作らなければならないことがよくある．このプロジェクトで学生に与えられるのは，折られた紙だけだ．そのため，角度や山折り線と谷折り線の数に注目してモデルを作ることから始めることになるが，そこから厳密な証明に進むには，想像力を働かせなければならない．例えば，頂点のまわりを蟻が這ったとしたらどうなるか，頂点を切り落として断面を見たらどうなるか，といったことだ．そのようなことが，正しい証明への鍵となる．また，モノレールや蟻を使った証明の技法は役に立つだろう．紙の上で起きていることを視覚化できるからだ．このような技法を示唆したり，実際に証明してみせたりすることで，ほかの予想の証明についてのアイディアがわくかもしれない．

　授業では，学生が自分で証明を考えることと，ヒントを与えて授業を先に進めることとのバランスをとるのが難しいかもしれない．その意味では，上

記のような証明を事前に知るということは，教師にとって危険でさえある．自分が証明を知らなければ，必然的に学生に考えさせることになる．実際，上記の前川定理の証明の 1 つは，高校生が考えたものだ．学生がどのような新しい証明を思いつくかは，事前には決してわからない．

● 発展問題

このプロジェクトを終えたら，平坦折りに関するさまざまな問題を探求することができる．授業での演習の題材として適しているものも多く，未解決問題もある．

本書にも，そのような問題をいくつか収めている．プロジェクト 22「折り畳めない展開図」では，川崎定理が複数頂点の展開図に一般化できるかどうかが問題となる．また，プロジェクト 26「1 頂点平坦折りの行列モデル」では，川崎定理と同等の内容を行列で表す．

より詳しく知りたいなら，筆者の論文 "The Combinatorics of Flat Folds: A Survey" [Hull02-1] を参照してほしい．この論文で言及したことの 1 つは，前川定理の証明も川崎定理の証明も平らな紙を折ることを前提としていないことだ．したがって，どちらの証明も，平坦でない紙を折る場合にも適用できる．例えば，円錐の側面の形をした紙を，円錐の頂点から伸びる折り線で平坦に折ったときにも，前川定理と川崎定理が成り立つ．この場合の証明では，帰納法も注意深く使えば有効だ．折り線を取り除くことが，紙を切り取ることと同等になるからだ．

もう 1 つの興味深い問題は，展開図が与えられたとき，それを平坦に折り畳むことができるような山折りと谷折りの割り当て方を数えることだ．それがプロジェクト 23「正方形ねじり折り」の主題となる．また，上記の論文でも論じている．([Hull03] も参照．)

プロジェクト 22

折り畳めない展開図

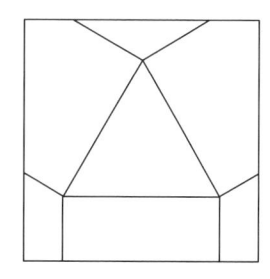

このプロジェクトの概要
展開図が印刷された正方形の紙を平らに折り畳むことが求められるが，実はこれらの展開図は，折り線を追加しない限り平坦に畳むことができない．しかし，局所的にはどこでも平坦に折り畳める．全体として折り畳めないのはなぜだろうか．

このプロジェクトについて
このプロジェクトは，大きく言えば，現実の問題を数学的に解析するための練習である．プロジェクト 21「1 頂点平坦折り」の結果を用いるが，その予備知識は必ずしも必要としない．

とはいえ，プロジェクト 21 を終えていれば，このプロジェクトの意味をより早く理解できるだろう．単一頂点の展開図が与えられたとき，それを平坦に折り畳めるかどうかはすぐにわかる．しかし，このプロジェクトで示すように，頂点が複数になると途端に難しくなる．実際，一般に展開図が平坦に折り畳めるかどうかを判定する問題は NP 完全であることがわかっている．したがって，このプロジェクトは，決定可能性や計算複雑性を伴うアルゴリズム解析の授業で扱うこともできる．NP 完全であることの証明は本書の範囲を超えるが，折り畳むことのできない展開図を実際に折ってみることによって，この問題の難しさを実感できるだろう．

演習問題と授業で使う場合の所要時間
演習問題は最小限であり，展開図が示されているだけだ．1 つの展開図を折ろうとするのには 5 分から 10 分しかかからないが，それがどうして折れないかを考えるのに，さらに 10 分かかるだろう．

演習問題
折ってみよう

実習 以下に，折り紙の展開図をいくつか示す．これを切り取って，線の通りに折ってほしい．**注意**：展開図に示した線しか折ってはいけない．余計な折り線をつけないように気をつけよう．ただし，山折りと谷折りは適当に決める必要がある．

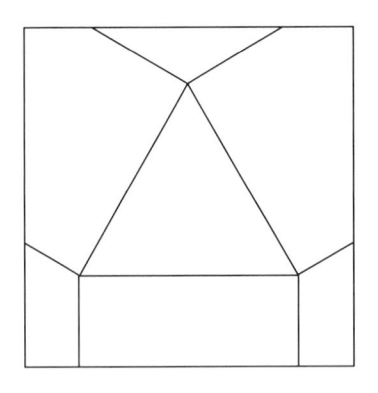

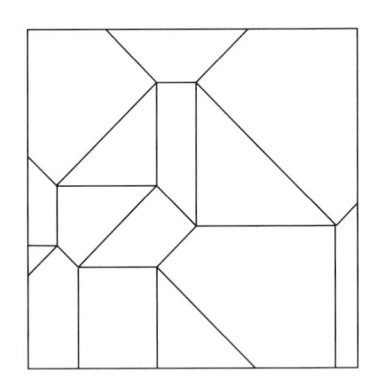

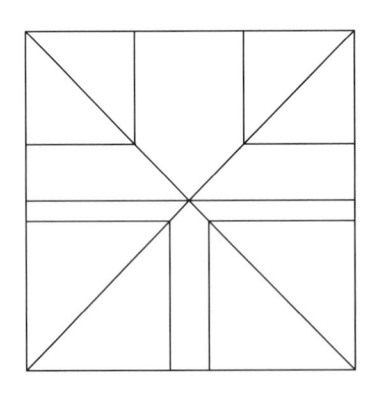

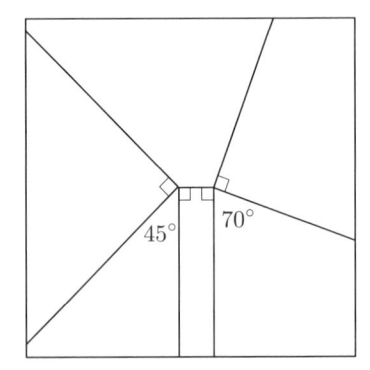

解説

　この演習問題はいささか意地悪だ．どの展開図も，平坦に折り畳むことができない．したがって，平らに畳めない理由を考えることが本当の課題だ．それに気づくまでは，いらいらさせられるかもしれない．

　このプロジェクトは，前のプロジェクト「1頂点平坦折り」の発展問題でもある．前のプロジェクトで見た定理の1つに「川崎定理」があった．それによれば，頂点が1つの展開図が平坦に折れるのは，頂点のまわりの角の交代和が0のときであり，そのときに限る．このプロジェクトでは，川崎定理が複数頂点の展開図に拡張できないことが示される．どの展開図でも，すべての頂点で川崎定理が満たされている．特に右下の展開図は，驚くことに頂点が2つしかない．これらの展開図が平坦に折れない理由は，大きく2つある．

　上の2つの展開図が平坦に折れないのは，山谷が矛盾するためだ．平坦に折れる頂点のまわりに，大きな角，小さな角，大きな角がこの順で隣りあっているとすると，それらのあいだの2本の折り線は，山谷が異なっていなければならない．もし同じだとすると，2つの大きな角が紙の同じ側で小さな角を覆うことになり，紙が自分自身と交差してしまう．（このことは，前のプロジェクトでは「大小大の定理」と名づけた．）

　左上の展開図では，3つの頂点のそれぞれで2つの直角が60°の角をはさんでいる．したがって，中央の三角形の辺は山折りと谷折りが交互にならなければならないが，それは不可能だ．

　右上の展開図も同様だが，より長い連鎖を考える必要がある．右図にその一例を示す（前川定理により，次数4の頂点では山折りが3本と谷折りが1本またはその逆になるという事実も用いる）．

　これらの例は，グラフ理論における2彩色可能性問題とみなすこともできる．山谷が異なる必要のある折り線がつながって鎖をなしているとき，その鎖は2彩色可能でなければならない．その鎖の中に奇閉路があれば一巻の終わりだ．

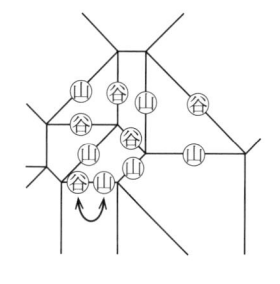

下の 2 つの展開図は，分析が難しい．どちらでも山谷の矛盾は生じない．しかし，これらにおいても紙の自己交差が問題となる．ここでは，紙の境界に対する頂点の位置が重要だ．例えば右下の展開図は，2 つの頂点を離せば平らに折ることができる．

左下の展開図が平坦に折り畳めないことを証明するのは難しい．厳密な証明は学生には荷が重いかもしれないが，筆者は，誰かがエレガントな証明を考えつくことを期待して，証明を学生に課すようにしている．基本的な考え方は以下の通りだ．正方形の 4 つの頂点がそれぞれ三角形を形作り，水平および垂直の折り線が三角形の大きさを決める．下の 2 つが大きく，上の 2 つは長さが正方形の辺の 1/3 だ．これら 4 つの三角形を外側に折り返すか内側にしまうかしなければならないが，すべての組み合わせを試してみれば，どれもうまく折れないことがわかる．大きな三角形の 1 つは外側に折ることができるが，そうするともう 1 つは内側にしまわなければならない．ところが，それに必要なスペースがない．実際に折ってみればわかるだろう．

右下の展開図（右に再掲）は「局所的に平坦に折り畳める 2 頂点の展開図は平坦に折り畳めるか」という問題に対する，数学専門のサイエンスライターであるバリー・キプラの解答だ．この反例によって，問題が否定的に解けた．まず，2 本の平行な折り線 L_2 と L_3 は，山谷が異ならなければならない．そうでなければ紙が自己交差してしまう．また，折り線 L_5, L_6, L の山谷は等しい．そのことは，次のように前川定理と「大小大の定理」を組み合わせればわかる．L_3 と L_4 の山谷が異なるから L と L_5 は山谷が同じでなければならず，L_1 と L_2 の山谷が異なるから L と L_6 の山谷も同じだ．

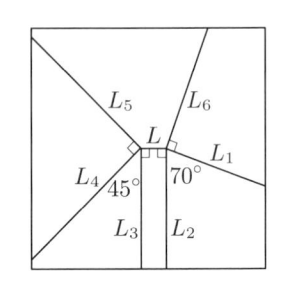

したがって，L_5, L, L_6 で囲まれる領域が「裏板」となって，その上に 45° と 70° の角を配置しなければならない．L_2 と L_3 の山谷が異なるため，どちらかの角が最も手前になり，もう 1 つの角はあいだにはさまることになる．ところが，どちらの角を手前にしても，もう 1 つの角を L_5-L-L_6 の裏板が作るスペースに収めることができない．

プロジェクト 22｜折り畳めない展開図

●教師へのヒント

授業では，いずれかの展開図を平坦に折れたと主張する学生がいるかもしれない．その場合は，どこかに余計な折り線がついているか，折り線が大きくずれているかのどちらかだと考えてよい．グループで作業するなら，グループの全員が再現できないと折れたことにならないというルールを課すとよい．それにより，不注意に展開図を変えてしまった場合が排除できるだろう．

右下の展開図は特に厄介だ．折り線を正確につけず，$45°$ と $70°$ の角度を少し変えてしまうと，平坦に折れてしまう．したがって，折り線に従って正確に折ることを強調しなければならない．展開図を拡大コピーすると，より正確に折ることができるだろう．

このプロジェクトを終えたら，ほかの折り畳めない展開図を学生に考えさせるとよい．そうする場合，最初に右上と左下の展開図のみを折るとよいだろう．どちらも頂点の数が多いので，頂点がより少ない展開図で折ることができないものはないだろうかと問うことができる．右上の展開図で山谷が矛盾するという考えを理解した学生は，左上の展開図を独力で見つけることができるかもしれない．2005 年のハンプシャー大学夏期数学講座では，何人かの受講者が，左上の展開図で 1 つの頂点を紙の外側に持ってゆくことで，頂点が 2 つの展開図を作ろうとした（下図参照）．

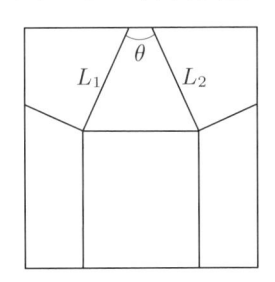

ところが，これはうまくない．上図の角 θ が $60°$ であれば，この展開図は平坦に折れてしまう．L_1 と L_2 の山谷を同じにすればよい．しかし，角 θ を $60°$ より小さくして，2 つの頂点をより近づければ，平坦に畳めなくなる．この場合，L_1 と L_2 の山谷を同じにすると，紙が自己交差してしまう．これは，演習問題の右下の展開図で起きていることと似ているが，よりわか

りやすいだろう．

●**発展問題**

　このプロジェクトで取り上げた折り畳めない展開図は，平坦折り紙研究の最前線だ．筆者は，1994 年の論文 [Hull94] に 2 つの展開図（演習問題の左上と左下）を収めた．この論文は，筆者が知る限り，前川定理と川崎定理を引用した最初の論文だ．その 2 年後，バーンとハイエス [Bern96] が，与えられた展開図が平坦に折り畳めるかどうかを判定する問題が NP 完全（本質的にしらみつぶしよりよい解法が今のところ見つかっていない問題）であることを証明した．彼らはさらに，山谷の割り当てが与えられている場合でさえも NP 完全であることを証明している．山谷が矛盾するかどうかは容易に（多項式時間で）判定できるが，紙が自己交差するかどうかを判定するのは難しい．

　つまり，折り紙のモデリングが難しいのは，紙が自己交差できないためだ．しかし，難しい問題はたいてい興味深い問題でもある．折り紙は，実は非常に複雑な問題であり，ドメイン，ルビュー，オルークといった数々の研究者が，折り紙における計算複雑性を研究している．このような研究者が 1990 年代終わりから 21 世紀の初めにかけて多くの論文を著したことにより，数学や計算機科学の中に「計算折り紙」という新しい分野が生まれた．この分野の研究は，さまざまに応用できる．例えば，プロジェクト 20「羽ばたく鳥と彩色」で述べたように「仮想折り紙」の完全なコンピューターモデルはまだ作られていない（NP 完全性が大きな足かせになっている）が，計算折り紙がこの取組みに貢献できるだろう．また，ロボット工学における関節の動きや生物学におけるタンパク質の折り畳みは「1 次元折り紙」と考えることができる．

　計算折り紙におけるさまざまな問題について調べることは，専門課程の研究課題として適している．エリック・ドメインの多数の論文とウェブサイト (http://erikdemaine.org) から探求を始めるとよい．

プロジェクト 23
正方形
ねじり折り

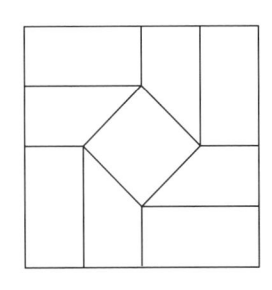

このプロジェクトの概要
正方形ねじり折りの展開図を平坦に折り畳む．ただし，折り畳み方は 1 通りではない．山折りと谷折りの割り当てを変えることができる．では，何通りの割り当て方があるだろうか．

このプロジェクトについて
このプロジェクトは，平坦折りに関するものであることはもちろん，離散幾何学や組合せ論に関わるモデリングの問題でもある．ねじり折り自体が楽しく，予備知識がなくても問題が解けるため，教養課程の数学の授業で取り組むこともできる．一方，このプロジェクトの結論を厳密に証明するのは難しいため，証明を学ぶ授業にも適している．さらに，このプロジェクトは，組合せ代数におけるバーンサイドの定理を適用できる好例だ．

演習問題と授業で使う場合の所要時間
演習問題は，一般的な書き方にしてある．すなわち，正方形ねじり折りの展開図が示され，何通りの方法で平坦に折り畳めるかを尋ねている．具体的に何を数えればよいか，そしてそれをどう数えるかを考えることが課題となる．

正方形ねじり折りを折るのに 25 分ほどかかるだろう．折り方の数え上げには，数え方にもよるが，20 分かかるだろう．

演習問題
正方形ねじり折り

実習 下図は折り紙の展開図だ．すべての折り線は，正方形を 4 等分した格子に基づいている．正方形の紙にこの展開図を写し，平坦に折り畳んでほしい．

以下のようにするとよい．

（1） 正方形の紙に 4×4 の格子状に折り目をつける．
（2） 中央にある傾いた正方形の折り線を，つまむようにして折る．
（3） 必要な折り目がついたら，展開図をペンで描く．

そして，平らになるように折ろう．

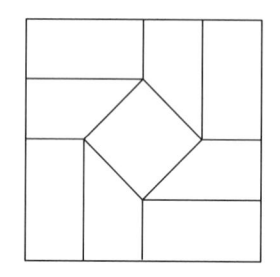

この折り方は「正方形ねじり折り」と呼ばれる．折るのが難しい平坦折り紙の 1 つだ．

問 平らに折れたら，ほかの人と比べてみよう．同じ折り方になっただろうか．いくつかの折り方があるはずだ．この展開図を，折り線を追加せずに平坦に折り畳む方法は，何通りあるだろう．

解説

　正方形ねじり折りの折り畳み方は，まったく明白でない．中央の部分をねじりながら，紙が「縮む」ように折り畳む．（三角形，六角形，八角形などのねじり折りもある．折ってみてほしい．）

　込み入った折り方であるため，折り畳むのに苦労する学生もいるだろう．演習問題では，展開図を切り取って折るのではなく，別の紙に展開図を写すようにした．そうすることで，この展開図がそれほど特殊でないことがわかるだろう．また，さまざまな折り方を試すのにも都合がよいし，演習問題の展開図にメモを書き込むこともできる．

　この展開図は，いくつもの方法で畳むことができる．そのうち 2 つを下図に示す．太線が山折りで細線が谷折りだ．

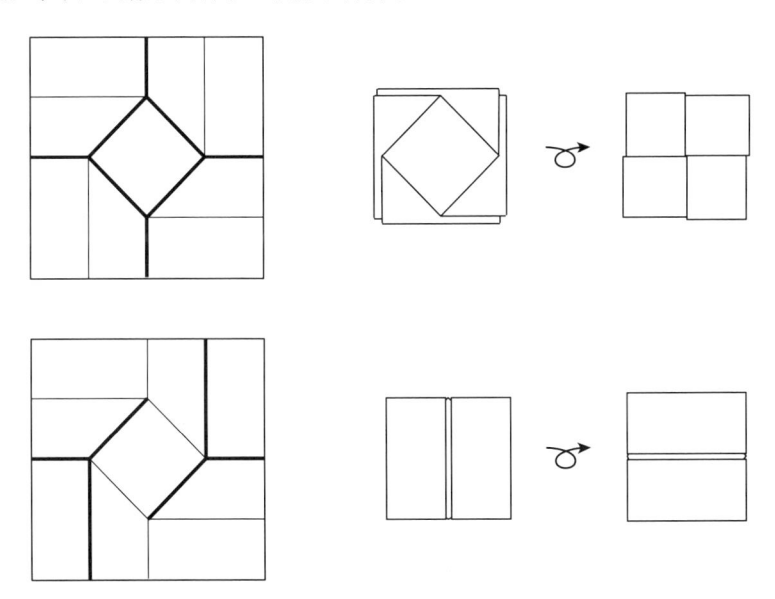

　上の折り方が「古典的な」正方形ねじり折りだ．中央の正方形が 90° ねじれているのがわかるだろう．実際，この展開図ではどの折り方でもそうなるのだが，ほかの折り方では正方形のすべてが見えるとは限らない．下の折り方には面白い対称性がある．表から見ても裏から見ても同じ（ただし回転

した）形だ．このような折り方を「表裏同等折り」と呼んでいる．（[Mae02]および [Kas87] を参照．）

さて，1 つの折り方が見つかったとして，そのすべての折り線で山谷を入れ替えれば，常にもう 1 つの折り方が得られる．このような場合には，何を数えるかが問題となる．例えば，以下の 2 つのうちどちらの数え方をするか決めなければならない．

(a) 物理的に異なる折り方を数える
(b) 対称性を考慮して異なる折り方を数える

(a)では，それぞれの折り線に名前がついているとして，それらの折り線に山谷を割り当てる方法を数えることになる．(b)の場合，回転すると同じになる山谷割り当ては 1 つと数える．

どちらについても，単純なしらみつぶしで数えることができる．この展開図はそれほど複雑でないので，すべての可能な場合を体系的に調べ上げることが可能だ．実際，そのやり方を選ぶ学生は多いが，筆者の経験では，すべての可能性を汲み尽すことを保証するような，適切な方法で数える学生は少ない．しらみつぶし法は，解答が冗長になるだけでなく，正しい解答に到達することが難しい．

平坦折り紙に関する基本的な事実を使えば，よりうまく数えることができる．これらの事実はプロジェクト 21「1 頂点平坦折り」で調べたが，独立に見つけることもできる．最初に注目すべきは，展開図のすべての頂点が同じ形をしていることだ．すなわち，頂点のまわりの角度が，中央の正方形の内角から時計回りに $90°, 45°, 90°, 135°$ となっている．前川定理（$M - V = \pm 2$）によれば，それぞれの頂点で，山折りが 3 本と谷折りが 1 本，またはその逆になっているはずだ．（プロジェクト 21 をまだ終えてない場合は，すべて山折り，すべて谷折り，山折り 2 本と谷折り 2 本のいずれも平坦に折れないことを確認すればよい．）また，$45°$ の角の両側にある折り線は山谷が異なる．そうでなければ，2 つの $90°$ の角が紙の同じ側で $45°$ の角を覆うことになるので，紙が自己交差してしまう．（プロジェクト 21 では「大小大の定理」と呼んだ．）

これらの事実から，中央の正方形の 4 辺に対して山谷を割り当てれば，残

りの折り線の山谷が決まってしまうことがわかる．なぜなら，正方形のそれぞれの辺が 45° の角に接しているので，45° の角の反対側にある折り線の山谷が決まり，残りの折り線の山谷は前川定理により決まるからだ．

したがって，(a) の場合の解答は，4 辺のそれぞれに 2 通りの選択肢があるので 2^4 すなわち 16 通りとなる．

この 16 通りを実際に折ってみれば，回転すると同じになるものがすぐにわかるから，(b) の場合の解答が得られる．しかし，そのような解答は冗長だ．もっとうまいやり方がある．例えば，山折りと谷折りの数で場合分けをすると，対称性をとらえやすい．正方形には辺が 4 本あるので，山折りの数は 4, 3, 2, 1, 0 のいずれかだ（残りが谷折りになる）．この 5 通りに場合分けして対称性を考慮すると，可能な山谷の割り当てを数えることができる．

バーンサイドの定理（[Gal01] および [Tuc02] 参照）を使うと，同じことをより効率的にできる．あるものの対称性が群 G で表されるとき，それを塗り分ける方法の数 N は，次の式で求められる．

$$N = \frac{1}{|G|} \sum_{\pi \in G} \phi(\pi)$$

ここで $\phi(\pi)$ は，対称変換 π の下で変わらない塗り分けの数だ．演習問題の問いに答えるには，正方形の辺を山と谷の 2 色で塗り分ける方法を数えればよい．この場合，対称性は回転群 $G = \{R_0, R_{90}, R_{180}, R_{270}\}$ で表される（ここで，R_t は $t°$ の回転を表す）．

R_0 は恒等変換だから $\phi(R_0) = 16$ だ．

また，R_{90} と R_{270} は向きが違うだけなので $\phi(R_{90}) = \phi(R_{270})$ である．正方形の辺を 2 色で塗り分ける場合，90° の回転で変化しないのは，すべて山折りとすべて谷折りだけだ．したがって，$\phi(R_{90}) = \phi(R_{270}) = 2$ だ．

180° の回転では，すべて山折り，すべて谷折りに加えて，山折りと谷折りが交互に並ぶもの（山谷山谷と谷山谷山）が変化しない．したがって，$\phi(R_{180}) = 4$ だ．以上から，

$$N = \frac{1}{4} \times (16 + 2 + 4 + 2) = \frac{24}{4} = 6$$

となる．その 6 通りを次図に示す．

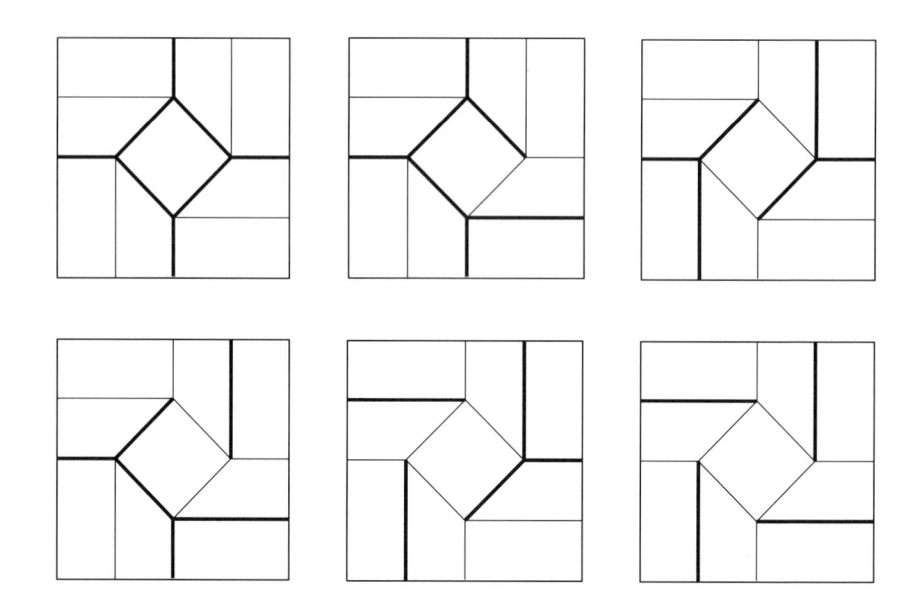

山折りと谷折りを入れ替えたときに同じになるものを1つと数えるなら，4通りになる．

● **発展問題**

正方形ねじり折りは面白い折り方なので，ほかにも似たような折り方を知りたいと思うかもしれない．

すでに述べたように，他の多角形も同じように「ねじる」ことができる．このプロジェクトの発展問題として，正方形以外の正多角形のねじり折りがすぐに思い浮かぶ．プロジェクト1「正方形から正三角形を折る」の中で，正方形の紙から正六角形を折る方法を示した．その六角形を切り出せば，六角形ねじり折りに適した用紙になる．基本的な考え方は正方形の場合と同じだ．紙の中央に小さな正六角形の折り線をつけ，それぞれの頂点から放射状に折り線をつける．そして，それらと平行な折り線で「ひだ」を作るようにする．

次図に示す展開図では，小さい六角形を用紙の 1/4 の大きさにした．その隣に，折った後の様子を示す．

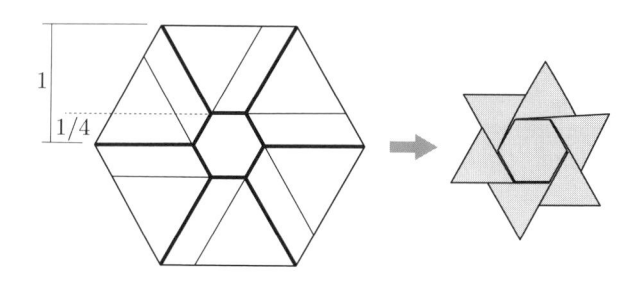

六角形ねじり折りは，折り線の数が多いため，正方形ねじり折りよりだいぶ折りにくいが，ねじり折りの効果は心地よい．そして，同じ問題，すなわちこの展開図を平坦に折り畳める山谷の割り当ては何通りかという問題を問うことができる．（上図は一例にすぎず，他にも折り方がある．）

もう 1 つの発展の方向として，いくつかの正方形ねじり折りを大きな紙に敷き詰めることができる．その方法は，プロジェクト 28「折り紙と準同型写像」で説明する．

さまざまなねじり折りを敷き詰める折り紙は「平織り」または「テセレーション」と呼ばれる．詳しくはエリック・ジャーディの著書 *Origami Tessellations* [Gje09] を参照してほしい．

プロジェクト 24

山谷割り当ての数え上げ

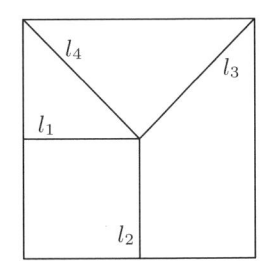

このプロジェクトの概要
次数 4 の，すなわち折り線の数が 4 本の，1 頂点平坦折り紙を折る．目的は，平らに畳むことのできる山谷割り当てが何通りあるか数えることだ．さらに，一般に次数 $2n$ の 1 頂点折り紙における山谷割り当てについて上限と下限を求める．

このプロジェクトについて
このプロジェクトは，組合せと幾何にまたがる．組合せ論の基本的な考え方が必要であると同時に，折り線間の角度が重要な役割を果たすことで，幾何の要素が加わる．

演習問題と授業で使う場合の所要時間
演習問題は 1 つだけだ．3 種類の次数 4 の平坦折り紙について，平坦に折る方法が何通りあるか尋ねる．その結果を，続く 2 つの問いで一般化する．
このプロジェクトに必要な時間は，平坦折り紙に関する他のプロジェクトを終えているかどうかに大きく依存する．他のプロジェクトを終えていれば，20 分から 25 分で十分だろう．終えていなければ，ヒントを与えながらでも 40 分かかるだろう．

演習問題
山谷割り当ての数え上げ

下図に示す，次数（折り線の数）4 の 1 頂点折り紙の展開図を，それぞれ v_1, v_2, v_3 とする．

$C(v) = v$ を平坦に折ることのできる山谷割り当ての数

となるように空欄を埋めてほしい．例えば v_3 で，l_1, l_2, l_3 を谷折りにし，l_4 を山折りにすることができる．この山谷割り当てを 1 通りと数える．

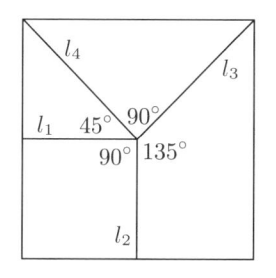

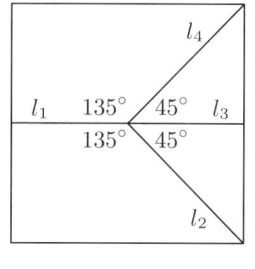

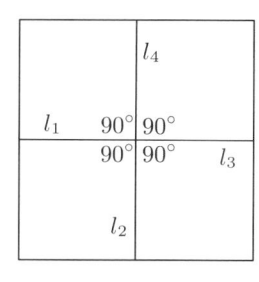

$C(v_1) = $ _____ $C(v_2) = $ _____ $C(v_3) = $ _____

$C(v)$ を計算するには，小さい正方形の紙でこれらの展開図を折り，実験するとよい．空欄が埋まったら，以下の問いに答えてほしい．

問 1 一般の次数 4 の 1 頂点平坦折り紙を考えたとき，$C(v)$ はほかにどんな値をとりうるだろうか．

問 2 次数 $2n$ の 1 頂点平坦折り紙について，$C(v)$ がとりうる最大値はいくつだろうか．（これは $C(v)$ の「上限」と呼ばれる．）
また，$C(v)$ の最小値（下限）はいくつだろう．

解説

　次数 4 の 1 頂点平坦折りは，ほぼすべての平坦折り紙に含まれる．羽ばたく鳥の展開図（プロジェクト 20「羽ばたく鳥と彩色」参照）を見れば，演習問題のすべての頂点が現れていることがわかる．

　演習問題の前半は単純なので，どのような数学の授業でも取り上げることができるだろう．平坦折りに関する他のプロジェクトを終えていれば，問いに答えるのも難しくないだろう．少なくとも問 1 には容易に取り組めるはずだ．

　これらの展開図を折り畳むのに苦労する学生がいるかもしれない．v_3 は誰でも問題なく折り畳めるだろう．v_1 と v_2 については，すべての折り線が正方形の対称軸の一部であることに注意しよう．つまり，これらの折り線をつけるには，紙を三角形または長方形に半分に折ればよい．ただし，v_2 の折り線 l_2 と l_4 および v_1 のすべての折り線で，紙を完全に折らずに折り線を中心で止めるのが難しいかもしれない．

● v_1 について

　この展開図を何度も折ってみれば，v_1 を平坦に折り畳んだとき，以下が成り立つことが観察できるだろう．

- 折り線 l_2 と l_3 の山谷は常に同じ．
- 折り線 l_1 と l_4 の山谷は常に異なる．

　授業では，これらが本当に正しいか議論するべきだ．（あるいは証明しよう．）後者は背理法によって簡単に説明できる．l_1 と l_4 の山谷が同じだとすると，l_1 と l_4 とのあいだの角が 45° であり l_1 と l_2 および l_4 と l_3 のあいだの角はどちらも 90° だから，2 つの 90° の角がどちらも 45° の角の上または下を覆わなければならないが，それは不可能だ．2 つの 90° の角を 45° の角に折り重ねるには，l_1 と l_4 を逆向きに折らなければならない．（プロジェクト 21「1 頂点平坦折り」の「大小大の定理」参照．）

　したがって，l_1 と l_4 に対して可能な組み合わせは「山谷」と「谷山」の 2 通りしかない．プロジェクト 21「1 頂点平坦折り」を終えていれば，前川定

理から，l_2 と l_3 が「山山」または「谷谷」のいずれかであることを導くことができる．（$|M-V|=2$ となるのは，その組み合わせだけだ．）　プロジェクト 21 をまだ終えていない場合，l_2 と l_3 のあいだの角が v_1 において最も大きい角であることから，l_2 と l_3 の山谷が同じであると結論することもできる．山谷が異なるとすると，残りの角で 135° の角を覆うことができない．

折り線 l_1 と l_4 について 2 通りの選択肢があり，l_2 と l_3 についても 2 通りの選択肢があるから，$C(v_1)=4$ である．

● v_2 について

4 本の折り線が，山折り 3 本と谷折り 1 本またはその逆であることに注意する．（このことは，実験で確認するか，前川定理から導く．）　山谷が他の 3 本と異なる「孤立した」折り線を l_1 にすることはできない．というのも，仮に l_1 が谷折りで l_2 から l_4 が山折りだとすると，45° の角の中に 135° の角を押し込めなければならないからだ．

したがって，山折りが 3 本で谷折りが 1 本としたとき，谷折りになる可能性があるのは l_2, l_3, l_4 のみだから，3 通りの折り方がある．山折りが 1 本で谷折りが 3 本の場合も同じだから，$C(v_2)=6$ となる．

● v_3 について

これが最も易しい．ここでも，前川定理により，山折りが 3 本と谷折りが 1 本またはその逆である．v_3 ではすべての角度が等しいので，「孤立した」折り線を選ぶのに何の制約もない．孤立した谷折り線の選び方は 4 通りあり，それぞれですべての山谷を入れ替えれば山折り線が孤立する場合になるから，$C(v_3)=2\times 4=8$ である．

授業では，v_1, v_2, v_3 のそれぞれを数多く折り，しらみつぶしで正しい答えに到達する学生もいるだろう．その場合，解答の裏にある論理に気づかなければ，次の問いに進むことができない．

● 問 1

答えは「ほかの値はない」だ．その結論にたどり着くには，以下の事実を観察する必要がある．

解説

- $C(v)$ は常に偶数だ．なぜなら，v を平坦に折る山谷割り当てがあるとき，すべての折り線で山谷を入れ替えた山谷割り当てが常に存在するからだ．（前川定理との関連でいえば，$M - V = 2$ である山谷割り当てと $M - V = -2$ である山谷割り当てとのあいだに全単射がある．）

- 次数 4 の 1 頂点折り紙 v で $C(v) = 2$ となることはない．$C(v) = 2$ となることができるのは，次数 2 の頂点（直線上の点）だけだ．（次数 2 の点は頂点とは認めないと考えてもよい．） あるいは，次のような説明のほうがよいかもしれない．次数 4 の 1 頂点折り紙で，最も小さい角（複数ある場合はそのうち 1 つ）の両側の折り線には山谷か谷山のいずれかを割り当てることができる．残り 2 本の折り線は前川定理から山谷が等しい．（これは，v_1 の場合と同じ議論だ．） 最小の角の両側で 2 通り，他の 2 本で 2 通りの割り当てができるから，$C(v) \geq 4$ だ．（この議論は問 2 で重要になる．）

- 演習問題の v_3 は，次数 4 の 1 頂点折り紙における $C(v)$ の最大値を与える．なぜなら，すべての角度が等しいので，前川定理で許されるすべての組み合わせで平坦に畳めるからだ．したがって，次数 4 の 1 頂点折り紙 v では $C(v) \leq 8$ である．（この議論もまた，問 2 で重要になる．）

以上から，次数 4 の 1 頂点折り紙 v では $4 \leq C(v) \leq 8$ であり $C(v)$ は常に偶数である．したがって，可能な値は $4, 6, 8$ だけだ．

●問 2

この問いでは，問 1 の結果を一般の次数 $2n$ の 1 頂点折り紙に拡張する．（頂点が平坦に折れるためには，その頂点の次数が偶数でなければならないことに注意．これはプロジェクト 21「1 頂点平坦折り」で証明した．）

上限については，v_3 を一般の場合に拡張することになる．すなわち，頂点のまわりの角度がすべて等しい場合に，山谷割り当ての数が最大になる．v_3 で用いたのと同じ議論で，上限を求める公式を得ることができる．

次数 6 ですべての角が $60°$ である場合を最初に考えるとわかりやすいかもしれない．前川定理により，4 本の山折りと 2 本の谷折りまたはその逆でなければならない．山折りが 4 本で谷折りが 2 本だとしよう．6 本の折り線から任意の 2 本を選んで谷折りとし，残りを山折りとする組合せは，${}_6C_2 =$

15 通りである．それぞれで山谷を入れ替えると，合計で $15 \times 2 = 30$ 通りになる．したがって，次数 6 では $C(v) \leqq 30$ だ．

一般に，次数 $2n$ の頂点では，山折り $n+1$ 本と谷折り $n-1$ 本としたとき，$2n$ 本の折り線から $n-1$ 本の谷折りを選ぶことになる．さらにそれぞれの山谷を入れ替えられるので 2 倍すると，上限は次の式で得られる．

$$C(v) \leqq 2 \times {}_{2n}\mathrm{C}_{n-1}$$

下限については，v_1 の場合を拡張すればよいが，これはまず次数 6 の場合を見ないと難しいだろう．

次数 6 の 1 頂点折り紙で山谷割り当ての数を最小にするには，展開図の対称性をできるだけ低くする．そこで，すべての角度が異なるとしよう．そのとき，v_1 と同様，最小の角が 1 つあり，その両側の折り線は山谷か谷山のどちらかだ．

この 2 本の折り線のみを折ったとしよう．すると，紙が円錐状になり，展開図の頂点が円錐の頂点になる．すでに 2 本の折り線を折ったので，この円錐には折り線が 4 本しかない．やはり，4 つの角の中に最小の角が 1 つあり，その両側の折り線は山谷か谷山のどちらかだ．最後に残った 2 本の折り線は，前川定理により，山山か谷谷のどちらかだ．

この手順のそれぞれの段階で，2 通りの選択肢があった．したがって，この頂点を平坦に折る方法は $2 \times 2 \times 2 = 8$ 通りだ．つまり，次数 6 の 1 頂点平坦折り紙では $C(v) \geqq 8$ だ．

この議論を次数 $2n$ の 1 頂点平坦折り紙に一般化するなら，最小の角を探し，その両側の折り線を 2 通り（山谷または谷山）のいずれかで折るという手順を繰り返すことになる．結局，少なくとも 2^n 通りの折り方があることになり，これが下限である．

もちろん，以上の議論をより厳密にすることもできる．円錐状の紙を頂点から伸びる折り線で折って平坦に折り畳む「1 頂点平坦円錐折り紙」において，上記の仮説（下限が 2^n であること）を定式化しなおせば（通常の折り紙は頂角が $360°$ であるような特別な場合になる），帰納法を適切に用いることができる．

授業では，そこまで厳密な議論をしなくても十分だろう．帰納法を使った証明は宿題などに適している．ただし，そのためには，プロジェクト 21「1

頂点平坦折り」を終えておく必要があるだろう．

ともかく，問 2 の解答は，次数 $2n$ の 1 頂点平坦折り紙 v では次の式が成り立つということだ．

$$2^n \leqq C(v) \leqq 2 \times {}_{2n}C_{n-1}$$

● **発展問題**

　このプロジェクトに取り組んだら，さらに難しい問題があることに気づくだろう．すなわち，平坦に折り畳めることがわかっている展開図が与えられたとき，それを平坦に折り畳む山谷割り当ての数を求めるという問題だ．この「平坦折り紙の数え上げ」問題を一般的に解くのは，極めて難しい．

　頂点が 1 つであれば，ほとんどすべてがわかっている．このプロジェクトで求めた上限と下限は，これ以上よくならない．実際に上限および下限に達する例があるからだ．また，任意の 1 頂点平坦折り紙が与えられたとき，折り線のあいだの角度から山谷割り当ての数を正確に求める漸化式が存在する．([Hull02-1], [Hull03], および [Dem07] を参照．)

　もう 1 つの興味深い問題は，次数 $2n$ の 1 頂点平坦折り紙において，2^n と $2 \times {}_{2n}C_{n-1}$ のあいだのどの偶数が山谷割り当ての数になりうるかという問題だ．次数 4 では 4 と 8 のあいだのすべての偶数が現れたが，次数 6 では，8 と 30 のあいだのすべての偶数が現れるわけではない．次数 6 の場合に，どの数が $C(v)$ の値になりうるかを実際に紙を折って調べるのは，とても楽しく挑戦しがいのある課題だ．一般の次数 $2n$ の場合は，この問題は未解決だ．2011 年時点でのこの問題に対する途中経過は，筆者と筆者の学生であったエリック・チャンとの共著論文 [HullCha11] で見ることができる．

　頂点が複数の展開図では，ほとんど何もわかっていない．限られたタイプの展開図しか研究されていないし，最も単純な展開図でさえ，問題が極めて複雑になるようだ．例えば，切手シートを折り畳むという問題が研究されている．これは，折り線が等間隔に $m \times n$ の格子状に並んだ展開図を折り畳む方法を数えるという問題だ．この問題には多くの努力が注ぎ込まれており，入念なアルゴリズムによって折り方の数を計算することはできるが，閉じた式にはまだ手が届かない．([Koe68] および [Lun68] を参照．)

　このような折り紙の数え上げ問題は，物理学や物理化学にも関連する．特

に，高分子膜の折れ曲がりを研究すると，同じ問題に突き当たる．人工の，あるいは血球が凝縮した壁のような天然の高分子膜は，四角または三角の分子的な格子からできている．このような高分子は，格子を作っている分子間結合を文字通り折り線として折れ曲がる．（ただし，すべての折り線で折れるとは限らない．）このような高分子の力学的特性を理解するには，何通りの折り方があるかを数えることが重要だ．物理学者は，この値を見積もるため，熱力学を用いる．（膜が折れることでエネルギーが解放されるため，熱力学によってモデルを作ることができる．）そのような研究で用いられる数学は極めて高度で，このプロジェクトで用いたものとは大きく異なるが，興味を持った読者はフィリップ・ディ゠フランチェスコの解説論文 "Folding and coloring problems in mathematics and physics" [DiF00] を読むとよい．

プロジェクト 25

自己相似による波

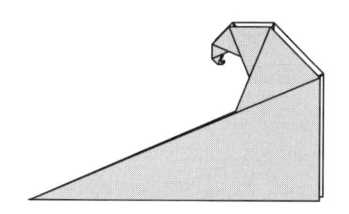

このプロジェクトの概要
折り紙の波の折り方を示す．この作品は螺線の形をしている．これを平面座標に置いたとして，螺線が収束する点の座標を求める．

このプロジェクトについて
この折り紙作品は自己相似折り紙の一例だ．この作品の形状は，幾何学的変換または複素数を使って数学的に解析できる．この作品はまた「無限折り」を使った折り紙の一例であり，しばしば誤ってフラクタルとみなされる．したがって，フラクタルの授業では，自己相似性を示しながらフラクタルではない図形の例として，この作品を用いることができる．

演習問題と授業で使う場合の所要時間
演習問題では，まず折り紙の波を折る．そして，幾何学的変換か複素数を使って問いに答える．

この作品を折るには，展開図の通りに折り目をつけてから全体を折り畳む．状況に応じて「段」の数を決めてほしい．3 段か 4 段なら，15 分から 20 分で折れるだろう．

問いに答えるには，代数や複素数の確実な理解が必要だ．学生のレベルにもよるが，グループで取り組んでも 20 分から 30 分かかるだろう．全体で 1 時間を見ておくとよい．

演習問題

自己相似による波

1枚の正方形の紙から，波の形を折る．以下の図では，紙の片面を白で，もう片面を色つきで示している．また，谷折りを破線で，山折りを2点鎖線で示す．

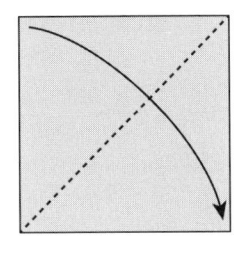

(1) 色のついた面を上にして，対角線に沿って折る．

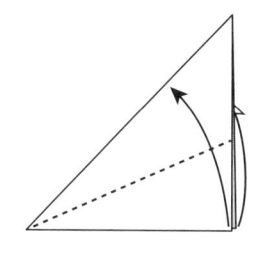

(2) 手前の1枚を対角線に合わせて折る．裏側も同じように折る．

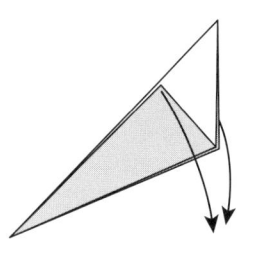

(3) 戻す．

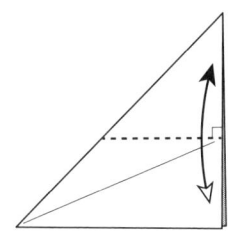

(4) 図に示す位置で，右の辺と直角に折り目をつける．

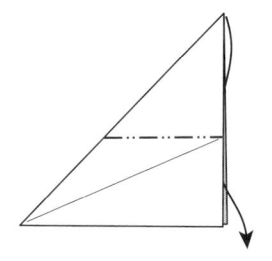

(5) 手順(4)でつけた折り目を使って，頂点をひっくり返すように内側に折る（中割折り）．

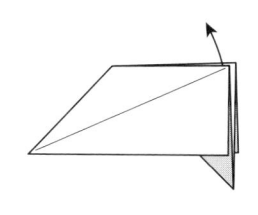

(6) このようになる．折り目をしっかりつけて戻す．

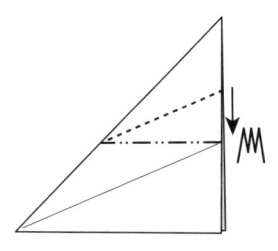

(7) 角の2等分線の折り線を加えて，両面を斜めに段に折る．

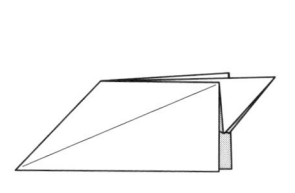

(8) このようになる．しっかり折り目をつけて戻す．

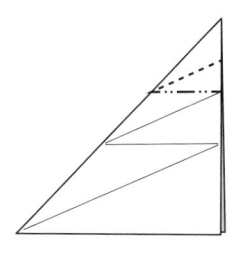

(9) 次の「段」で手順(4)から(8)を繰り返す．

演習問題

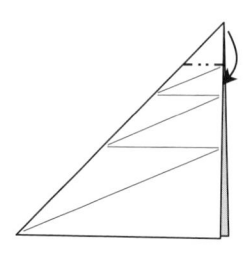

(10) 何段でも繰り返すことができるが、まずは3段の波を作ろう。最上の三角形を中割り折りする。

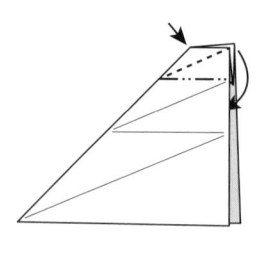

(11) 3段目の折り線を使って、紙が内側で回転するように折る。

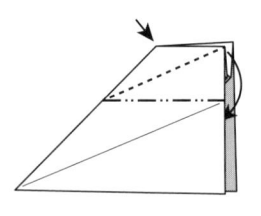

(12) 2段目も同様に折る。紙の内側に螺線ができる。

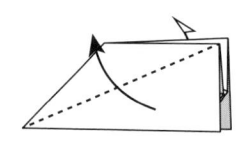

(13) 1段目は、手順(2)でつけた折り線で折るだけでよい。

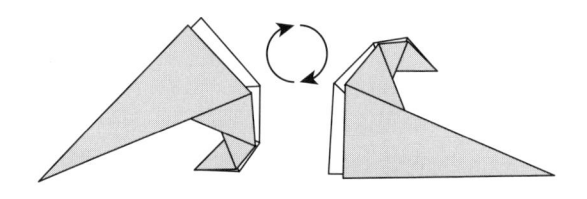

(14) これで完成だ。もっと段数を増やして、より波らしくしてほしい。

問 辺の長さが1の正方形の紙を使って、段数が無限大の波を折ったとする。下図の右に示すように、最下段の頂点を原点に合わせて座標に置いたとき、螺線の先端Pの座標はいくつになるだろう。

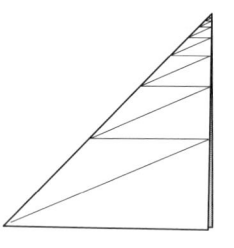

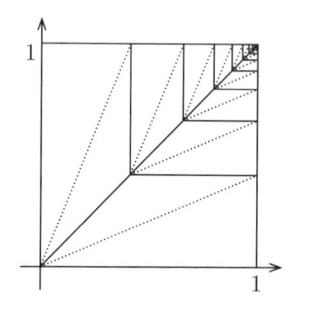

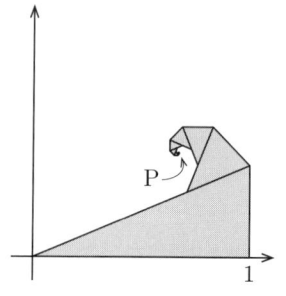

246

解説

　この折り紙作品は，イラン・ガリビ，クリス・パルマー，パウロ・バレット，前川淳，そして筆者といった多くの人によって独立に考案された．同じパターンを縮小しながら繰り返し折る「無限折り」の中で，最も自然な折り方だろう．この作品は「凧の基本形」に基づいている．凧の基本形とは，手順(2)でできる形だ（広げると凧形になる）．

　この作品には折るのが難しい手順があるので，授業で扱う場合，教師は事前に折り方を練習しておく必要がある．すべての学生が確実に折れるようにするには，最初は3段だけ折るよう指示するとよい．学生はすぐに手順を無限に繰り返せることを理解し，自分で段数を増やすだろう．しかし，最初から4段以上を折ろうとするのは，折り紙が得意な学生でない限り，よい考えではない．すべての学生が3段の波を完成させたら，より段数の多い波を作るよう促すことができる．

　演習問題の問いでは，解答の道筋を意図的に示していない．さまざまな授業で演習問題を使えるようにするためだ．大学レベル（あるいは高校の上級レベル）の授業に適した解法として，幾何学的変換を使う方法と複素数を使う方法の2つがある．どちらの解法も，この作品およびその展開図の自己相似性を用いる．この自己相似性のため，この作品をフラクタルと結びつけたくなる人がいるかもしれない．その点については後述する．まずは点Pの座標を求めよう．

●幾何学的変換による解法

　この展開図が自己相似であることは明白だろう．つまり，展開図を自分自身の中に（「自分自身に」ではなく）移すアフィン変換が存在する．そのため，作品自体も自己相似だ．幾何の授業なら，学生が自己相似の概念になじみがないとしても，この演習問題をアフィン変換の演習として利用できる．

　まず，展開図を自分自身の中に移す相似変換がどのような変換か考えよう．正方形の辺の長さを1とし，左下の頂点が原点と重なるように第1象限に置くと，この相似変換は，点 $(1,1)$ を中心に平面全体を縮小する変換と

みることができる．その縮小率は，点 $(1,0)$ が点 $(1,y)$ に移ることから求められる．後者の点は，下図の左に示すように，折り図の手順(2)で折った折り線と正方形の右辺との交点だ．縮小率は，相似変換後の正方形の辺の長さと等しいから，y の値さえわかれば $1-y$ で求められる．

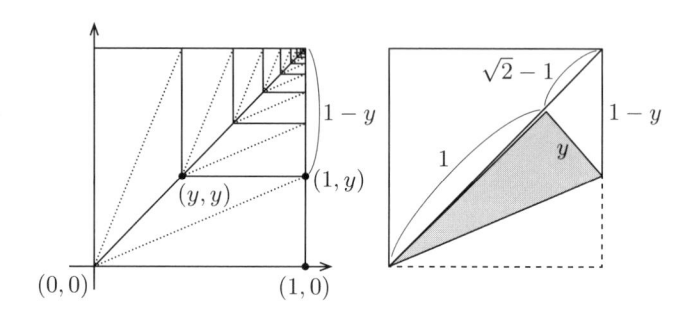

y の値を求める方法はいくつかある．上図の右に一例を示す．$1-y$ は $45°$ の直角三角形の斜辺であり，隣辺の長さは $\sqrt{2}-1$ と y だ．$45°$ の直角三角形の2つの隣辺は長さが等しいから，$y=\sqrt{2}-1$ だ．

したがって，相似変換の縮小率は $1-y=2-\sqrt{2}$ となる．

この縮小率は，作品自体における相似変換でも同じはずだ．しかし，この折り紙作品の相似変換は，実際に作品を折った後でもわかりにくいかもしれない．下図は，この波を透明な紙で折ったときの様子を示す．

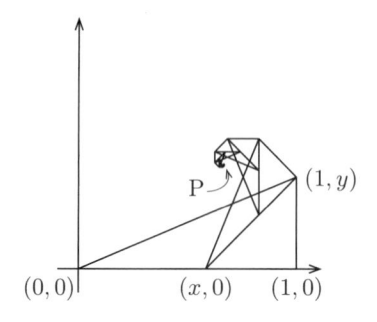

点 $(1,0)$ が点 $(1,y)$ に移され，原点が点 $(x,0)$ に移されている．それだけでなく，螺線の中心 P がアフィン変換における不動点であることがわか

るだろう．したがって，このアフィン変換を表す式がわかれば，その唯一の不動点として P の座標を求めることができる．

この変換 $F(x,y)$ は

$$F(x,y) = \begin{pmatrix} a & b \\ c & d \end{pmatrix} \begin{pmatrix} x \\ y \end{pmatrix} + \begin{pmatrix} e \\ f \end{pmatrix}$$

と書くことができる．ここで，行列 $\begin{pmatrix} a & b \\ c & d \end{pmatrix}$ は縮小と回転を表し，ベクトル $\begin{pmatrix} e \\ f \end{pmatrix}$ は平行移動を表す．縮小率は $2 - \sqrt{2}$ であり，回転角は $45°$ だ．（上図を見れば，x 軸の正の部分が $45°$ 回転して 2 段目の波の底辺になっていることがわかるだろう．）したがって，行列の部分は次のようになる．

$$\begin{pmatrix} a & b \\ c & d \end{pmatrix} = (2-\sqrt{2}) \begin{pmatrix} \cos 45° & -\sin 45° \\ \sin 45° & \cos 45° \end{pmatrix}$$
$$= (2-\sqrt{2}) \begin{pmatrix} \sqrt{2}/2 & -\sqrt{2}/2 \\ \sqrt{2}/2 & \sqrt{2}/2 \end{pmatrix}$$
$$= (\sqrt{2}-1) \begin{pmatrix} 1 & -1 \\ 1 & 1 \end{pmatrix}$$

平行移動ベクトルは，原点が移る先だから，上図の $(x,0)$ だ．点 $(x,0)$, $(1,y)$, $(1,0)$ で $45°$ の直角三角形ができているから，$1-x=y$ であり，$x = 1 - y = 2 - \sqrt{2}$ である．

したがって，求めるアフィン変換は次のようになる．

$$F(x,y) = (\sqrt{2}-1) \begin{pmatrix} 1 & -1 \\ 1 & 1 \end{pmatrix} \begin{pmatrix} x \\ y \end{pmatrix} + \begin{pmatrix} 2-\sqrt{2} \\ 0 \end{pmatrix}$$

不動点の座標は，$F(x,y) = (x,y)$ を満たすことから，行列を使って求めることができる．このベクトル方程式を $A\vec{x} + \vec{b} = \vec{x}$ と書けば，

$$A\vec{x} - \vec{x} = -\vec{b}$$
$$(A - I)\vec{x} = -\vec{b}$$

となるから，最終的な答えは $\vec{x} = (A-I)^{-1}(-\vec{b})$ で求められる．

$$A - I = \begin{pmatrix} \sqrt{2}-2 & 1-\sqrt{2} \\ \sqrt{2}-1 & \sqrt{2}-2 \end{pmatrix}$$

であるから

$$(A-I)^{-1} = \frac{1}{3}\begin{pmatrix} -2-\sqrt{2} & 1+\sqrt{2} \\ -1-\sqrt{2} & -2-\sqrt{2} \end{pmatrix}$$

であり，不動点 P は

$$\begin{aligned} \mathrm{P} &= (A-I)^{-1}(-\vec{b}) \\ &= \frac{1}{3}\begin{pmatrix} -2-\sqrt{2} & 1+\sqrt{2} \\ -1-\sqrt{2} & -2-\sqrt{2} \end{pmatrix}\begin{pmatrix} \sqrt{2}-2 \\ 0 \end{pmatrix} \\ &= \begin{pmatrix} 2/3 \\ \sqrt{2}/3 \end{pmatrix} \end{aligned}$$

となる．多数の $\sqrt{2}$ を扱ったわりには，驚くほど単純な答えではないだろうか．いずれにせよ，これはアフィン変換のよい練習問題だ．

● **複素数による解法**

もう 1 つの解法として，この波を複素平面上に置くと，点 P の位置を，ある数列 P_n の無限級数として表すことができる．その方法もいくつかあるが，正方形の対角線の鏡像をたどってゆくのが最も簡単だろう．それを下図に示す．

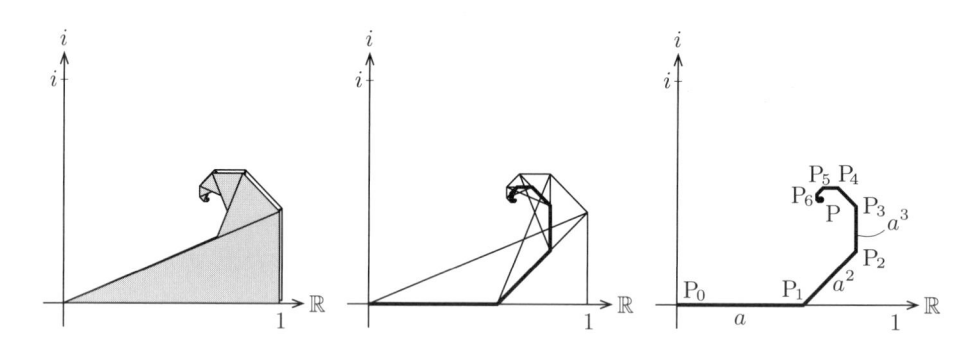

最初の線分は P_0 から P_1 までであり，この長さを a とする．この線分は，展開図上で，対角線の最初の区画（前掲の図で原点から点 (y,y) まで）に対応する．幾何学的変換による解法で計算したように $a = 2-\sqrt{2}$ だから，P_n 列の最初の点 P_1 は複素平面上の $2-\sqrt{2}$ にある．

P_1 から P_2 に行くには，$45° = \pi/4$ だけ回転して a^2 だけ進む．複素数を極形式を用いて $re^{i\theta}$ と書くと，P_2 は次のように簡単に書ける．

$$P_2 = P_1 + a^2 e^{\frac{\pi}{4}i} = a + a^2 e^{\frac{\pi}{4}i}$$

P_3 についても同様に，P_2 から出発して $2(\pi/4)$ の方向に a^3 だけ進む．したがって

$$P_3 = P_2 + a^3 e^{2\frac{\pi}{4}i} = a + a^2 e^{\frac{\pi}{4}i} + a^3 e^{2\frac{\pi}{4}i}$$

であり，以下同様に

$$P_n = a + a^2 e^{\frac{\pi}{4}i} + a^3 e^{2\frac{\pi}{4}i} + \cdots + a^n e^{(n-1)\frac{\pi}{4}i}$$

となる．したがって，点 P は無限級数

$$P = a \sum_{n=0}^{\infty} (a e^{\frac{\pi}{4}i})^n$$

で求められるが，これは単純な等比級数だ．一般に $|z| < 1$ のとき $\sum_{n=0}^{\infty} z^n = 1/(1-z)$ であり，この場合 $z = ae^{(\pi/4)i} = (2-\sqrt{2})(\cos(\pi/4) + i\sin(\pi/4)) = (2-\sqrt{2})((\sqrt{2}/2) + (\sqrt{2}/2)i) = (\sqrt{2}-1)(1+i)$ だ．$a = 2 - \sqrt{2} = 2/(2+\sqrt{2})$ であることを使うと，

$$P = (2-\sqrt{2}) \frac{1}{1 - (\sqrt{2}-1)(1+i)}$$
$$= \frac{2}{2+\sqrt{2}} \frac{1}{(2-\sqrt{2}) - (\sqrt{2}-1)i}$$
$$= \frac{2}{2-\sqrt{2}i}$$

となる．分子と分母に $2+\sqrt{2}i$ を掛けると

$$P = \frac{2}{2-\sqrt{2}i} \frac{2+\sqrt{2}i}{2+\sqrt{2}i} = \frac{4+2\sqrt{2}i}{6} = \frac{2}{3} + \frac{\sqrt{2}}{3}i$$

が得られる．したがって，この波が収束する点の座標は $(2/3, \sqrt{2}/3)$ である．幾何学的変換による解法と同じ答えが得られた．

この複素数による解法は，複素平面や複素数の極形式，複素数の等比数列といった概念を学んでいる学生にとって，優れた演習となる．これらはみな，複素数についての基本的な概念だ．

さて，この折り紙の波を見て，この螺線は対数螺線だろうかと疑問に思う人がいるかもしれない．あるいは，この波から黄金螺線を連想する人もいるだろう．

対数螺線とは，螺線の中心 P からの距離が指数関数に従って大きくなる螺線だ．（それに対し，アルキメデスの螺線は，中心から一定の間隔で広がる．黄金螺線は対数螺線の 1 つだ．）したがって，この自己相似による波が対数螺線であるなら，螺線の中心からの距離 $|P - P_n|$ が n に関する指数関数になっているはずだ．調べてみよう．

$$|P - P_n| = \left| a \sum_{k=n}^{\infty} (ae^{\frac{\pi}{4}i})^k \right| = \left| a(ae^{\frac{\pi}{4}i})^n \sum_{k=0}^{\infty} (ae^{\frac{\pi}{4}i})^k \right|$$

$$= \left| (2-\sqrt{2})((\sqrt{2}-1)(1+i))^n \right| \cdot |P|$$

$$= (2-\sqrt{2})((\sqrt{2}-1)\sqrt{2})^n \frac{\sqrt{6}}{3} = \frac{\sqrt{6}}{3}(2-\sqrt{2})^{n+1}$$

（$|1+i|$ は原点と点 $1+i$ との距離すなわち $\sqrt{2}$ であることに注意．）螺線の中心 P と螺線上の点 P_n との距離が指数関数で表されている．したがって，折り紙の波は確かに対数螺線を描いている．この螺線の方程式は，P を原点とした極座標で次のように書ける．

$$r(\theta) = \frac{\sqrt{6}}{3}(2-\sqrt{2})^{\frac{4}{\pi}(\theta - \pi - \arctan(\sqrt{2}/2))}$$

そのグラフを下図に示す．

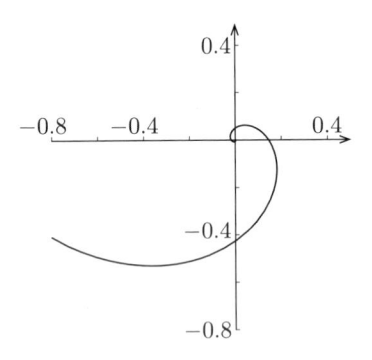

● **フラクタルとの関連**

すでに述べたように，自己相似による波は，どこまでも折ることのできる「無限折り」の一例だ．さらに 2 つの例の展開図を次図に示す．左は前川淳によるもので，右は藤本修三によるものだ．

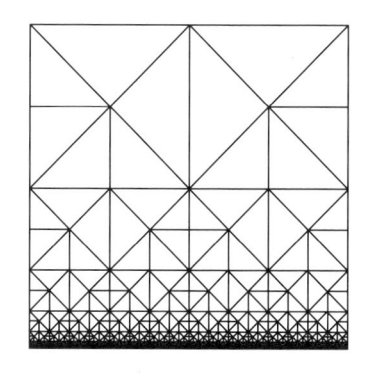

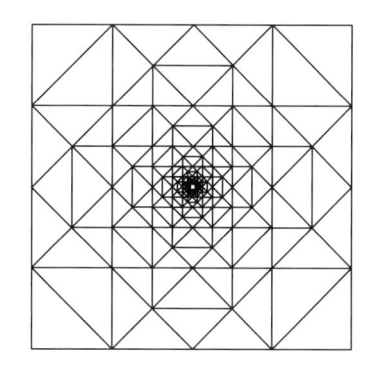

これらの展開図を折るのは，まったく簡単でない．自己相似による波と比べてはるかに難しい．ここに掲載したのは，自己相似を伴う折り紙の展開図が多数あることを例証するためだ．

　折り紙愛好家の中には，このような作品を「フラクタル折り紙」と呼ぶ人がいる．学生の中にも，そう思う人がいるかもしれない．しかし，これらの折り紙はフラクタル図形の性質を持っておらず，これらをフラクタルと呼ぶのは誤りだ．

　フラクタル幾何学は数学の中で比較的新しい分野であるため，「フラクタル」の正確な定義については，まだ議論がある．しかし，基本的な定義は，ハウスドルフ次元が位相次元より大きいということだ．ここで，位相次元とは通常の意味の次元だ．点が 0 次元，直線や曲線が 1 次元，平面上の面積のある図形が 2 次元等々となる．ハウスドルフ次元は，「相似次元」または「フラクタル次元」とも呼ばれ，自己相似性から定義される．この次元は非整数の値をとることがあり，実際，ほとんどのフラクタル図形は約 1.26 や約 0.792 といった非整数ハウスドルフ次元を持つ．

　別の考え方では，フラクタル図形とは，すべてのレベルで自己相似性を示す図形である．つまり，図形上の任意の点を中心に拡大したとき，自分自身と同じ形が次々と見えなければならない．

　自己相似による波とその展開図は，一見すると後者の定義に当てはまるように見える．しかし，実際のフラクタル図形と比べてみれば，その考えに問題があることがわかる．次図に，「フラクタルの木」と呼ばれる図形の一例を示す．枝分かれの角度はどこでも同じで，枝の数が指数関数的に増えるに

つれて枝の長さも指数関数的に短くなる.

このような図形を見たとき,「どの部分がフラクタルなのか」と考えなければならない. 枝は単なる 1 次元の線分であり, フラクタルではない. フラクタルであるのは, 枝の先端の集合, 正確に言えば枝の先端が収束する点の集合だ. その点の集合が作る曲線を上図の右に示した. この図形は, すべての点において自己相似性を示している. すなわち, この曲線上のどの点を中心に拡大しても, 元の曲線と同じ形が現れる. それに対し, この木の枝を中心に拡大しても, 1 本の直線が見えるだけで, 木の形が見えるわけではない.

自己相似による波についても, 同じように「どこがフラクタルなのか」と問う必要がある. 展開図のほとんどの部分は, フラクタルの木における枝の役割を果たしており, 「無限に繰り返している」部分ではない. この展開図, そしてそれを折った波は, 1 点に収束している. その点は, 展開図では正方形の右上の頂点であり, 波では点 P だ. いずれにせよ,「無限に繰り返す」部分は点であり, その次元は 0 だ. これはフラクタルではない.

他の無限折りの展開図でも, 同じことが言える. 前川の例では, 展開図は直線(正方形の下辺)に収束しており, その次元は 1 だ. 藤本の例では, 展開図は正方形の中心に収束しており, その次元は 0 だ. したがって, どちらもフラクタルではない.

本当のフラクタルのモデルを折り紙で折るのは, 極めて難しい. 日本の折り紙作家池上牛雄は, フラクタルの木やコッホ雪片の折り紙モデルを折ることに成功した.（[Ike09] 参照.） どちらも折るのが極めて難しく, 折り紙で本当のフラクタルを作ることの難しさを物語っている.

プロジェクト 26
1頂点平坦折りの行列モデル

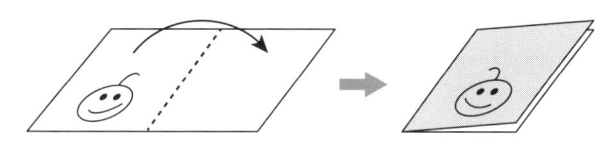

このプロジェクトの概要
紙を平坦に折るということは，紙の一部分を鏡映変換することでもある．したがって，平坦折りを鏡映変換としてモデル化できる．さらに，平面上の鏡映変換は行列を使ってモデル化できる．このプロジェクトでは，折り線が 4 本の 1 頂点平坦折り紙について，それぞれの折り線に対応する 2×2 鏡映変換行列を求める．それらの行列を掛け合わせたら，何が起こるだろう．その結果は何を意味するだろうか．

このプロジェクトについて
このプロジェクトは線形代数の応用だが，幾何の要素もあるので，行列の基本的な知識を前提とした幾何の授業にも適している．このプロジェクトでは，頂点が平坦に折れる場合かつその場合に限り，頂点のまわりの折り線に対応する鏡映変換行列を順にかけた積が単位行列になるという結果が得られる．このことは，実は川崎定理（プロジェクト 21「1 頂点平坦折り」参照）と同等だ．

演習問題と授業で使う場合の所要時間
演習問題では，折り線に対応する行列を求め，それらの行列を掛け合わせた結果について考察する．
学生が鏡映変換行列にどれだけ慣れているかによって，15 分から 20 分で終わるかもしれないし，30 分から 40 分かかるかもしれない．

演習問題

行列と平坦折り紙

紙を半分に折るということは，紙の半分をもう半分の上に鏡映変換することでもある．そのため，平坦折り紙を，行列を使ってモデル化できる．

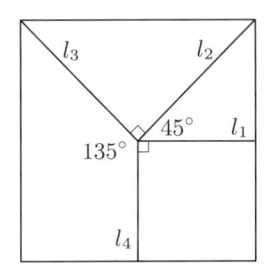

上図に 1 頂点平坦折り紙の折り線を示す．この紙が xy 平面上にあり，頂点が原点にあるとしよう．

問 1 折り線 l_1 に関する鏡映変換を表す 2×2 行列 $R(l_1)$ を求めよう．他の折り線についても同様に，対応する行列を求めよう．

問 2 問 1 で求めた行列を掛け合わせたら，どうなるだろう．その結果は何を意味するだろうか．

解説

このプロジェクトでは平坦折り紙を扱う．平坦折り紙とは，本のページのあいだにはさんでもつぶれたり新しい折り目がついたりしない折り紙だ．プロジェクト 21「1 頂点平坦折り」，プロジェクト 22「折り畳めない展開図」，プロジェクト 23「正方形ねじり折り」が，平坦折り紙に関する導入となっている．授業で取り組む場合，学生がこれらのプロジェクトを終えている必要はないが，教師は少なくとも目を通しておくとよい．

行列を求める前に，演習問題の折り紙を実際に正方形の紙で折ってみよう．まず，それぞれの折り線を別々につける．l_1 と l_4 を折るには，紙の向かい合う辺を合わせて半分に折るが，完全に折らずに紙の中心で止める．l_2 と l_3 は対角線に沿って折るが，これらもやはり紙の中心で止める．次に，すべての折り線を同時に折る（例えば l_1 を山折りにして l_2, l_3, l_4 を谷折りにする）．平坦に畳めるはずだ．実際の折り紙を手にすることで，求めるべき鏡映変換行列を視覚化できる．

平面上のさまざまな等長変換を表す行列を学んだことのある幾何や線形代数の学生なら，演習問題の問 1 は問題なくこなせるだろう．直線 $y = x$ や $y = -x$ に関する鏡映変換を難しいと感じる学生がいたら，例えば次のようなヒントを与えるとよい．$y = x$（すなわち l_2）に関する鏡映変換は，点 $(1, 0)$ を $(0, 1)$ に移し，$(0, -1)$ を $(-1, 0)$ に移す．そのため，求める 2×2 変換行列の各成分を a, b, c, d とすると，以下の式が満たされるはずだ．

$$\begin{pmatrix} a & b \\ c & d \end{pmatrix} \begin{pmatrix} 1 \\ 0 \end{pmatrix} = \begin{pmatrix} 0 \\ 1 \end{pmatrix} \quad \text{および} \quad \begin{pmatrix} a & b \\ c & d \end{pmatrix} \begin{pmatrix} 0 \\ -1 \end{pmatrix} = \begin{pmatrix} -1 \\ 0 \end{pmatrix}$$

これらの式をじっくり眺めれば，各変数の値を求めることができるだろう．あるいは，掛け算をしてみれば 4 つの方程式が得られるので，それらを解いてもよい．

いずれにせよ問 1 の解答は，折り線 l_i に関する鏡映変換を表す行列を $R(l_i)$ として，以下のようになる．

$$R(l_1) = \begin{pmatrix} 1 & 0 \\ 0 & -1 \end{pmatrix}$$

$$R(l_2) = \begin{pmatrix} 0 & 1 \\ 1 & 0 \end{pmatrix}$$

$$R(l_3) = \begin{pmatrix} 0 & -1 \\ -1 & 0 \end{pmatrix}$$

$$R(l_4) = \begin{pmatrix} -1 & 0 \\ 0 & 1 \end{pmatrix}$$

問 2 については，これらの行列を順に掛けると

$$R(l_4)R(l_3)R(l_2)R(l_1) = I$$

である．すなわち，積は単位行列になる．順序を逆にしても結果は同じだ．ただし，時計回りまたは反時計回りに折り線が並んでいる順序と同じ順序で掛けなければならない．

行列の積が単位行列になるのは，次のように考えれば納得できるだろう．1 頂点平坦折り紙で，頂点のまわりを虫が歩くとすると，行列を掛けることは，虫の歩く向きを変えることに対応する．虫は一周すると元の向きに戻るはずだから，行列を順に掛けた積は恒等変換を表す行列であるはずだ．

この議論は大まかには正しいが，あまりに単純すぎて問題がある．そこで，以下では，行列の積が単位行列になることをいくつかの方法で証明する．

証明 1：「正しい」虫の議論 折り線 l_1 と l_4 のあいだの領域（第 4 象限）を固定し，残りの領域を折り線に従って折ったとする．虫が，固定された領域から出発し，頂点のまわりを，折る前の紙で反時計回りに歩くとする（ただし，虫は折られた紙の上を歩くことに注意）．

虫はまず折り線 l_1 をまたぐ．そのときの虫の方向転換は $R(l_1)$ で表される．歩き続けた虫は，次に折り線 l_2 に到達するが，その位置は，折る前の紙での l_2 の位置とは異なっている．したがって，虫の方向転換を表す行列は，$R(l_2)$ ではなく，l_2 の鏡像に関する鏡映変換を表す行列になる．その行列を L_2 とする．同様に，虫は折り線 l_3 の鏡像と l_4 の鏡像で反転する．それらを表す行列をそれぞれ L_3 および L_4 とする．これで虫が元の領域に戻るから，$L_1 = R(l_1)$ とすれば

$$L_4 L_3 L_2 L_1 = I$$

である．虫の議論からすぐに得られる式は，この式であって，$R(l_i)$ の積ではない．

ともあれ，議論を進めよう．まず，行列 L_2 を計算する．そのためには，

折り線 l_1 を戻し，$R(l_2)$ で変換してから l_1 で折り直せばよい．つまり，
$$L_2 = L_1 R(l_2) L_1^{-1} = R(l_1) R(l_2) R(l_1)^{-1}$$
である．同様に L_3 を求めるには，折った状態から l_2, l_1 の順に戻し，$R(l_3)$ を適用してから l_1, l_2 の順に折り直す．すなわち，
$$\begin{aligned} L_3 &= L_2 L_1 R(l_3) L_1^{-1} L_2^{-1} \\ &= (R(l_1) R(l_2) R(l_1)^{-1})(R(l_1)) R(l_3)(R(l_1)^{-1})(R(l_1) R(l_2)^{-1} R(l_1)^{-1}) \\ &= R(l_1) R(l_2) R(l_3) R(l_2)^{-1} R(l_1)^{-1} \end{aligned}$$
である．L_4 も同様に
$$\begin{aligned} L_4 &= L_3 L_2 L_1 R(l_4) L_1^{-1} L_2^{-1} L_3^{-1} \\ &= R(l_1) R(l_2) R(l_3) R(l_4) R(l_3)^{-1} R(l_2)^{-1} R(l_1)^{-1} \end{aligned}$$
となる．したがって，
$$\begin{aligned} I &= L_4 L_3 L_2 L_1 \\ &= (R(l_1) R(l_2) R(l_3) R(l_4) R(l_3)^{-1} R(l_2)^{-1} R(l_1)^{-1}) \\ &\quad \cdot (R(l_1) R(l_2) R(l_3) R(l_2)^{-1} R(l_1)^{-1}) \\ &\quad \cdot (R(l_1) R(l_2) R(l_1)^{-1}) \cdot (R(l_1)) \\ &= R(l_1) R(l_2) R(l_3) R(l_4) \end{aligned}$$
となる．この結果を折り線の数が任意の場合に一般化できることは明らかだろう．計算に根気がいるので，これは必ずしも簡単な証明方法ではないが，線形代数や幾何学的変換の演習には適している．

また，この証明によって，$R(l_i)$ の積が単位行列になるという事実がどれほど驚くべきことかがわかるだろう．これらの行列は，折る前の紙における折り線での鏡映変換を表すのだった．虫の議論から直接得られるのは $\prod R(l_i)$ ではないにもかかわらず，最終的な結果は同じになる．

証明 2：虫の議論の変形 虫の議論を変形すると，証明が容易になる．折り線 l_1 と l_4 のあいだの領域を F として，この領域を，正方形の境界上の点（例えば点 $(1,-1)$）から原点まで破って 2 つに分けたとする．l_1 に接する領域を F'，l_4 に接する領域を F'' としよう．そして，F'' に対して $R(l_4)$ から $R(l_1)$ の順に鏡映変換を適用する．これは，対応する折り線で順に折る

ことに相当する．この折り紙は平坦に折り畳めるのだから，折った後で F' と F'' の破れ目が元通り一致するはずだ．つまり，

$$R(l_1)R(l_2)R(l_3)R(l_4)[F''] = I$$

である．この式は F'' に対して行列の積が単位行列になることしか示していないが，線形代数を用いれば，F'' だけでなく平面上のすべての点に対して行列の積が単位行列になることを証明できる．

F'' は xy 平面上で正の面積を持っているので，F'' の中に，互いに線形独立な 2 つのベクトル $\vec{v}_1$ と $\vec{v}_2$ をとることができる．簡単のために積 $R(l_1)R(l_2)R(l_3)R(l_4)$ を T とおくと，

$$T(\vec{v}_1) = \vec{v}_1 \quad かつ \quad T(\vec{v}_2) = \vec{v}_2$$

である．ここで，平面上の任意のベクトルを $\vec{v}$ としたとき，ある 2 つのスカラー $a, b \in \mathbb{R}$ を使って $\vec{v} = a\vec{v}_1 + b\vec{v}_2$ と書ける．T は線形変換だから，

$$T(\vec{v}) = T(a\vec{v}_1 + b\vec{v}_2) = aT(\vec{v}_1) + bT(\vec{v}_2) = a\vec{v}_1 + b\vec{v}_2 = \vec{v}$$

である．したがって，T はやはり単位行列だ．

この証明の後半は，実は必要ない．T は等長変換だから，同一直線上にない 3 つの点に対する作用によって一意に決定される．T は原点と $\vec{v}_1$ および $\vec{v}_2$ を動かさないので，T は恒等変換だ．

とはいえ，T が線形変換であることを利用した上記の証明は，線形代数の授業での演習として大いに価値がある．線形変換の定義は，学生にとってしばしば抽象的に感じられるようだが，この証明により具体的な適用例が与えられる．

なお，この方法は，次のプロジェクト「1 頂点立体折り紙の行列モデル」で見るような，平坦でない折り紙に対しては使えない．$\mathbb{R}^3$ では，3 点に対する作用によって変換が決まるという定理が成り立たないからだ．詳しくは次のプロジェクトで論じる．

証明 3：川崎定理　行列の積が単位行列になることは，線形代数を使わずに，川崎定理を用いて証明することもできる．川崎定理はプロジェクト 21「1 頂点平坦折り」で紹介した．それによると，ある頂点で折り線のあいだの角度を順に $\alpha_1, \alpha_2, \cdots, \alpha_{2n}$ としたとき，この頂点が平坦に折り畳めるの

は $\alpha_1 + \alpha_3 + \cdots + \alpha_{2n-1} = 180°$ かつ $\alpha_2 + \alpha_4 + \cdots \alpha_{2n} = 180°$ であるときでありそのときに限る．($\alpha_1 - \alpha_2 + \alpha_3 - \alpha_4 + \cdots - \alpha_{2n} = 0$ と言い換えることもできる．)

ここで，2 つの鏡映変換の積は回転であり，その回転角は鏡映軸のあいだの角度の 2 倍であることに注意しよう．したがって，$R(l_2)R(l_1)$ は，折り線 l_1 と l_2 のあいだの角度を α_1 としたとき，$2\alpha_1$ の回転に等しい．同様に，$R(l_4)R(l_3)$ は $2\alpha_3$ の回転だ．結局，鏡映変換を表す行列の積は

$$2\alpha_1 + 2\alpha_3 + \cdots + 2\alpha_{2n-1}$$

の角度での回転を表す行列と等しい．川崎定理によれば，この角度は 360° である．したがって，鏡映変換を表す行列の積は単位行列である．

その逆，すなわち，頂点のまわりの折り線に関する鏡映変換を表す行列の積が単位行列であるとき，その頂点が平坦に折れるということも，同様に川崎定理を逆に使って証明できる．

この行列モデルは，平坦折り紙の理論にとって極めて有用だ．例えば，このプロジェクトの結果を，頂点が複数の展開図に拡張できる．一般の平坦折り紙の展開図上に，どの頂点も通らない閉じた曲線 γ を描き，γ と交わる折り線に関する鏡映変換を表す行列を順にかけた積を $R(\gamma)$ とすると，$R(\gamma) = I$ である．(詳細は [bel02] を参照．) これは，一般の展開図が平坦に折れるための必要条件ではあるが，十分条件ではない．プロジェクト 22 「折り畳めない展開図」に反例がある．

このモデルを使うと，平坦折り紙についてさらに多くのことがわかる．平坦折り紙の展開図において，1 つの面 F を固定し，ほかの部分を折り線に従って折るとしよう．展開図上で任意の面を F' とし，F の内部の点から F' の内部の点までを，いずれの頂点も通らずに結ぶ「道」を γ としたとき，F' は一連の鏡映変換の積 $R(\gamma)$ によって別の位置に移る．ここで，F' とそれを折ったときの像とのあいだの対応を「折り紙写像」と定義すると，この写像は γ のとり方によらない．折り紙写像は展開図全体で矛盾なく定義でき，紙を折ったときにそれぞれの面が移る位置を特定する．詳しくは，プロジェクト 28 「折り紙と準同型写像」および [bel02], [Jus97] を参照．

プロジェクト 27
1頂点立体折りの行列モデル

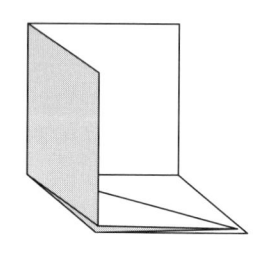

このプロジェクトの概要
このプロジェクトは，前のプロジェクト「1頂点平坦折りの行列モデル」の発展であり，結果も同じだ．すなわち，1頂点の立体折り紙の展開図で，それぞれの折り線を軸とする回転を表す行列を順に掛けると，積は単位行列になる．ただし，3次元の回転行列は2次元の鏡映変換行列より扱いが難しく，証明も困難だ．（ここでは川崎定理が利用できない．）

このプロジェクトについて
このプロジェクトでは，線形代数を3次元の幾何に応用するが，それはかなり手強い．$\mathbb{R}^3$における回転を数学的に取り扱う技能に加えて，3次元空間をイメージする能力が必要となる．コンピューターグラフィックスを学ぶ学生にとって特に適した演習となるだろう．

演習問題と授業で使う場合の所要時間
単純な1頂点立体折りを実際に折ってから，問1でそれぞれの折り線に対応する3×3回転行列を求め，問2でそれらを掛け合わせて積を求める．
後半には問2の答えがあるので，授業では前半と後半を別の時間にしてもよい．問3では，5つの行列の積が単位行列になる理由を尋ねる．問4では，一般の場合に行列の積が単位行列になることを証明する（これは非常に難しい）．
このプロジェクトで扱う行列は，視覚化が難しいだけでなく計算も大変で，行列の積を計算するのに40分から50分かかるだろう．数式処理システムを使えば時間を短縮できる．

演習問題

行列と立体折り紙

正方形の紙に下図のような折り線をつけ，立方体の頂点の形にしてほしい．

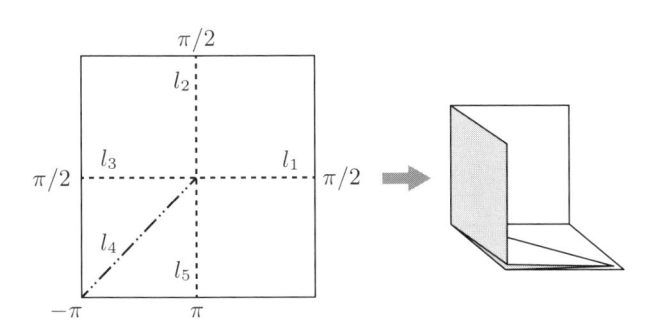

それぞれの折り線に添えた角度は「折り角」である．すなわち，折り線を折る角度を示す．

問 1　$\mathbb{R}^3$ を折り線 l_i のまわりにその折り角だけ回転する 3×3 行列を χ_i とする．上図の立体折り紙における $l_1,\cdots,l_5$ に対応する 5 つの 3×3 行列 $\chi_1,\cdots,\chi_5$ を求めよう．（紙が xy 平面上にあり，頂点が原点だとする．）

問 2　問 1 で求めた行列を掛け合わせたら，どうなるだろう．

問 3　問 2 の結果は，$\chi_1\chi_2\chi_3\chi_4\chi_5 = I$ すなわち単位行列になったはずだ．どうしてそうなるのだろう．（行列 χ_i は折る前の紙における折り線のまわりの回転を表す行列であることに注意．）

問 4　一般に，1 頂点立体折りの折り線に対応する行列を $\chi_1,\chi_2,\cdots,\chi_n$ とするとき，これらの行列を順に掛けた積が単位行列になることを証明しよう．（ヒント：折られた紙の上で，虫が頂点のまわりを歩いて一周するとしよう．この虫は，折り線を越えるたびに，どのように向きを変えるだろうか．）

解説

　このプロジェクトは，プロジェクト26「1頂点平坦折りの行列モデル」の発展であり，前のプロジェクトを終えた後に取り組むことが望ましい．また，$\mathbb{R}^3$ における回転を表す行列についての知識を必要とする．ここで扱うのは，立体的な折り紙，より正確には「1頂点立体角折り」だ．すなわち，折ったときに頂点において1つの立体角が作られ，折り線のあいだの各領域は曲がったりねじれたりしない．つまり，各領域を剛体とみなすことができる．

　平坦折りのモデル化では鏡映変換を表す行列を用いたが，立体角折りでは $\mathbb{R}^3$ における回転を表す行列が必要だ．そのような回転行列 χ_i は，回転の軸である折り線と，そのまわりの「折り角」とで決定される．折り角は，折る前の状態から紙がどれだけ動くかを表す．言い換えれば，折り角 $\theta_i = \pi -$（折り線の両側の面の二面角）である．

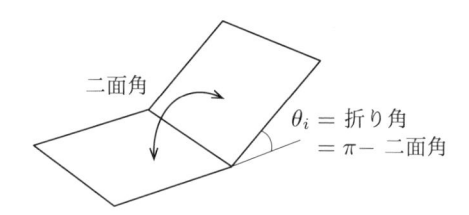

　二面角　　　$\theta_i = $ 折り角
　　　　　　　　　　 $= \pi - $ 二面角

　このプロジェクトでは，$\mathbb{R}^3$ における回転行列が次のように書けることを知っている必要がある．

$$R_{yz}(\theta) = \begin{pmatrix} 1 & 0 & 0 \\ 0 & \cos\theta & -\sin\theta \\ 0 & \sin\theta & \cos\theta \end{pmatrix}, \quad R_{xz}(\theta) = \begin{pmatrix} \cos\theta & 0 & -\sin\theta \\ 0 & 1 & 0 \\ \sin\theta & 0 & \cos\theta \end{pmatrix},$$

$$R_{xy}(\theta) = \begin{pmatrix} \cos\theta & -\sin\theta & 0 \\ \sin\theta & \cos\theta & 0 \\ 0 & 0 & 1 \end{pmatrix}$$

ここで，$R_{ij}(\theta)$ は ij 平面を反時計回りに θ だけ回転することを表す．χ_i のほとんどは，これらの行列のいずれか1つに折り角 θ を代入することで得られる．ただし，回転の向きに気をつける必要がある．これらの行列は，それぞれの面を，座標軸の正の方向がそれぞれ右と上を向く方向で見たときの角度で回転する．l_1 については，$\chi_1 = R_{yz}(\pi/2)$ で問題ない．しかし，

$\chi_2 = R_{xz}(\pi/2)$ ではない．というのも，折り線 l_2 は xz 平面を裏側から見て，すなわち x 軸と z 軸の正の方向がそれぞれ左と上になる向きから見て回転するからだ．言い換えれば，xz 平面の回転は時計回りであり，$R_{xz}(\theta)$ に代入するためには $\theta = -\pi/2$ としなければならない．したがって，

$$\chi_2 = R_{xz}(-\pi/2) = \begin{pmatrix} 0 & 0 & 1 \\ 0 & 1 & 0 \\ -1 & 0 & 0 \end{pmatrix}$$

である．座標軸上にある他の折り線についても同様に χ_i を計算すると，

$$\chi_1 = \begin{pmatrix} 1 & 0 & 0 \\ 0 & 0 & -1 \\ 0 & 1 & 0 \end{pmatrix}, \quad \chi_3 = \begin{pmatrix} 1 & 0 & 0 \\ 0 & 0 & 1 \\ 0 & -1 & 0 \end{pmatrix}, \quad \chi_5 = \begin{pmatrix} -1 & 0 & 0 \\ 0 & 1 & 0 \\ 0 & 0 & -1 \end{pmatrix}$$

となる．折り線 l_4 は座標軸上にないので，χ_4 の計算には工夫が必要だ．簡単な方法の1つは，いくつかの回転の組み合わせだと考えることだ．まず，折り線 l_4 が x 軸の負の部分に一致するように回転する（その行列を A とする）．次に，x 軸のまわりで l_4 の折り角だけ逆向きに回転する（その行列を B とする）．最後に，最初の回転を元に戻す（これは A^{-1} になる）．すると $\chi_4 = A^{-1}BA$ だ．行列 A は z 軸のまわりに $-\pi/4$ だけ回転するのだから，

$$\chi_4 = \begin{pmatrix} \sqrt{2}/2 & -\sqrt{2}/2 & 0 \\ \sqrt{2}/2 & \sqrt{2}/2 & 0 \\ 0 & 0 & 1 \end{pmatrix} \begin{pmatrix} 1 & 0 & 0 \\ 0 & -1 & 0 \\ 0 & 0 & -1 \end{pmatrix} \begin{pmatrix} \sqrt{2}/2 & \sqrt{2}/2 & 0 \\ -\sqrt{2}/2 & \sqrt{2}/2 & 0 \\ 0 & 0 & 1 \end{pmatrix}$$
$$= \begin{pmatrix} 0 & 1 & 0 \\ 1 & 0 & 0 \\ 0 & 0 & -1 \end{pmatrix}$$

となる．答えが得られたら，検算をするべきだ．そのためには，適当なベクトルを選び，それが正しく回転されることを確かめればよい．例えば，χ_1 は yz 平面を 90 度回転するのだから，ベクトル $(0,1,0)$ にこの行列を掛けると $(0,0,1)$ になるはずだ．同様に，$(-1,0,0)$ に χ_4 を掛けると $(0,-1,0)$ になるはずだ．

χ_i を順にかけ合わせると，

$$\chi_1 \chi_2 \chi_3 \chi_4 \chi_5 = I$$

となる．順序を逆にしても，やはり単位行列が得られる．重要なことは，頂点のまわりを時計回りまたは反時計回りに一周する順序で掛け合わせることだ．

5つの 3×3 行列を掛け合わせるのは骨が折れるので,行列の掛け算ができるプログラムがあれば,それを利用してもよいだろう.MATLAB, Maple, Mathematica といった数式演算ソフトウェアを使うことで,行列の働きについての考察をすぐに始めることができる.学生にとって,行列の振る舞いを「見る」ことには大きな価値がある.

● どうしてこうなるのか

直感的には,χ_i の積が単位行列になることは驚くに値しないと感じられるかもしれない.結局のところ,これは平坦折り紙の結果と同じだ.

しかし,よく考えてみれば不思議ではないか.ここで掛けた行列は,xy 平面内にある折り線を軸とした回転を表していた.紙が破れないためには一周したら元の位置に戻るはずだとはいえ,実際の回転は xy 平面ではなく $\mathbb{R}^3$ 内の折り線を軸としている.どうして xy 平面内の回転の積が恒等変換になるのだろうか.

ところで,このプロジェクトの結果は,折り線のあいだの領域を平坦に保ったまま折ることのできる「剛体折り」の必要条件だ.ほかにも必要条件があるが,この条件では xy 平面の回転を考えればよく,$\mathbb{R}^3$ 内での紙の動きを考慮する必要がないので,計算が簡単だ.しかし,何はともあれ証明しなければならない.(以下の証明は [bel02] による.)

<u>定理</u> 折り線のあいだの領域が平坦に保たれる 1 頂点立体角折りを v とする.v の各折り線のまわりでそれぞれの折り角だけ回転する行列を順に $\chi_1, \cdots, \chi_n$ としたとき,$\prod_{i=1}^{n} \chi_i = I$ である.

<u>証明1</u> これまでと同様,虫の議論が使える.(平坦折りのときと同じだが,より慎重に考える必要がある.) 折る前の紙が xy 平面上にあり,頂点 v が原点にあるとする.折り線 l_1 と l_n のあいだの領域を F_1 とし,ほかの領域を反時計回りに $F_2, F_3, \cdots, F_n$ とする.F_1 を xy 平面上に固定し,ほかの領域を展開図に従って折ったとする.

F_1 上に虫がいて,この虫が頂点のまわりを,展開図で反時計回りに一周したとする.虫は,折り線 l_1 を越えるときに,空間内で回転する.この回

転を表す行列を L_1 とする．今や虫は領域 F_2 の上を歩いているが，そこは xy 平面上ではない．虫は次に折り線 l_2 を越える．そのときの回転を表す行列を L_2 とする．以下同様に，回転行列 $L_3, L_4, \cdots, L_n$ を定義する．虫が F_1 に戻ったときには，はじめと同じ方向を向いているはずだ．すなわち

$$L_n L_{n-1} \cdots L_2 L_1 = I$$

である．今証明している式の成立が当然だと思えたとしたら，頭に思い描いていたのは，おそらくこの式だろう．

では，行列 L_i を求めよう．F_1 が xy 平面上に固定されているので，$L_1 = \chi_1$ だ．しかし，L_2 はこれほど簡単には求まらない．L_2 を計算する方法の 1 つとして，折り線 l_1 を戻してから l_2 を折り l_1 を折り直すと考える．これら 3 つの回転の積が，$\mathbb{R}^3$ 内の折り線 l_2 による虫の回転と等しい．つまり，

$$L_2 = L_1 \chi_2 L_1^{-1}$$

である．同様に，折り線 l_3 による虫の回転は，l_2 を戻し，l_1 を戻し，χ_3 を適用してから l_1 と l_2 を折ることで求められるから，$L_3 = L_2 L_1 \chi_3 L_1^{-1} L_2^{-1}$ となる．

一般に，$L_i = ($今までの L を折り直す$)\chi_i($今までの L を戻す$)$．すなわち

$$L_i = (L_{i-1} \cdots L_1) \chi_i (L_1^{-1} \cdots L_{i-1}^{-1})$$

である．L_i は再帰的に決まるので，結果は比較的簡単になる．すなわち，

$L_1 = \chi_1$
$L_2 = \chi_1 \chi_2 \chi_1^{-1}$
$L_3 = (\chi_1 \chi_2 \chi_1^{-1})(\chi_1) \chi_3 (\chi_1^{-1})(\chi_1 \chi_2^{-1} \chi_1^{-1}) = \chi_1 \chi_2 \chi_3 \chi_2^{-1} \chi_1^{-1}$
$\vdots$
$L_i = \chi_1 \cdots \chi_{i-1} \chi_i \chi_{i-1}^{-1} \cdots \chi_1^{-1}$

である．これらを前出の式に代入すると，

$I = L_n L_{n-1} \cdots L_2 L_1$
$= (\chi_1 \cdots \chi_{n-1} \chi_n \chi_{n-1}^{-1} \cdots \chi_1^{-1})(\chi_1 \cdots \chi_{n-2} \chi_{n-1} \chi_{n-2}^{-1} \cdots \chi_1^{-1})$
$\quad \cdots (\chi_1 \chi_2 \chi_1^{-1})(\chi_1)$
$= \chi_1 \chi_2 \cdots \chi_n$

となる. □

<u>証明2</u>　平坦折りで使った「領域を2つに破る」証明法も同様に使えるが，少し注意がいる.

折り線 l_1 と l_n のあいだの領域を F_1 とし，F_1 を正方形の境界から原点まで破って2つにする. l_1 に接するほうを F_1'，l_n に接するほうを F_1'' としよう. F_1'' を χ_n に従って回転すると，この領域を l_n で折ったことになる. 変換された領域に対して χ_{n-1} を適用し，さらに順に行列を適用してゆくと，領域 F_1'' を $l_n, l_{n-1}, \cdots, l_1$ に従って折ったことになる. この F_1'' の像は F_1' とそろうはずだから，

$$\chi_1 \chi_2 \cdots \chi_n (F_1'') = I$$

である. ここで，プロジェクト26「1頂点平坦折りの行列モデル」と同様に，等長変換が3つの点で決定されることや，この行列の積が線形変換であることを利用して，$\mathbb{R}^3$ のすべての点に対して行列の積が単位行列になることを示したくなるかもしれないが，それはうまくゆかない. まず，3点で決定されるのは平面内での等長変換だ.（$\mathbb{R}^3$ 内での等長変換を決定するには，4点が必要だ.）また，領域 F_1'' は平面なので，線形独立なベクトルは2つしかとれない. $\mathbb{R}^3$ のすべての点で変換 $T = \chi_1 \chi_2 \cdots \chi_n$ が恒等変換になることを示すには，ベクトルが3つ必要だ.

ただし，ベクトルが2つあれば，xy 平面上のすべての点について T が恒等変換であることを証明できる. xy 平面上の任意の点を $\vec{v}$ としたとき，F_1'' 内の線形独立な2つのベクトル $\vec{v}_1$ と $\vec{v}_2$ を用いて $\vec{v} = a\vec{v}_1 + b\vec{v}_2$ と書ける. したがって，プロジェクト26「1頂点平坦折りの行列モデル」で示したように，$T(\vec{v}) = \vec{v}$ である.

そのことから，xy 平面上にない任意の点 $\vec{v}$ についても T が恒等変換であることを示すことができる. T は回転の積だから等長変換であり，しかも xy 平面を動かさない. $\mathbb{R}^3$ 内の等長変換で xy 平面を動かさないのは，恒等変換と xy 平面に関する鏡映の2つだけだ.

ところが，各行列 χ_i は回転だから行列式は1であり（実際，これらは直交行列だ），行列式が1の行列をいくら掛けても行列式は1のままだから，$\det(T) = 1$ だ. 鏡映であれば行列式は -1 になるはずなので，T は鏡映を

表す行列ではない．したがって T は単位行列だ． □

● **指導方法**

このプロジェクトは，前のプロジェクト「1 頂点平坦折りの行列モデル」と基本的な考え方は同じだが，かなり複雑になっている．まず，3 次元空間内での回転は，平面内での鏡映よりイメージするのが難しい．また，2 次元のときは川崎定理を使えたが，立体には類似のものがない．

このプロジェクトには落とし穴がいくつもあるため，難しく感じられるかもしれない．例えば，行列 R_{ij} を適切な向き（座標軸の正の向きが上と左になる向き）で使用することを忘れている学生が多いだろう．ソフトウェアを使えば検算が簡単にできるので，自分で誤りに気づくはずだ．実際，演習問題の前半は，3 次元空間内での回転を正しく理解しているかどうかのテストでもある．ソフトウェアがなければ，行列の掛け算や検算に手間がかかるが，教育的効果は変わらない．

証明 1 は技巧的だが，必要なことは，幾何的な視覚化能力と，行列を掛ける順序に気をつけること，そして行列を逆行列で打ち消すことだけだ．線形代数を学んでいる学生や，行列を学んだ幾何の学生なら，自力で証明できるだろう．場合によっては，授業で証明の概略を示し，詳細な証明を宿題としてもよい．いずれにせよ，証明の細部には学生自身が取り組むべきだ．授業で証明を詳細に説明してしまうと，学生の身につかないだろう．

証明 2 は，行列式を幾何に応用する例として興味深い．2 次元の場合における，よく似た（しかしずっと容易な）証明を理解しているなら，同じ道筋をたどることで，2 次元と 3 次元の等長変換の違いについて学ぶことができるだろう．

このプロジェクトの発展として，Maple や Mathematica といったソフトウェアで立体的な折り紙を描画するのも興味深い．行列 χ_i によって，1 頂点立体折り紙をソフトウェアで再現できるだろう．ただし，畳んだり開いたりするアニメーションを作るには，情報が足りない．詳しくはプロジェクト 30「剛体折り 2」で触れる．

プロジェクト 28

折り紙と準同型写像

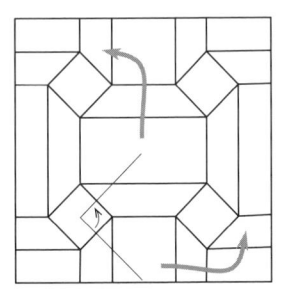

このプロジェクトの概要
このプロジェクトでは，折り紙作品の対称性とその展開図の対称性との関係を探る．そのために，展開図から定義される準同型写像を利用する．

このプロジェクトについて
このプロジェクトの内容は非常に高度だ．代数の授業で準同型写像を学んだ学生にとっては，具体的なものの対称性を調べるのに準同型を応用する演習となるだろう．

演習問題と授業で使う場合の所要時間
3 つの演習問題がある．
（1） 正方形ねじり折りの「平織り」を折る方法を示す．平織りは，「テセレーション」とも呼ばれ，高い対称性を示す．
（2） 展開図から定義される写像 φ_σ が準同型写像であることを証明する．
（3） この準同型写像をいくつかの折り紙作品に応用する．
このプロジェクトは非常に手強い．必要な時間は，折り紙の経験と，準同型や対称性の群についての理解度に大きく依存する．数時間かかるかもしれないし，1 回の授業で済む場合もあるだろう．

プロジェクト 28 ｜折り紙と準同型写像

演習問題

演習問題 1
正方形ねじり折りの平織り

　以下に，正方形ねじり折りを正方形の紙に敷き詰める折り紙の折り方を示す．まず 2×2 のタイリングを作ろう．始めにたくさんの折り目をつける．

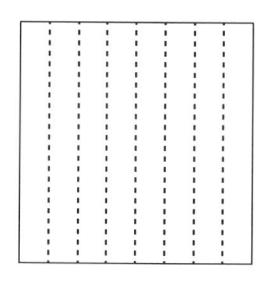

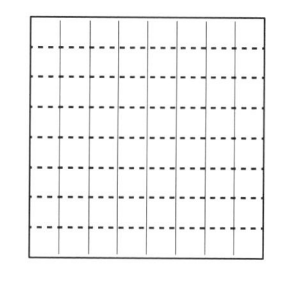

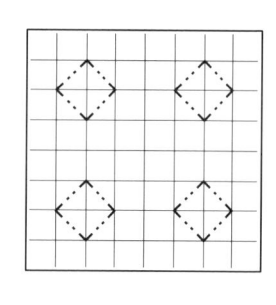

(1) 正方形の紙を 8 等分するように谷折りの折り目をつける．

(2) 別の方向にも 8 等分の谷折りの折り目をつける．

(3) 図をよく見て，4 つの正方形ができるように山折りの折り目をつける．

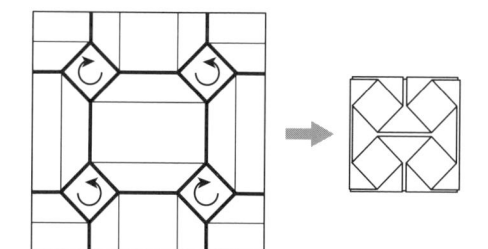

(4) これで必要な折り線がついた．左図に示す折り線で折ってほしい．ただし，太線が山折りで細線が谷折りだ．隣り合う正方形は互いに逆の向きにねじれる．根気よく折ろう．

　このように，ねじり折りを敷き詰めた折り紙を「平織り」または「テセレーション」と呼んでいる．2×2 の平織りが折れたら，4×4 の平織りに挑戦しよう．最初に 16 等分の折り目をつける必要がある．大きな紙を使おう．

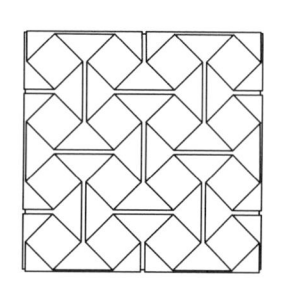

演習問題 2

平坦折りと準同型写像

平坦に折り畳むことのできる展開図があるとする．その展開図において，折り線 $l_1, \cdots, l_{2n}$ を順に横切るような，どの頂点も通らない閉じた曲線を γ とする．また，折り線 l_i に関する平面の鏡映変換（すなわち，折り線 l_i で紙を折る変換）を $R(l_i)$ とする．そのとき，

$$R(l_1)R(l_2)R(l_3)\cdots R(l_{2n}) = I$$

が成り立つ．ただし，I は恒等変換を表す（プロジェクト 26「1 頂点平坦折りの行列モデル」参照）．

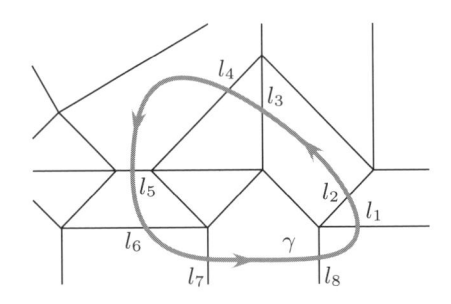

さて，展開図 C 上の任意の 2 つの面を σ および σ' としよう．どの頂点も通らずに σ と σ' とを結ぶ曲線を γ として，それが横切る折り線を順に $l_1, \cdots, l_k$ としたとき，次の変換を定義する．

$$[\sigma, \sigma'] = R(l_1)R(l_2)\cdots R(l_k)$$

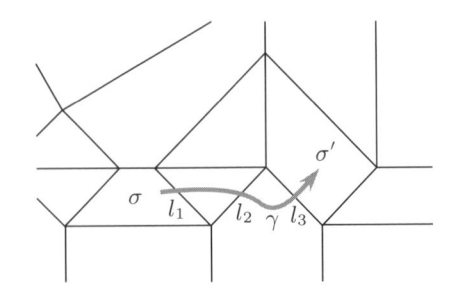

プロジェクト 28 ｜折り紙と準同型写像

問 1　$[\sigma, \sigma']$ は γ のとり方によらない．その理由を説明しよう．

問 2　C における任意の面 $\sigma, \sigma', \sigma''$ について $[\sigma, \sigma''] = [\sigma, \sigma'][\sigma', \sigma'']$ が成り立つ．その理由を説明しよう．

問 3　任意の面 $\sigma, \sigma' \in C$ および C の任意の対称変換 g について $[g\sigma, g\sigma'] = g[\sigma, \sigma']g^{-1}$ が成り立つ．その理由を説明しよう．（下図をよく見てほしい．この例では，g は 1 つの正方形の中心に関する $90°$ の回転を表す．）

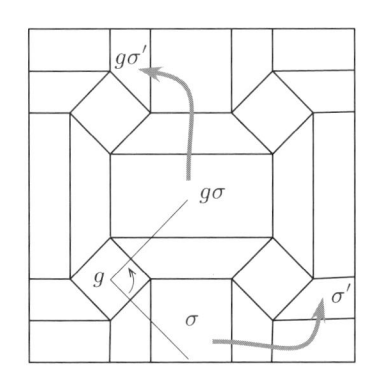

ところで，平面における等長変換の全体は群を作る．その群を $\mathrm{Isom}(\mathbb{R}^2)$ と書くことにしよう．展開図 C の対称性の群を Γ とすると，Γ は $\mathrm{Isom}(\mathbb{R}^2)$ の部分群である．（なぜなら，Γ は C をそれ自身に移すような等長変換のすべてが作る群だからだ．）

ある面 $\sigma \in C$ について，写像 $\varphi_\sigma : \Gamma \to \mathrm{Isom}(\mathbb{R}^2)$ を次のように定義する．

$$\text{任意の } g \in \Gamma \text{ について}\quad \varphi_\sigma(g) = [\sigma, g\sigma]g$$

問 4　φ_σ が準同型写像であることを証明しよう．（すなわち，すべての $g, h \in \Gamma$ について $\varphi_\sigma(gh) = \varphi_\sigma(g)\varphi_\sigma(h)$ であることを証明しよう．）

問 5 φ_σ が準同型写像であることから，Γ の φ_σ による像 $\varphi_\sigma(\Gamma)$ について何が言えるだろうか．

ここで，ある面 σ について，C から $\mathbb{R}^2$ への「折り紙写像」$[\sigma]$ を次のように定義する．

$$\text{点 } x \in \sigma' \in C \text{ について } [\sigma](x) = [\sigma, \sigma'](x)$$

折り紙写像は，面 σ を固定して展開図を折ったときに，点 x が移る位置を決定する．

問 6 任意の対称変換 $g \in \Gamma$ について，$\varphi_\sigma(g)[\sigma] = [\sigma]g$ であることを証明しよう．

（展開図上の任意の点 x について $\varphi_\sigma(g)[\sigma](x) = [\sigma]g(x)$ であることを証明すればよい．ヒント：点 $x \in C$ は展開図上のいずれかの面にあるはずだ．その面を σ' としよう．）

問 7 問 6 の結果を用いて，任意の $g \in \Gamma$ について $\varphi_\sigma(g) = [\sigma]g[\sigma]^{-1}$ であることを証明しよう．

問 7 の結果から，平坦に折った折り紙に対して $\varphi_\sigma(g)$ を適用することは，まず紙を元に戻し（$[\sigma]^{-1}$），展開図をそれ自身に移す等長変換を適用し（g），そして折り直す（$[\sigma]$）ことに等しい．

問 8 以上から，$\varphi_\sigma(\Gamma)$ の任意の元が折られた紙の対称性を表すことが証明できる．その理由を説明しよう．

演習問題 3
折り紙と対称性の群

●例 1：羽ばたく鳥
羽ばたく鳥について，展開図の対称性の群 Γ を求めよう．次図のように展開図を座標系の上に置くとわかりやすいだろう．

プロジェクト 28 | 折り紙と準同型写像

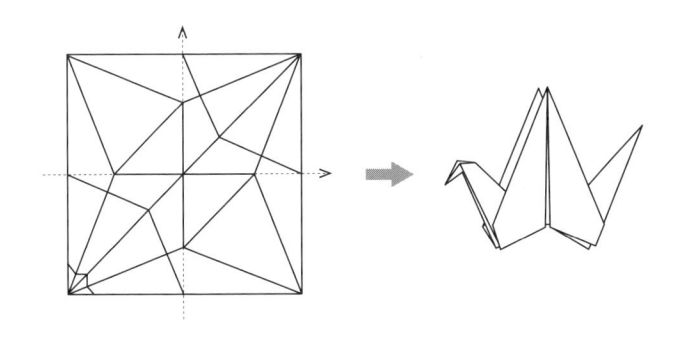

この展開図の対称性の群 Γ は元を 2 つ持つはずだ．それらの元を a および b として，ある面 σ について $\varphi_\sigma(a)$ および $\varphi_\sigma(b)$ を求めよう．

問 以上から，群 $\varphi_\sigma(\Gamma)$ について何が言えるだろう．この群は，羽ばたく鳥の完成形とどんな関係があるだろうか．
（**注**：ここでいう「完成形」は，立体的な折り紙作品ではなく，それを平面につぶしたものと考えてほしい．）

● 例 2：頭なし羽ばたく鳥

次図の展開図の対称性の群 Γ を求めよう．

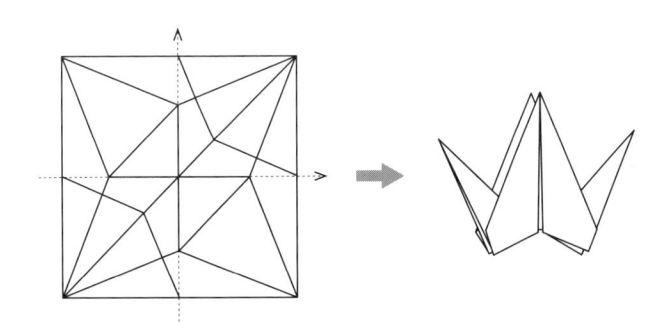

次図で σ と示した面を固定したとき，各 $g \in \Gamma$ について $\varphi_\sigma(g)$ を計算し，群 $\varphi_\sigma(\Gamma)$ を求めよう．

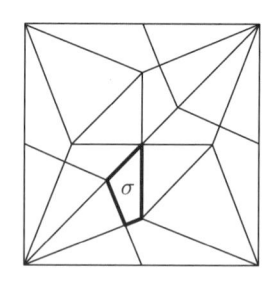

問 上で求めた群 $\varphi_\sigma(\Gamma)$ は，頭なし羽ばたく鳥の完成形について何を表すだろうか．完成形の座標系での向きは σ の選択に依存することに注意しよう．

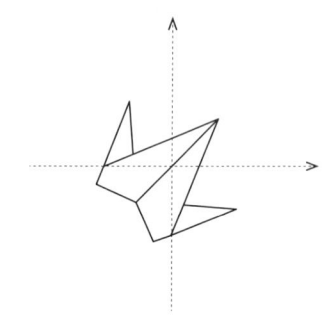

●例 3：平織り

無限に大きな平面 $\mathbb{R}^2$ を平坦に折り畳めるような展開図 C があり，その対称性の群 Γ が壁紙群（平面の結晶群）の 1 つであるとする．

壁紙群は 17 種あり，それぞれに名前がついている．例えば正方形ねじり折りの平織りの対称性の群 Γ は p4g と呼ばれる．

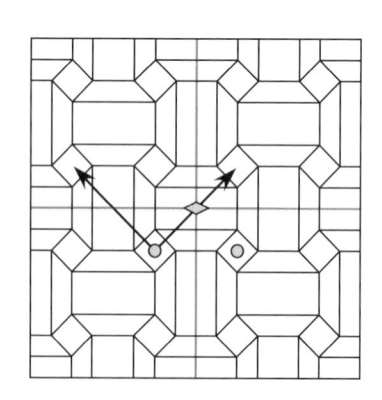

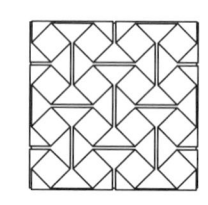

これは，以下によって生成される無限群だ．
- 2点（図では円で示す）のいずれかに関する90°回転
- 2直線（灰色）のいずれかに関する鏡映
- 鏡映軸の交点（菱形）に関する180°回転
- 2つの平行移動ベクトル

事実
- どの壁紙群にも，2つの互いに線形独立な平行移動がある．
- どの壁紙群にも，有限な正規部分群は存在しない．

問 平坦折り紙の展開図 C の対称性の群 Γ が壁紙群の1つであり，その φ_σ による像 $\varphi_\sigma(\Gamma)$ も壁紙群の1つであるとき，
$$\varphi_\sigma(\Gamma) \cong \Gamma$$
であることを証明しよう．すなわち，折った紙の対称性の群が展開図の対称性の群と同型であることを証明しよう．

発展問題 展開図の対称性の群が壁紙群の1つでありながら，折った結果が壁紙群でないような折り紙作品の例を考えつくだろうか．そのような折り紙の存在が上記の結果と矛盾しないのはなぜだろう．

解説

　このプロジェクトは，川崎および吉田の論文 [Kaw88] に基づいている．高度な数学を用いて折り紙を解析しているという点で，手強いプロジェクトだ．また，このプロジェクトに取り組むには，展開図から紙の動きをある程度想像できることが望ましい．そのためには，展開図をもとに折り紙作品を折る経験が必要だ．少なくとも，折り鶴または羽ばたく鳥を折っておこう（プロジェクト 20「羽ばたく鳥と彩色」参照）．正方形ねじり折りも折ると，さらによい（プロジェクト 23「正方形ねじり折り」参照）．

　しかし，折り紙の経験よりも大事なことは，抽象代数の記法に慣れていることと，それを折られた紙という現実のものと結びつけることだ．これらの能力は，抽象代数を学ぶ上で極めて重要だ．このプロジェクトでは，準同型といった抽象的な概念と見慣れない表記法から，折り紙について具体的な事実を引き出す．

　もちろん，このプロジェクトに取り組む前に，準同型写像の定義について学んでおかなければならない．また，物体の対称性の群（物体をそれ自身に移す変換が作る群）についても理解している必要がある．

●演習問題 1　正方形ねじり折りの平織り

　この演習問題は省略してもよい．対称性の高い折り紙作品に慣れることが唯一の目的だ．このように展開図が規則的なタイリングになっている折り紙を「平織り」または「テセレーション」と呼ぶ．紙が無限に大きく，無限の数の折り線を折ることができるなら，展開図を平面全体に広げ，それを折り畳むことができる．羽ばたく鳥の展開図も無限に大きな平面に敷き詰めることはできるが，それを折ることはできない．

　正方形ねじり折りの平織りは，折るのが難しい．まず，折り線を正確にしっかりとつけなければならない．特に，手順(3)で斜めに短い山折り線をつけるのが難しいだろう．紙を両手で持ち上げ，折り線の両端となる 2 つの交点を確認しながら，つまむように折るとよい．さらに，爪などでしごいて，しっかり折り線をつけよう．

　全体を折り畳む前に，展開図を紙に写すとよい．ついている折り目のすべ

てを折るわけではないからだ．手順(4)で示した折り線のみを紙に描けば，4つの正方形ねじり折りを同時に畳むことができるだろう．大切なことは，根気よく折ることだ．

演習問題 3 の例 3 に取り組む予定なら，その前にこの演習問題を終えておくことを強く推奨する．平織りの展開図の対称性の群が壁紙群の 1 つであることを理解するには，少なくとも平織りの例を実際に見ておく必要があるだろう．

壁紙群と言えば，そのすべてに対してそれぞれ対応する平織りの展開図を作成できる．それを網羅するのはこのプロジェクトの範囲を越えるが，興味を持った読者は，エリック・ジャーディの優れた著書 [Gje09] とクリス・パルマーの一連の作品 [Pal11] を参照してほしい．1 つだけ例を挙げると，下図は筆者が 1994 年に創作した，より複雑な平織りだ．これは $(4, 6, 12)$ アルキメデスタイリングに基づいており，折るのは極めて難しい．

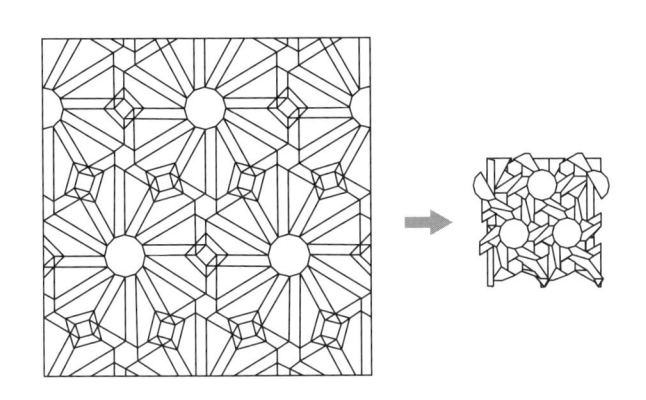

●演習問題 2　平坦折りと準同型写像

この演習問題では，まず $R(l_i)$ という記法を導入する．これは，折り線 l_i を含む直線に関する鏡映変換を表す．プロジェクト 26「1 頂点平坦折りの行列モデル」でも同じ記法を用いた．そこでは，頂点が 1 つの場合に $R(l_1) \cdots R(l_{2n}) = I$ であることを証明した．頂点が複数の場合でも成り立つことは，現実問題として証明なしでも納得してもらえるだろうから，この演習問題では結果のみを示した．（詳しくは [bel02] を参照．）

$[\sigma, \sigma']$ という記法には説明が必要だろう．この記法は [Kaw88] からとっ

たもので，幾何的な変換を代数的に表す点でとても便利だ．重要なことは，$[\sigma, \sigma']$ は鏡映変換の積であり，したがって $\mathbb{R}^2$ から $\mathbb{R}^2$ への変換（しかも等長変換）であることだ．

問1 $[\sigma, \sigma']$ が曲線 γ によらないことは，$R(l_1)\cdots R(l_{2n}) = I$ から説明できる．σ から σ' までの，いずれの頂点も通らない 2 本の曲線を γ および γ' とする．γ が横切る折り線を $l_1, \cdots, l_n$ とし，γ' が横切る折り線を $l'_1, \cdots, l'_k$ とする．

γ を逆にたどった曲線を γ^{-1} とすると，曲線 $\gamma'\gamma^{-1}$（つまり，γ' をたどった後，続けて γ^{-1} をたどる曲線）は，展開図上で閉じていて，どの頂点も通らない．したがって，

$$R(l'_1)\cdots R(l'_k)R(l_n)\cdots R(l_1) = I$$
$$\implies R(l'_1)\cdots R(l'_k) = R(l_1)\cdots R(l_n)$$

であるから，γ と γ' のどちらを使っても $[\sigma, \sigma']$ は同じだ．

問2 $[\sigma, \sigma''] = [\sigma, \sigma'][\sigma', \sigma'']$ という式は，問 1 の結果からすぐに導かれる．曲線 γ はどうとってもかまわないのだから，$[\sigma, \sigma'']$ の変換をするのに，まず σ から σ' まで曲線を引き，次に σ' から σ'' まで曲線を引いてもよい．したがって等式が成り立つ．

問3 演習問題の図は，すべての $\sigma, \sigma' \in C$ および $g \in \Gamma$ に対して $[g\sigma, g\sigma'] = g[\sigma, \sigma']g^{-1}$ である理由を考えるためのヒントだ．この式が言わんとしていることは，展開図を不変にする等長変換を g としたとき，$g\sigma$ から $g\sigma'$ までの折り線を折ることは，まず $g\sigma$ に g^{-1} を適用して σ に移り，σ から σ' までの折り線で順に鏡映変換して，最後に g を適用することと等しいということだ．なぜなら，g が展開図を不変にするため，σ から σ' までの鏡映変換の積と $g\sigma$ から $g\sigma'$ までの鏡映変換の積とで，作用が等しいからだ．授業ではこのような単純な説明で十分だろう．

式を使って証明するなら，次のようになる．σ から σ' までの頂点を通らない曲線を γ とし，それが横切る折り線を $l_1, \cdots, l_k$ とする．変換 $g \in \Gamma$ による折り線 l_i の像を gl_i とすると，g は展開図を不変にするので，すべての

折り線 l_i について $R(gl_i) = gR(l_i)g^{-1}$ である．したがって，次が成り立つ．
$$[g\sigma, g\sigma'] = R(gl_1)R(gl_2)\cdots R(gl_k) = gR(l_1)g^{-1}gR(l_2)g^{-1}\cdots gR(l_k)g^{-1}$$
$$= gR(l_1)R(l_2)\cdots R(l_k)g^{-1} = g[\sigma, \sigma']g^{-1}$$

問 4 φ_σ が準同型写像であることは，これまでの結果を使って次のように証明できる．
$$\varphi_\sigma(gh) = [\sigma, gh\sigma]gh = [\sigma, g\sigma][g\sigma, gh\sigma]gh$$
$$= [\sigma, g\sigma]g[\sigma, h\sigma]g^{-1}gh$$
$$= [\sigma, g\sigma]g[\sigma, h\sigma]h = \varphi_\sigma(g)\varphi_\sigma(h)$$

この問いに答えるには，記法と抽象化を受け入れ，それを使ってみる必要がある．これより前の問いでは，記法と実際の折り紙とを結びつけることによって変換 $[\sigma, \sigma']$ の基本的な性質を明らかにした．問 4 では，その解釈をいったん脇に置いて，記法のみに着目する．とはいえ，上記の証明の各段階に「折り紙としての意味」があるのだが，それにこだわるのは得策でない．問 1 から問 3 の結果を理解し受け入れていれば，問 4 での記法も受け入れることができるはずだ．このような，記法に対する「信頼」は，問 6 で重要になる．

問 5 第一同型定理（[Gal01] 参照）により，φ_σ が準同型写像であることから，像 $\varphi_\sigma(\Gamma)$ が $\mathrm{Isom}(\mathbb{R}^2)$ の部分群であることがすぐに出てくる．

問 6 折り紙写像 $[\sigma]$ の記法についても説明が必要だろう．（この記法も川崎および吉田 [Kaw88] による．）折り紙写像は，展開図から平面への写像 $[\sigma] : C \to \mathbb{R}^2$ である．ただし，定義域に少し注意が要る．この演習問題の定義では，定義域は C の各面の内部にある点の集合だ．展開図の折り線上の点や頂点については定義を少し変えなければならないが，その詳細は，このプロジェクトで扱うには煩雑すぎる．（簡単に言えば，折り線上の点や頂点に対して $[\sigma]$ をうまく定義して，展開図全体で $[\sigma]$ が連続になるようにする．）

何はともあれ，$[\sigma]$ を写像とみれば，これを点 x に作用させることを

$[\sigma](x)$ と書き，写像そのものを $[\sigma]$ と書くことができる．実数から実数への関数 $f(x)$ を f と書くことがあるのと同じだ．

そうなると，$\varphi_\sigma(g)[\sigma]$ や $[\sigma]g$ という式には混乱させられるかもしれない．これは，抽象的な記法を受け入れるためのよい訓練だ．$\varphi_\sigma(g)$ が平面の変換であったことを思い出せば，$[\sigma]$ も平面の変換なのだから，$\varphi_\sigma(g)[\sigma]$ は単に2つの変換の積に過ぎない．$[\sigma]g$ も同様だ．

いずれにせよ，$\varphi_\sigma(g)[\sigma] = [\sigma]g$ を証明するには，点 $\varphi_\sigma(g)[\sigma](x)$ を計算してみて，それが $[\sigma]g(x)$ と等しいことを示せばよい．すなわち，

$$\begin{aligned}
\varphi_\sigma(g)[\sigma](x) &= [\sigma, g\sigma]g[\sigma, \sigma'](x) & &(\text{ただし } x \in \sigma') \\
&= [\sigma, g\sigma][g\sigma, g\sigma']g(x) & &(\text{問 3 より } g[\sigma, \sigma'] = [g\sigma, g\sigma']g) \\
&= [\sigma, g\sigma']g(x) & &(\text{問 2 より}) \\
&= [\sigma]g(x) & &(\text{なぜなら } g(x) \in g\sigma')
\end{aligned}$$

問 7 問 6 の結果の両辺に $[\sigma]^{-1}$ を右から掛けるだけでよい．

問 8 この問いは，この演習問題の中で最も難しい問いだろう．これまでの結果をすべて総合しなければならない．問いの前の説明文で，かなりの程度まで論点が整理されているが，結論に至るためには，準同型写像 φ_σ と折り紙写像 $[\sigma]$ の確実な理解が必要だ．

折り紙写像 $[\sigma](x)$ の威力は，これが展開図全体にわたる折り操作を表すということにある．言い替えれば，点の集合 $[\sigma](C)$ は紙を折った後の形になる．したがって，$[\sigma]^{-1}$ は紙を戻すことを表す写像だ．

ここで示したいことは，$h \in \varphi_\sigma(\Gamma)$ としたとき，h が折られた紙の対称性を表すということだ．展開図の対称変換の 1 つ $g \in \Gamma$ について $h = \varphi_\sigma(g)$ が成り立つので，問 7 の結果から $h = \varphi_\sigma(g) = [\sigma]g[\sigma]^{-1}$ である．

これを言葉で書けば，変換 h は，まず紙を展開図まで戻し（$[\sigma]^{-1}$），g を適用して（それによって展開図は変わらない），紙を折り直す（$[\sigma]$）ことに等しい．すなわち h は，紙を戻して対称変換を施して折り直すのだから，折られた紙の形を不変にする．したがって，h は折られた紙の対称性を表す．すなわち，群 $\varphi_\sigma(\Gamma)$ の任意の元が折られた紙の対称性を表す．

これを式で書けば，次のようになる．任意の $g \in \Gamma$ について，展開図を

折って得られる像 $[\sigma](C)$ に変換 $\varphi_\sigma(g)$ を適用すれば，

$$\varphi_\sigma(g)([\sigma](C)) = [\sigma]g[\sigma]^{-1}([\sigma](C)) = [\sigma]g(C) = [\sigma](C)$$

である．なお，g は展開図 C を不変にするので $g(C) = C$ だ．

● **演習問題 3　折り紙と対称性の群**

演習問題 2 は，具体例を考えれば理解が大幅に深まる．そのような例を演習問題 3 で提供する．最初の 2 つの例，羽ばたく鳥と頭なし羽ばたく鳥は，対にして考えるとよい．頭なしのほうが対称性がやや高く，それが準同型写像にも反映されている．3 つ目の例である平織りでは，対称性の群が壁紙群の 1 つになる．

例 1 と 2 で展開図の対称性の群を求めるには，対称変換を記述する記法が必要だ．例えば，正方形の対称性を表す二面体群 D_4 に用いる記法を流用できる．ここでは，原点を中心に $180°$ 回転することを R_{180} と書き，直線 $y = x$ での鏡映変換を $R_{y=x}$，直線 $y = -x$ での鏡映変換を $R_{y=-x}$ と書くことにする．

例 1：羽ばたく鳥　羽ばたく鳥の展開図は，演習問題の図のように xy 平面に置いたとき，直線 $y = x$ に関して線対称であるだけだ．したがって，対称性の群は

$$\Gamma = \{I, R_{y=x}\} \cong \mathbb{Z}_2$$

である（I は恒等変換，$\mathbb{Z}_2$ は位数が 2 の巡回群）．

次に，Γ のそれぞれの要素について φ_σ による像を求める必要がある．ここで，面 σ をどう選べばよいかという疑問が生じるだろう．確かに，σ を変えれば，対称変換 $\varphi_\sigma(g)$ を表す方程式または行列が変わる．しかし，群 $\varphi_\sigma(\Gamma)$ は変わらない．というのも，任意の 2 つの面 $\sigma, \sigma' \in C$ について $[\sigma](C) = [\sigma, \sigma'][\sigma'](C)$ が成り立つからだ．すなわち，σ を固定したときの C の像と σ' を固定したときの像は変換 $[\sigma, \sigma']$ を介して合同であり，それらの対称性の群は同型だ．

言い換えれば，展開図のどの面を σ としてもよい．羽ばたく鳥では σ は任意とするが，頭なし羽ばたく鳥では特定の σ を選ぶことにする．

さて，$\varphi_\sigma(\Gamma)$ に戻ると，まず $\varphi_\sigma(I) = [\sigma, \sigma] = I$ であることに注意しよう．すなわち，写像 φ_σ は常に恒等変換をそれ自身に移す．（これは φ_σ が準同型写像であることから明らかだが，ここでは式 $\varphi_\sigma(g) = [\sigma, g\sigma]g$ を使って確認した．）Γ のもう1つの要素については，

$$\varphi_\sigma(R_{y=x}) = [\sigma, R_{y=x}\sigma] R_{y=x} = I$$

である．後者の等号については説明が必要だろう．任意の点 $p \in \sigma' \in C$ をとったとき，$R_{y=x}$ は p を直線 $y = x$ に関して線対称な位置 $R_{y=x}(p)$ に移す．それに変換 $[\sigma, R_{y=x}\sigma]$ を適用すれば，元の位置に戻る．このことは，σ を例2と同じ面にして，$\sigma' = \sigma$ とすればわかりやすいだろう．面 σ を $y = x$ を軸として裏返し，次に同じ直線で折るのだから，σ に戻る．面 σ だけでなく，ほかの面についても $[\sigma, R_{y=x}\sigma]$ の変換は直線 $y = x$ で折ることにほかならないから，展開図全体にわたって $[\sigma, R_{y=x}\sigma]R_{y=x} = I$ が成り立つ．ただし，このことはすべての折り紙の展開図で成り立つわけではないことに注意しよう．$R_{y=x}\sigma$ を折ったときの鏡像が σ に戻るためには，$y = x$ に沿った折り線があることが本質的なように思われる．

結局，$\varphi_\sigma(\Gamma) = \{I\}$ が得られた．これは，羽ばたく鳥を折った形の対称性の群と一致する．確かに，折った後の羽ばたく鳥には対称性がまったくない．羽ばたく鳥が単純な形をしていることに惑わされないようにしよう．完成形を平面図形として見れば，点対称でも線対称でもない．（完成形を3次元的な物体として見れば1つの面に関して面対称であるが，ここでは折り操作を鏡映変換としてモデル化しており，紙の重なりは一切考慮していないので，折った後の像 $[\sigma](C)$ を立体として見ることはできない．）

例2：頭なし羽ばたく鳥 頭なし羽ばたく鳥の展開図は，羽ばたく鳥の展開図とほとんど同じだが，頭の折り線がないために対称性が高くなっている．この展開図の対称性の群は

$$\Gamma = \{I, R_{180}, R_{y=x}, R_{y=-x}\} \cong \mathbb{Z}_2 \times \mathbb{Z}_2$$

である．$\varphi_\sigma(\Gamma)$ の要素を求めるのは，例1のときより複雑だ．そのため，特定の面を σ とする．例1と同じ議論により，$\varphi_\sigma(I) = I$ および $\varphi_\sigma(R_{y=x}) = I$ が言える．

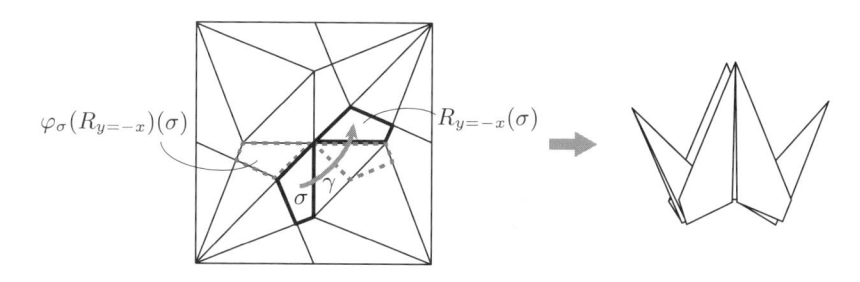

ところが，$\varphi_\sigma(R_{y=-x})$ は恒等変換ではない．直線 $y=-x$ に折り線がないからだ．まず公式を当てはめれば，

$$\varphi_\sigma(R_{y=-x}) = [\sigma, R_{y=-x}\sigma]R_{y=-x}$$

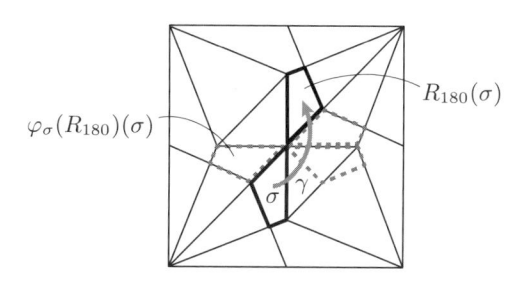

である．右辺の変換を面 σ に適用するには，上図に示すように，まず $y=-x$ について鏡映変換して $R_{y=-x}(\sigma)$ を得る．次に，その面から σ に戻る曲線 γ を選び，それを使って変換 $[\sigma, R_{y=-x}\sigma]$ を実行する．上図の場合，まず x 軸で鏡映変換し，次に y 軸で鏡映変換する（変換後の面を灰色の破線で示した）．これで $\varphi_\sigma(R_{y=-x})(\sigma)$ が見つかった．ここから，少なくとも σ を変換する場合には

$$\varphi_\sigma(R_{y=-x}) = R_{y=x}$$

であることがわかる．展開図のほかの面についても同じ結果が得られる．

$\varphi_\sigma(R_{180}) = [\sigma, R_{180}\sigma]R_{180}$ についても，面 σ を順に変換しよう．まず回転して $R_{180}(\sigma)$ を求め，その面から σ に戻る曲線 γ を選ぶ．その一例を下図に示す．この場合，γ をたどると，まず直線 $y=x$ で鏡映変換し，次に x 軸で，最後に y 軸で鏡映変換することになる（それぞれ灰色の破線で示した）．最終的な $\varphi_\sigma(R_{180})(\sigma)$ の位置を見ると，次が成り立つことがわかる．

$$\varphi_\sigma(R_{180}) = R_{y=x}$$

285

したがって，
$$\varphi_\sigma(\Gamma) = \{I, R_{y=x}\} \cong \mathbb{Z}_2$$
である．これも，折った後の頭なし羽ばたく鳥の対称性と一致している．直感的には，頭なし羽ばたく鳥は羽の中央を通る 1 本の直線に関して線対称であるだけだから，その対称性の群は $\mathbb{Z}_2$ と同型であるはずだ．しかし，ここで計算した $\varphi_\sigma(\Gamma)$ は，そのことだけでなく，対称軸が直線 $y = x$ であることも主張している．演習問題の完成形を見れば，確かにそうだ．なお，対称軸が $y = x$ になったのは特定の面を σ として選んだ結果であることに注意しよう．σ として異なる面を選べば，$[\sigma](C)$ は，例えば直線 $y = -x$ に関して線対称になるかもしれない．

例 3：平織り

この例は，前の 2 つの例と大きく異なる．羽ばたく鳥と頭なし羽ばたく鳥では対称性の群 Γ と $\varphi_\sigma(\Gamma)$ を明示的に求めたが，正方形ねじり折りの無限平織りでは，対称性の群は壁紙群（平面の結晶群とも呼ばれる）の 1 つである p4g だ．ただし，壁紙群の知識がなくてもこのプロジェクトに取り組むことができる．実際，このプロジェクトによって，壁紙群についていくつかのことを学べるだろう．演習問題では，p4g の生成元を図と文章で示した．それからもわかるように，p4g は無限群だ．この展開図は無限に大きな紙に広がっているので，回転対称の中心も鏡映対称の軸も無数にある．もちろん，いずれの元も，3 つの回転変換，2 つの鏡映変換，2 つの平行移動からなる生成元の組み合わせとして生成できる．そのため，この例は，無限群の生成元の幾何的な応用例として適している．

演習問題で示した，壁紙群についての事実は重要だ．特に，最初の事実，すなわちどの壁紙群も 2 つの線形独立な平行移動を生成元として持つという事実から，第 2 の事実が証明される．例えば，p4g にはいくつもの有限部分群があり，その 1 つは 90° 回転対称の中心の 1 つに関する回転 $A = \{I, R_{90}, R_{180}, R_{270}\}$ だ．しかし，平行移動ベクトルがあるため，この部分群は正規部分群にならない．A が正規部分群であるなら，平行移動ベクトルの 1 つを $\vec{v}$ としたとき，$\vec{v}$ による共役 $\vec{v}^{-1}A\vec{v}$ が A と等しくなければならないが，平行移動してから回転して元に戻すと，回転の中心が変わってしまう．一般に，平行移動を含む群は無限群なので，有限部分群の要素は回転と

鏡映のみから生成されるはずだ．ところが，そのような要素を平行移動ベクトルによって共役変換した結果は，元の有限群に含まれない．

この事実，すなわち壁紙群には有限正規部分群が存在しないという事実が，この演習問題の問いに答えるうえで重要だ．この問いでは，川崎および吉田の論文 [Kaw88] における主要定理を証明する．すなわち，平坦折り紙の展開図 C と折った後の像 $[\sigma](C)$ の対称性がともに壁紙群の 1 つであるなら，両者の対称性の群は同型である（$\varphi_\sigma(\Gamma) \cong \Gamma$）．

証明は単純だ．仮に $\varphi_\sigma(\Gamma)$ と Γ が同型でないとすると，自明でない核 $\ker(\varphi_\sigma)$ が存在する．ところが，Γ も $\varphi_\sigma(\Gamma)$ も壁紙群の 1 つであるから，線形独立な平行移動を 2 つずつ含む．したがって $\ker(\varphi_\sigma)$ に平行移動は含まれない．それゆえこの核は有限群である．一方，第一同型定理により $\ker(\varphi_\sigma)$ は Γ の正規部分群であるから，壁紙群 Γ に空でない有限正規部分群があることになる．それはあり得ないので，$\varphi_\sigma(\Gamma) \cong \Gamma$ でなければならない．

発展問題の目的は，$\varphi_\sigma(\Gamma)$ が壁紙群の 1 つでなければならないという条件の重要性を見ることだ．例えば，最も単純な平織りである無限正方形格子を考えよう．

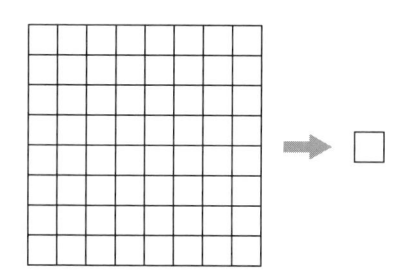

これは折ることが不可能なように思えるかもしれないが，1 つの正方形を選んで σ とすれば，平面上の他の正方形について折り紙写像 $[\sigma](x)$ を定義できる．実際，無限に重なった紙を折ることができるとすれば，確かにこの展開図を折ることができる．この場合，明らかに $\varphi_\sigma(\Gamma) \not\cong \Gamma$ である．ということは，この例では上記の証明が成り立たない．なぜなら，Γ の元である平行移動に φ_σ を適用すると恒等変換になるので，平行移動が φ_σ の核に含まれるからだ．実際，$\ker(\varphi_\sigma) \cong \mathbb{Z} \times \mathbb{Z}$ である．この核は無限群なので，Γ

の自明でない正規部分群になることができる．

　発展問題のもう 1 つの例として，プロジェクト 29「剛体折り 1」で取り上げる「ミウラ折り」がある．ミウラ折りを無限に大きな紙で折ったとすると，折った後の像は無限に長いテープになる．この場合，2 方向の平行移動ベクトルの片方だけが φ_σ によって恒等変換に移るので，$\ker(\varphi_\sigma) \cong \mathbb{Z}$ だ．

　ここまで読み進んでこられた読者に対しては言うまでもないことだろうが，このプロジェクトは，対称性の群，準同型，第一同型定理といった概念の具体的な応用例として授業で利用できる．これらの概念に折り紙との関連があるというのは，控えめに言っても驚くべきことではないだろうか．

プロジェクト 29

剛体折り1
ガウス曲率

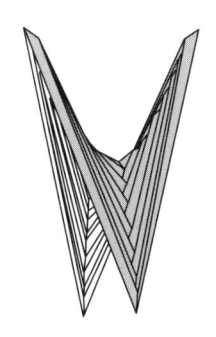

このプロジェクトの概要
このプロジェクトでは，まずガウス曲率の概念を学び，紙の（したがってすべての折り紙作品の）ガウス曲率が 0 であることを確認する．そして，そのことと「剛体折り紙」との関係について考察する．剛体折り紙の例として「ミウラ折り」の折り方を示す．また，剛体折りできない折り紙の例として双曲放物面を折る．

このプロジェクトについて
このプロジェクトは，微積分や幾何の授業に適している．平坦折りに関する知識は必要ないが，ガウス曲率の説明から始めるなら，数時間の授業時間を必要とするだろう．

演習問題と授業で使う場合の所要時間
（1） ガウス曲率について説明し，いくつかの簡単な例で曲率を計算する．
（2） 紙のガウス曲率が常に 0 であるという事実を確認し，その事実を「剛体折り」の概念に応用する．
（3） 剛体折りの例としてよく知られているミウラ折りの折り方を示す．
（4） 剛体折りできない折り紙の例として双曲放物面の折り方を示す．
演習問題 1 と 2 は，3 次元の視覚化能力を必要とするので，それぞれ 40 分かかるかもしれない．演習問題 3 と 4 もそれぞれ 30 分程度かかるだろうが，これらを宿題とすることもできる．

演習問題 1
ガウス曲率

定義　ある面の上の点 P において，以下のように計算される実数 κ を，その点の「ガウス曲率」という．面上で，P のまわりに閉じた曲線 Γ を時計回りに描く．次に，Γ 上の各点において，面と垂直な単位長さのベクトルを描く．それらのベクトルの始点を半径 1 の球の中心に移動したとき，ベクトルの終点が球面上に描く軌跡を Γ' とする．（Γ から Γ' への写像は「ガウス写像」と呼ばれる．）Γ を P のまわりで縮めてゆくと，P でのガウス曲率が次のように求められる．

$$\kappa = \lim_{\Gamma \to P} \frac{\mathrm{Area}(\Gamma')}{\mathrm{Area}(\Gamma)}$$

ただし，$\mathrm{Area}(\Gamma)$ は Γ で囲まれた図形の面積を表す．

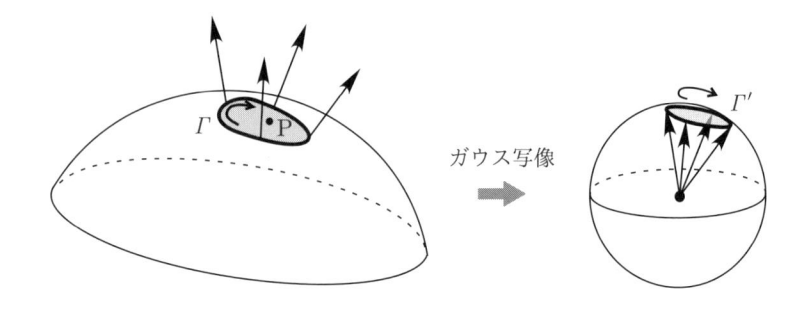

この計算は一般には難しいが，いつも難しいわけではない．

問 1　半径 1 の球面上の任意の点におけるガウス曲率を求めよう．半径が 2 ならどうなるだろう．1/2 ならどうか．

問 2　平面のガウス曲率はいくつだろう．

問 3　ポテトチップの中心のような「鞍点」のガウス曲率はどうなるだろう．

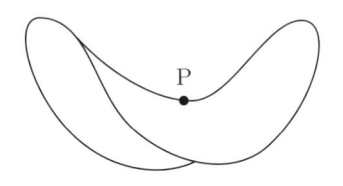

演習問題 2
ガウス曲率と折り紙

演習問題 1 で見たように，平らな紙のガウス曲率は 0 だ．Γ をどのようにとろうとも，法線ベクトルがどこでも同じ向きなので，常に $\mathrm{Area}(\Gamma') = 0$ だ．

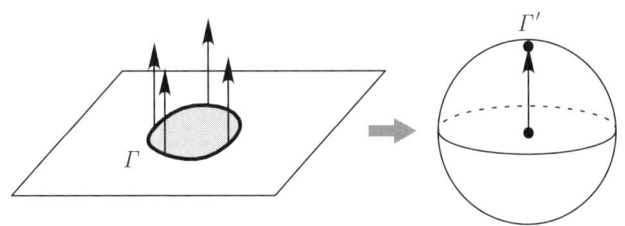

ガウス曲率を求める式の分子が Γ によらず常に 0 であるため，極限をとる必要がない．このことは後で役立つ．

問 1 紙を曲げたら，曲率は変わるだろうか．下図のように，曲面部分をまたぐ曲線 Γ を描いたとき，ガウス写像はどうなるだろう．

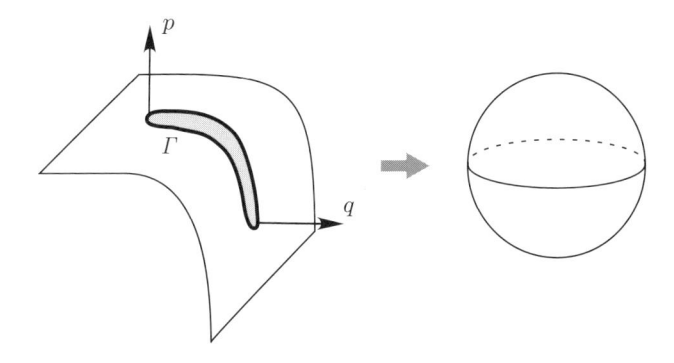

問 2 何本かの折り線で紙を折ったら，曲率は変わるだろうか．下図のような 1 頂点折り紙で，頂点のまわりに曲線 Γ を描いたとき，ガウス写像による像 Γ' を描いてみよう．それから得られるガウス曲率はいくつだろう．予想してみよう．

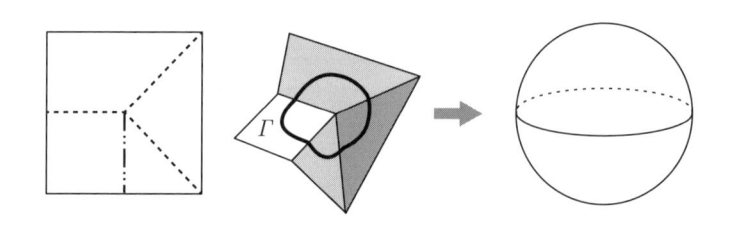

問 3 問 2 では，紙を折ってもやはりガウス曲率は 0 だと予想したはずだ．そのときのガウス写像を用いて，一般に折り線が 4 本の頂点で，折り線のあいだの領域を平坦に保ったまま折ったとき，ガウス曲率が常に 0 であることを証明しよう．（単位球面上の三角形の面積は (内角の和) $-\pi$ で求められることに注意．）

問 4 問 3 で検討したような，折り線のあいだの紙を金属のような剛体だとみなす折り紙を「剛体折り紙」という．すなわち，剛体折り紙では，折っている途中で折り線間の領域が曲がったり折れたりしてはいけない．これまで見てきたガウス曲率と剛体折り紙のあいだには，どんな関係があるだろうか．

●剛体折り可能条件

問 5 問 4 の結論を用いて，剛体折り紙には折り線が 3 本の頂点が存在しないことを証明しよう．（ヒント：そのような頂点でのガウス写像を描いてみよう．）

問 6 剛体折り紙の 1 つの頂点に折り線が 4 本あるとき，それらの折り線がすべて山折りになることがないことを証明しよう．

演習問題 3
ミウラ折り

　日本の宇宙工学者である三浦公亮は，大きな太陽電池パネルを宇宙空間で広げる方法を探していた．そして考え出された折り方は，地図を折るのにも適している．

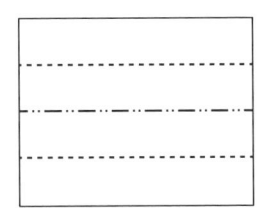

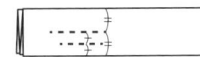

(1) 長方形の紙を，長手方向に 1/4 の蛇腹に折る．

(2) 手前の 1 枚のみ，幅の 1/2 と 1/4 に短い折り目をつける．

(3) 紙を重ねたまま，左下の頂点が 1/4 の折り目に乗るように折り，次の図に示すような台形を作る．

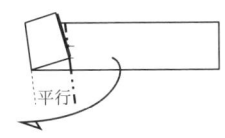

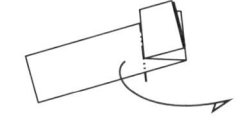

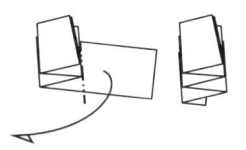

(4) 向こう側の紙を重ねたまま，今折った折り線と平行に折る．

(5) (3) で折った折り線に沿って折る．

(6) 以下同様に，紙の端まで繰り返す．折れたら，すべて広げる．

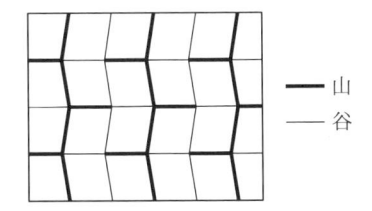

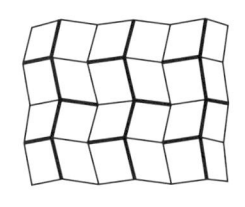

━━ 山
━━ 谷

(7) 何本かの折り線の山谷を変えて，全体を折り畳む．ジグザグの折り線は，交互に山折りまたは谷折りになっている．そのことに注意すると折りやすい．

(8) 右のように平坦に折り畳めるはずだ．向かい合う 2 つの頂点を持って動かすと，簡単に広げたり畳んだりできる．

演習問題

演習問題 4

双曲放物面

この不思議な形の折り紙作品は，多くの人によって再発見されてきた．多変数解析の授業でこのような曲面を見たことがある人もいるだろう．

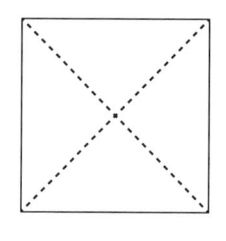

(1) 正方形の紙の対角線に沿って折り目をつける．裏返す．

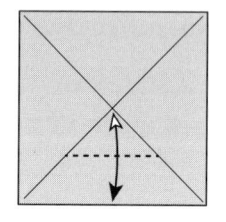

(2) 下辺を中心に合わせ，中央の部分のみ折り目をつける．

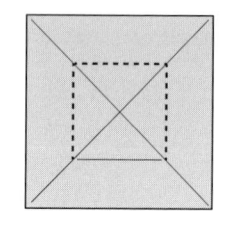

(3) 他の 3 辺についても手順(2)を繰り返す．裏返す．

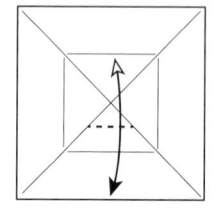

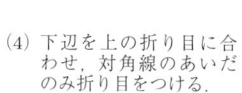

(4) 下辺を上の折り目に合わせ，対角線のあいだのみ折り目をつける．

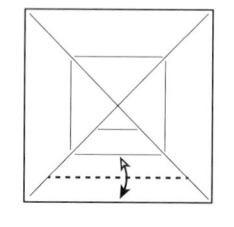

(5) 次に，同じ辺を下の折り目に合わせ，やはり対角線のあいだのみ折り目をつける．

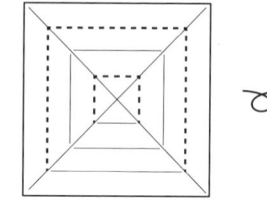

(6) 他の 3 辺についても手順(4)および(5)を繰り返す．裏返す．

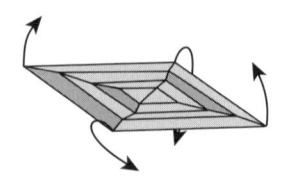

(7) すべての折り線を同時に折る．外側から内側に折ってゆくと折りやすい．

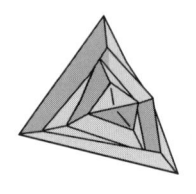

(8) すべての折り線を折ると，紙がねじれて，図のような形になるはずだ．

294

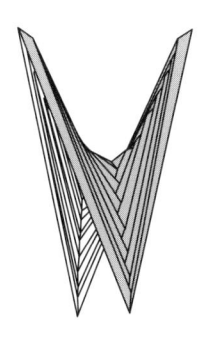

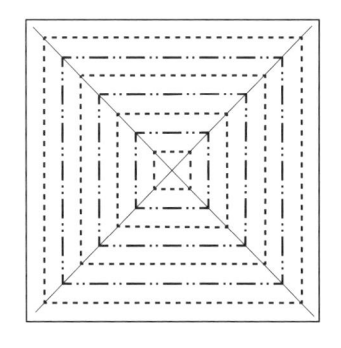

(9) 大きな紙で，分割数を多くして折ってみよう．大切なことは，同心正方形の折り線を山谷交互にすることだ．手順(1)から(3)を折った後，裏返さずに手順(4)から(6)で 1/4 の折り目をつけ，裏返して 1/8 の折り目をつけるとよい．1/16 にも挑戦してみよう．

問 この双曲放物面の折り紙は，剛体折り可能だろうか．（つまり，金属の板を折り線に沿って切って蝶番をつけたら，折ることができるだろうか．）証明しよう．

解説

●演習問題 1　ガウス曲率

　この演習問題では，ガウス曲率を直観的に定義している．授業で解析に基づく定義をしていたら，それらの定義が同値であることを説明するとよい．この直観的な定義は剛体折り紙のモデル化に便利だ．ただし，ここでは，ガウス曲率が曲線 Γ のとり方や P のまわりでの縮め方によらないことなどの詳細は省いている．とはいえ，ここで挙げた事例を見れば，この直感的な定義によって $\mathbb{R}^3$ 内の曲面の曲率を求められることに納得できるだろう．

問 1　半径 1 の球面の曲率は 1 だ．というのも，曲率を定義する式の分子と分母が常に等しいからだ．

　半径 2 の場合には注意がいる．「いいかげん」な解法では，球面が完全に対称でどこでも曲率が同じはずなので，$\mathrm{Area}(\Gamma')/\mathrm{Area}(\Gamma)$ は曲線 Γ によらず一定だと仮定するかもしれない．それは実際正しいのだが，自明ではない．この仮定から出発するのは拙速というべきだが，その仮定の下では，Γ として面積の計算が簡単な曲線，例えば球面の赤道をとることができる．その場合，$\mathrm{Area}(\Gamma) = 4\pi \times 2^2/2 = 8\pi$ であり $\mathrm{Area}(\Gamma') = 4\pi \times 1^2/2 = 2\pi$ だから，$\kappa = 1/4$ だ．

　半径 1/2 の球面にも同じ議論を適用すれば $\kappa = 4$ となる．実際，半径 r の球面でのガウス曲率は常に $1/r^2$ だが，それを「正しく」証明するのは，それほど単純ではない．今，球面上に円 Γ があるとして，その中心を P とする．そして，Γ を，中心が P である円のまま小さくしていったとしよう．このとき，$\mathrm{Area}(\Gamma)$ は Γ を周とする球冠の表面積だ．球の半径を r とし，Γ によって作られる球冠の「高さ」を h とする．(h は，Γ によって球の内部に作られる円の中心と P との距離だ．) 回転面の面積は積分を使えば求められる（または，ほとんどの解析学の教科書に公式が載っている）．

$$\mathrm{Area}(\Gamma) = 2\pi r h$$

さて，ガウス写像を適用した結果である Γ' は，単位球面上の円になる．Γ' を周とする球冠の高さを h' とすると，$h' = h/r$ である．というのも，Γ' が作る球冠は Γ が作る球冠と相似であり，$1/r$ だけ縮小されているからだ．

（球の半径が r から 1 に縮小されるので，球冠の高さは h から h/r に縮小される．）したがって，次が成り立つ．
$$\frac{\text{Area}(\Gamma')}{\text{Area}(\Gamma)} = \frac{2\pi h'}{2\pi rh} = \frac{2\pi h/r}{2\pi rh} = \frac{1}{r^2}$$

問 2 平面では，Γ をどのようにとろうとも，Γ' は点になる．したがって，常に $\text{Area}(\Gamma') = 0$ だから $\kappa = 0$ だ．このことが，折り紙にガウス曲率を適用するときの基礎となる．

問 3 この問いはやや不誠実だ．鞍点は曲率が負になる点の例だが，どうして負になるかといえば，曲線 Γ が鞍点 P のまわりを時計回りに回っているのに対し，そのガウス写像による像 Γ' は球面上を反時計回りに回るからだ．$\text{Area}(\Gamma)$ は，単に Γ が囲む図形の面積ではなく，向き付けされた面積だ．Γ' と Γ が逆向きに回っているとき，$\text{Area}(\Gamma')$ は負であり，したがって κ も負になる．

多くの学生がこの問いに困惑するだろう．大切なことは，鞍点ではガウス写像によって曲線の回る向きが変わることに気づくことだ．そのことに気づけば，面積はどうなるかという疑問が生じるはずだ．向きが変わっても面積が変わらないのなら，鞍点の曲率が球面上の点の曲率と同じになってしまう．それでは曲率の意味がない．向きが反対のとき面積が負だとすると，さまざまな種類の曲面を曲率によって区別できる．

それは恣意的な定義だと感じる学生がいるかもしれないが，実際その通りだ．何かを定義するのは，それによって役立つ記法や概念を作り上げ，それまでは語る言葉のなかったことについて議論するためだ．ガウス曲率という概念によって，曲面の曲がり方を定量的に記述できる．また，曲面を 3 種類に分けることができる．球面のような曲率が正の面，平面のような曲率が 0 の面，そして鞍型面のような曲率が負の面だ．

以下をはじめとする多くの例を見れば，この概念が理にかなっていると思えるだろう．
- 円錐の側面の曲率はいくつだろうか．
- 円柱の側面の曲率はいくつだろうか．（これは次の演習問題の準備と

なる.）
- 球面を内側から見たときの（つまりボウルの底のような形として見たときの）曲率はどうなるだろう．曲率は負になるだろうか．

●演習問題 2　ガウス曲率と折り紙

　この演習問題の目的は，平らな紙の曲率が 0 であるという基礎的な観察をもとに，折り紙におけるガウス曲率を考えること，そして，その結果を剛体折り紙と関連付けることだ．剛体折り紙とは，折り線のあいだの領域を剛体だとみなす折り紙だ．

問 1　曲がっている部分をまたぐ曲線 Γ のガウス写像を調べてみれば，$\mathrm{Area}(\Gamma') = 0$ すなわち曲率が 0 であることがわかる．（下図を参照．）また，ガウス曲率が極限で定義されることに注目して，曲線 Γ が十分小さくなればその中は平面とみなせると考えてもよい．ただし，この後の問いに答えるには，前者の考え方が必要だ．

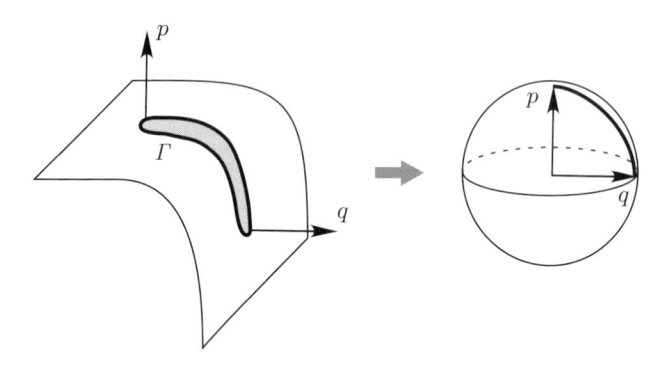

問 2　この曲線のガウス写像は，すぐにはわからないだろう．注意深くベクトルを描いて観察すればよいのだが，イメージするのが難しい．

　まず，折り線の数が 4 本なので 4 つの領域があり，それぞれに対応する 4 本の法線ベクトルがある．そして，折り線で紙が曲がっているとみなせるので，Γ が折り線を横切るとき，問 1 と同様に，法線ベクトルは手前の領域に対応する方向から次の領域に対応する方向まで動く．したがって Γ' は，4 本の法線ベクトルの終点とそれらを結ぶ線分からなる．それを次図に示

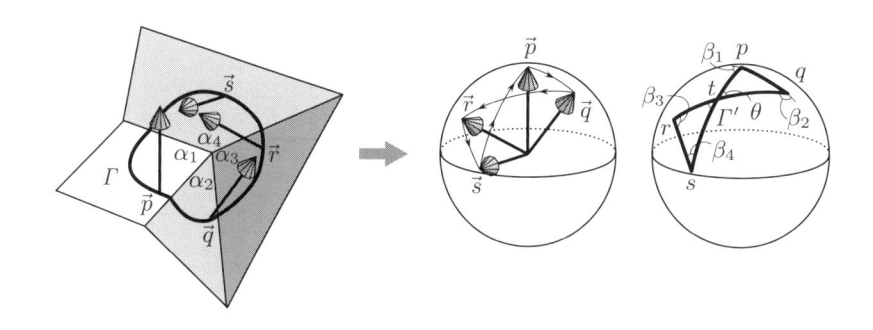

す．$\vec{p}, \vec{q}, \vec{r}, \vec{s}$ が，それぞれの領域に対応する法線ベクトルだ．

さて，Γ は紙の上の曲線なので，$\mathrm{Area}(\Gamma') = 0$ であると予想できる．というのも，問 1 で見たように紙を 1 回曲げても曲率は変わらないので，紙を何回折ってもやはり曲率は変わらないはずだからだ．もちろん，これは乱暴な議論だが，直感的には説得力がある．ただし，このような説明で満足する学生がいたら，証明が必要であることを認識させなければならない．

実際，この蝶ネクタイのような形をした球面多角形の面積が 0 だというのは，にわかに納得できることではないだろう．証明のためには，以下の事実を確認する必要がある．

（1）この展開図ではガウス写像によって蝶ネクタイのような図形が得られたが，折り線が 4 本で，3 本が谷折り，1 本が山折り（またはその逆）の 1 頂点折り紙では，常に蝶ネクタイ形になる．

（2）この蝶ネクタイを 2 つの球面三角形に分けると，片方は Γ と同じ向きに回っており，もう片方は反対向きに回っている．

（3）蝶ネクタイ形における角度 β_i（上図参照）と，展開図における折り線間の角度 α_i には，次の関係がある．β_i の頂点に対応する領域の角度を α_i とすると，$\beta_i = \pi - \alpha_i$ だ．

Γ と反対向きに回る図形の面積は負だから，(2) より，2 つの球面三角形の面積の絶対値が等しい場合，球面多角形全体の面積が 0 になる．

(3) はイメージするのが難しいが，問 3 に答えるための鍵となる．

問 3 $\beta_i = \pi - \alpha_i$ ということは，これらの角が互いに補角だということ

299

解説

だ．まず，角 β_3 と β_4 を考えよう．曲線 Γ がどのような形であっても，各折り線における法線ベクトルの動きは同じだ．法線ベクトルが向きを変えるときは，折り線に垂直な面上に軌道を描くと考えてよい．展開図上の領域に入るときと出るときにそれぞれ軌道が描かれる．これら 2 つの軌道がなす角度が β_i だ．したがって，β_i と α_i の関係は下図のようになっている．すなわち，両者は互いに補角だ．

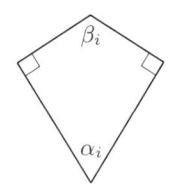

β_1 と β_2 の場合は様子が異なる．α_1 と α_2 とのあいだの折り線が山折りだからだ．この折り線が谷折りであれば，α_1 の領域を通過するときの法線ベクトルの動き ($\vec{s}$ から $\vec{p}$ を経て $\vec{q}$ へ) は先ほどと同じであり，β_1 は球面多角形の頂点 $\vec{p}$ における内角になる．しかし，この折り線が山折りであるため，ベクトル $\vec{p}$ が動く向きは反対 (上記のガウス写像の図で，$\vec{r}$ や $\vec{s}$ は左回りに動くのに対し $\vec{p}$ は右回り) になる．そのため，$\pi - \alpha_1$ と等しい β_1 は，図に示すように球面多角形の外角になる．したがって，$\vec{p}$ における内角は $\pi - \beta_1$ だ．α_2 についても同様に，q における内角は $\pi - \beta_2$ だ．

蝶ネクタイの結び目にあたる頂点 t の角度を θ とすると，蝶ネクタイの面積 $\mathrm{Area}(\Gamma')$ は次のように計算できる．

$$\begin{aligned}\mathrm{Area}(\Gamma') &= (\text{三角形 } srt \text{ の面積}) - (\text{三角形 } pqt \text{ の面積}) \\ &= (\beta_3 + \beta_4 + \theta - \pi) - (\pi - \beta_1 + \pi - \beta_2 + \theta - \pi) \\ &= \beta_1 + \beta_2 + \beta_3 + \beta_4 - 2\pi \\ &= \pi - \alpha_1 + \pi - \alpha_2 + \pi - \alpha_3 + \pi - \alpha_4 - 2\pi \\ &= 2\pi - (\alpha_1 + \alpha_2 + \alpha_3 + \alpha_4) = 0\end{aligned}$$

ここでは，球面三角形の面積が (内角の和) $-\pi$ であるという事実を使っている．(詳しくは [Hen01] を参照．) 以上から，4 本の折り紙で折られているどんな紙でも，折り線間の領域を平坦に保ったまま折ることができる場合，曲率が 0 であることがわかる．折り線が多くなっても同じように分析できるが，図は複雑になるだろう．

問 4 いよいよ剛体折りの登場だ．これまで見てきたようなガウス曲率を使った折り紙のモデル化では，折り線間の領域で法線ベクトルの向きが一定であることを前提としていた．すなわち，折り線以外の部分では紙が平坦なままだと仮定している．

したがって，ある折り紙が剛体折り紙であれば，どこに曲線 Γ を描いても $\mathrm{Area}(\Gamma') = 0$ となるはずだ．これが，問 4 で期待される解答だ．

逆に，$\mathrm{Area}(\Gamma')$ が 0 でないような Γ が描けるなら，その折り紙は剛体折りできない．このことを用いると，次の 2 つの問いが解ける．

問 5 折り線が 3 本の 1 頂点折り紙が剛体折りできたとする．その頂点のまわりに閉じた曲線 Γ を描くと，3 本の法線ベクトルが得られる．これらのベクトルは向きがすべて異なるから，ガウス写像によって球面三角形が得られる．この面積が 0 になることはありえないので，この折り紙は剛体折りできない．

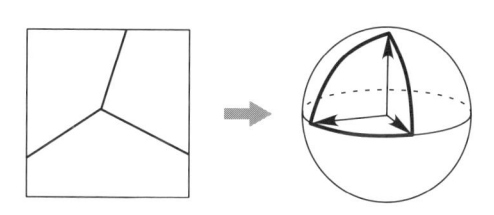

問 6 この問いも，問 5 と同様にして解ける．折り線が 4 本の 1 頂点折り紙で，すべての折り線が山折り（または谷折り）だとすると，ガウス写像によって球面四角形が得られる．これは，問 2 で見た蝶ネクタイ形と異なり，面積が 0 になることはない．

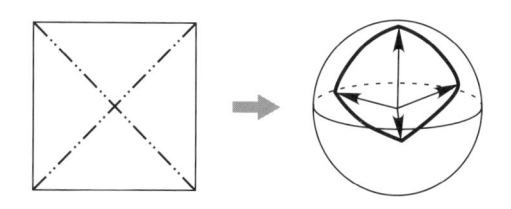

指導方法 これは非常に高度な幾何のプロジェクトであり，微分幾何や球面幾何の授業に向いている．少なくとも，球面三角形の面積を求める公式を知っている必要がある．また，法線ベクトルとその 3 次元空間での動きをイメージできなければならない．

しかし，何よりも剛体折りの概念を理解しなければ，このプロジェクトはほとんど意味をなさないだろう．特に，1 頂点折り紙やミウラ折りのような剛体折り紙が数多くある一方，剛体折りできない折り紙もあるということを理解する必要がある．そのため，このプロジェクトに取り組む前に，剛体折りできない折り紙作品を折っておくとよい．そのような折り紙としては，双曲放物面や「古典的な」正方形ねじり折り（プロジェクト 23「正方形ねじり折り」参照）がある．（ただし，正方形ねじり折りが剛体折りできないことは，ガウス曲率を使っても証明できない．証明についてはプロジェクト 30「剛体折り 2」参照．）

●**演習問題 3　ミウラ折り**

ミウラ折りは，おそらく最も有名な剛体折り紙の例であるだけでなく，それ自体が非常に興味深い．何より，宇宙工学に応用されている．

この折り方を考案した三浦公亮は，人工衛星に取り付ける大きな太陽電池パネルを，ロケットのカプセルに収まるように折り畳む方法を探していた．この折り方のよいところは，展開図における平行四辺形の領域をそれぞれ太陽電池パネルとして，それらを蝶番でつなぐことで全体を折り畳める点だ．それが可能なのは（太陽電池パネルに柔軟性がないとして）この折り方が剛体折りできるからだ．三浦は，この折り方が確かに剛体折り可能であることを示すため，このプロジェクトで見たようにガウス曲率を用いた．（[Miu89] 参照．）これだけでは剛体折り可能性を証明できないのだが，必要条件の 1 つを満たしていることがわかる．

三浦はのちに，ミウラ折りの容易に開いたり畳んだりできるという特性が地図にとっても理想的だということに気がついた．実際，この折り方で折られた東京の地下鉄路線図が販売されている．

この折り方を学生に教えるのは難しいかもしれない．この展開図は巧妙に設計されており，正方格子の角度が 90° からわずかにずれているだけでは

あるが，そのずれが大きな意味を持つ．同時に，そのずれのために，折るのが難しい．手順(7)で一部の折り線の山谷を変えるときに，90°で折ってしまいがちだ．そうすると，手順(2)から(6)でつけたジグザグの折り線が失われてしまい，開いたり畳んだりできなくなってしまう．

それを防ぐには，手順(2)から(6)で折り線をしっかりつけるとよい．また，折るときには常に角度に気をつけよう．

ミウラ折りが人工衛星の太陽電池パネルに応用されていることを授業で説明するときは，あらかじめ大きな紙でミウラ折りを折っておくと効果的だ．大きく厚い長方形の紙を用意し，手順(1)で1/8または1/16に折る．そのあとの折り方は同じだ．手順(7)で折り直す折り線の数が増えるので，注意深くかつ忍耐強く折らなければならない．しかし，それだけの価値はある．ポケットに入るほど小さく折り畳んだ紙を一瞬で両腕いっぱいに広げることができるだろう．

●演習問題4　双曲放物面

この折り紙には長い歴史がある．いくつかの本（例えば[Jac89]）やウェブサイトに折り方が掲載されているが，発見したのは1920年代ドイツの芸術家集団バウハウスだといわれている．また，多くの折り紙作家が独立にこの折り紙を発見している．

同心正方形の折り線で折るだけで紙が自然にこの形になるというのは，驚くべきことだ．紙がこのような挙動を示す理由を考えてみるのも面白い．1つの説明は，以下のようなものだ．手順(1)でつけた対角線の折り目で紙を4つの部分に分けたとする．それぞれの部分には，平行な折り線が山谷交互についている．平坦なシートをこのように波型にすると，強度が増す．建築家はこの事実を何十年も利用してきた．例えば，平らなコンクリートの厚板を垂直に立てるより，それをジグザグにしたほうがはるかに強い．双曲放物面では，波型の折り線のために，折り畳んだときに正方形の辺が長さを保とうとする．正方形の4つの辺を，長さを変えずに1か所にまとめようとすれば，2本を「上げて」2本を「下げる」ほかない．それがまさにこの折り紙で起こっている．

折るときのヒント この折り紙を折るときによくある間違いは，手順(2)から(6)で紙の端から端まで折り目をつけてしまうことだ．それでも折ることは不可能ではないが，非常に折りにくくなる．

ここでは正方形の 1/4 の領域を 4 等分しているが，8 等分や 16 等分にもぜひ挑戦してほしい．授業で学生に見本を見せるときは，少なくとも 16 等分，大きな紙が手に入れば 32 等分で折るとよい．そのような双曲放物面は見栄えがする．ただし，その曲面が直線の折り線によって作られていると言っても，多くの学生にはピンとこないだろうから，学生も自分で折ってみるべきだ．等分数を多くするときは，紙を裏返さずに 1/2, 1/4, 1/8 等々の折り線をつけ，最後の等分の前に紙を裏返す．それにより，折り線が山谷交互になる．

等分数が多くなると，折り畳むのが難しくなる．すべての折り線をつけたら，最も外側の正方形から内側に向かって順に折り進めるとよい．紙が自然に曲がって双曲放物面の形になるはずだが，紙に力がかかるので，折るのが次第に難しくなる．正方形の周辺部分を平らに畳んでしまうとよい．そのためには，正方形の対角線の折り線を，短い線分ごとに山谷交互に折る．ただし，中央の正方形は折らないようにしよう．この部分が自然に折れると，全体が適切な形になる．

問いの解答 この折り紙作品を取り上げたのは，これが剛体折りできないからだ．この作品で剛体とみなせる領域は，中央の 2 つの三角形だけだ．ほかの台形の領域はすべて，折るにつれてねじれる．折ったものをよく見ればわかるだろう．では，なぜ剛体折りできないのだろう．

この作品では，演習問題 2 の問 5 と問 6 で検討した 2 つの問題がどちらも起こっている．それを次図に示す．まず，中央の正方形を見ると，向かい合う 2 つの頂点で折り線が 3 本ずつになっている．（この正方形の対角線の折り目のうち 1 本は，最終的には折られない．）折り線が 3 本の頂点を含む折り紙というのはとても珍しく，これ自体興味深いことだが，問 5 で見たように，このような頂点のまわりでは剛体折りができない．

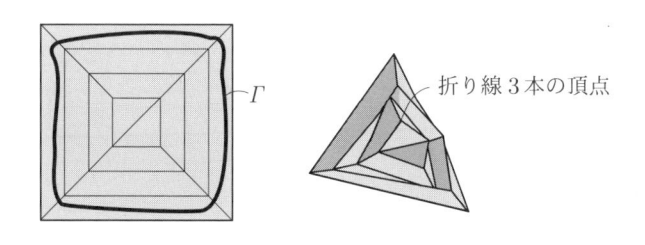

また，正方形の輪の中を一周するような曲線 Γ を描くと（上図左参照），この曲線は 4 本の山折り線または 4 本の谷折り線を横切る．問 6 で見たように，これもまた剛体折りできない．このような曲線 Γ はどの輪の中にも描けるので，この作品はほとんどの領域で剛体折りできない．

● 先行研究と発展問題

すでに述べたように，三浦公亮が，ガウス曲率を用いて剛体折り紙をモデル化した．それは 1980 年代初めのようだ（[Miu89] 参照）．しかし，ハフマン符号で有名なデビッド・ハフマンが，同じモデル化を 1976 年の革新的な論文に記している（[Huf76] 参照）．これらの発見は互いに独立のようだが，異なる国の研究者のあいだではよくあるように，それを立証するのは難しい．

さて，三浦は [Miu89] の中で，別の折り紙にガウス曲率を応用している．これは興味深い発展問題となる．

折り方 正方形の紙を縦横半分に折り，小さい正方形にする．この展開図は非常に単純で，4 本の折り線が 1 つの頂点に集まっており，折り線のあいだの角度はすべて 90° だ．山折りが 3 本で谷折りが 1 本，またはその逆になる．

課題 紙を完全に開いた状態から，これら 4 本の折り線をすべて同時に折って，完全に畳んだ状態まで剛体折りすることができないことを証明しよう．

<u>証明</u> $i = 1, \cdots, 4$ について，折り線のあいだの角度 α_i がいずれも直角なので，先ほどと同じ記号を使えば $\beta_i = 90°$ である．

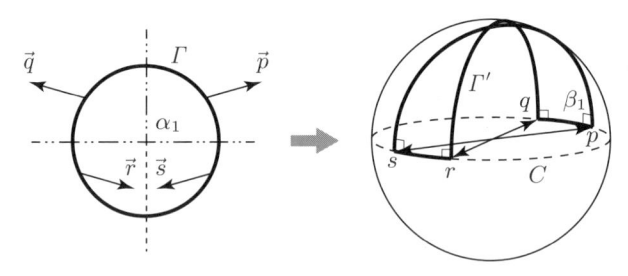

紙を完全に開いた状態では，頂点のまわりの任意の曲線 Γ が，ガウス写像によって点になる．この折り紙が剛体折りできるとすると，紙を折り始めたとき，その点が広がって，β_i のすべてが直角である蝶ネクタイ形になる．ところが，そのような蝶ネクタイ形が球面上に存在するには，4 つの頂点がいずれも 1 つの大円に乗っていなければならない（上図参照）．オレンジやテニスボールなどの上に実際に蝶ネクタイ形を描いてみれば，そのことがわかるだろう．辺 pq を含む大円を C としたとき，その辺と垂直な 2 本の辺は，C を赤道としたときの北極点で交わる．それらの辺をさらに伸ばしていくと r および s に到達するが，そこで直角ができるためには，両方の点が C 上になければならない．

これが意味するところは，完全に開いた状態から，4 本の折り線を同時に少しだけ折った状態へ，連続的に変化することができないということだ．4 本の折り線が少しでも折れるなら，ガウス写像によって得られる 4 つの頂点は，折り始めた瞬間に大円上に移動しなければならない． □

一方，この折り紙を剛体折りする方法も，ガウス写像によってわかる．実は，ガウス写像で得られる図形の辺の長さは，その辺の両端の頂点に対応する 2 つの領域のあいだの「折り角」（π から二面角を引いたもの）に等しい．したがって，p と s がともに C 上にあるということは，これらに対応する領域のあいだの折り角が π であり，二面角が 0 であることを意味する．すなわち，p に対応する領域は s に対応する領域にぴったり重なっている．同様に，q に対応する領域は r に対応する領域にぴったり重なっている．つまり，この図の状態では，紙はすでに半分に折られている．辺 pq および rs の長さは，もう一方の折り線の折り角を表す．

結局，この折り紙を剛体折りするには，最初に半分に折って，次にもう一

度半分に折ればよい.もちろん,それはわかりきったことだが,ガウス写像によって確かめることができるというのは興味深い.最初に紙を半分に折るときは,点 p と q および r と s がそれぞれ重なったまま動く.したがって,最初の折り操作のあいだは,ガウス写像によって球面上の線分が得られる.そのとき,Area$(\Gamma') = 0$ だ.最初の折り操作が終わると,4 つの点がすべて 1 つの大円に乗る.2 回目の折り操作で,p と q および r と s が分かれて,上図のような蝶ネクタイ形になる.このときも明らかに Area$(\Gamma') = 0$ だ.

角度 α_i をほんの少し変えるだけで,上記の議論が成り立たなくなり,4 本の折り目を同時に剛体折りできるようになるということに注目してほしい.そのような折り紙がミウラ折りにほかならない.

プロジェクト 30

剛体折り2
球面三角法

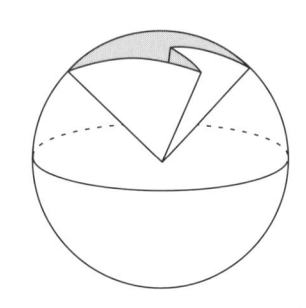

このプロジェクトの概要
折り線が 4 本の 1 頂点平坦折り紙を剛体折りする（すなわち，折り線間の領域を剛体とみなして折る）とき，二面角のあいだに成り立つ関係を，球面三角法を用いて求める．そして，正方形ねじり折りが剛体折りできないことを証明する．

このプロジェクトについて
このプロジェクトでは，球面三角法の余弦定理と川崎定理（プロジェクト 21「1 頂点平坦折り」参照）が重要な役割を果たす．プロジェクト 29「剛体折り 1」の続きだが，ガウス曲率は使用しない．正方形ねじり折りの剛体折り可能性を調べるので，プロジェクト 23「正方形ねじり折り」を終えておくとよい．

なお，Maple や Mathematica などで剛体折り紙のアニメーションを作るには，このプロジェクトで取り上げる二面角の関係が鍵となる．プロジェクト 27「1 頂点立体折りの行列モデル」で確認した事実と組み合わせれば，アニメーションを作るのに必要な材料がすべてそろう．

演習問題と授業で使う場合の所要時間
演習問題は前半と後半に分かれている．授業では別に取り組むとよい．前半では，折り線が 4 本の 1 頂点平坦折り紙で，常に等しい二面角の組を見つける．20 分から 30 分かかるだろう．後半では，いくつかの二面角が他より常に大きいことを示し，そのことを用いて正方形ねじり折りが剛体折りできないことを証明する．これもやはり 20 分から 30 分かかるだろう．

演習問題
球面三角法と剛体平坦折り

● 球面三角法と剛体平坦折り 1

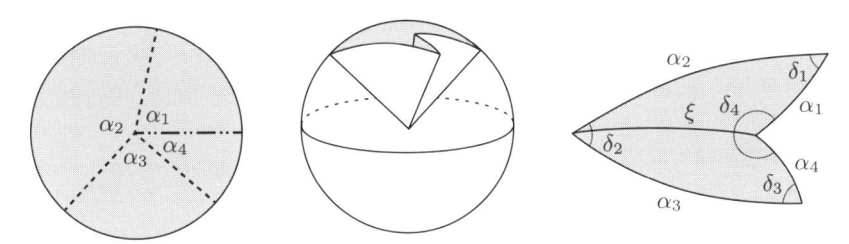

折り線が 4 本の 1 頂点平坦折りがあるとする．上図のように，展開図における折り線間の角度を $\alpha_1, \cdots, \alpha_4$ とし，折っている途中の領域間の二面角を $\delta_1, \cdots, \delta_4$ とする．半径 1 の球の中心に頂点を置いたときに紙が切り取る球面多角形を考えるとわかりやすい．

δ_4 が山折りで他の折り線が谷折りとして，この球面多角形の 2 つの頂点 δ_4 と δ_2 を結ぶ線分を ξ とすると，多角形が ξ によって 2 つの球面三角形に分割される．このとき，球面三角法の余弦定理より，次の 2 式が成り立つ．

$$\cos \xi = \cos \alpha_1 \cos \alpha_2 + \sin \alpha_1 \sin \alpha_2 \cos \delta_1 \tag{1}$$
$$\cos \xi = \cos \alpha_3 \cos \alpha_4 + \sin \alpha_3 \sin \alpha_4 \cos \delta_3 \tag{2}$$

問 1 この折り紙は平坦に折り畳めるので，川崎定理より $\alpha_3 = \pi - \alpha_1$ と $\alpha_4 = \pi - \alpha_2$ が成り立つ．これらを式 (2) に代入して整理しよう．

問 2 問 1 で得られた式を式 (1) から引くと，2 つの二面角 δ_1 と δ_3 にどんな関係があることがわかるだろうか．δ_2 と δ_4 についてはどうだろう．

● 球面三角法と剛体平坦折り 2

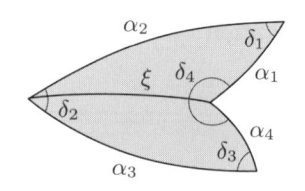

卓越した折り紙作家であり折り紙研究者でもあるロバート・ラングは，球面三角法を用いて折り紙を分析する中で，次の式を得た．

$$\cos\delta_2 = \cos\delta_1 - \frac{\sin^2\delta_1 \sin\alpha_1 \sin\alpha_2}{1-\cos\xi}$$

問 3 この式から，2 つの二面角 δ_1 と δ_2 にはどんな関係が成り立つだろう．

問 4 これまでの結果は，折り線のあいだの領域が剛体とみなせる（すなわち，折れたり曲がったりしない）ことを前提していることに注意しよう．（そうでなければ，球面多角形の辺が直線にならない．）そこで，問 2 と問 3 の結果を用いて，下図に示す正方形ねじり折りが剛体折りできないことを証明しよう．（太線が山折り，細線が谷折りを示す．）

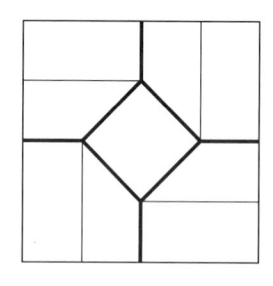

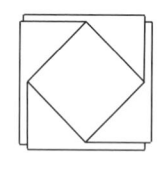

解説

このプロジェクトの内容はロバート・ラング [Lang01] によるが，同様の数学的モデリングはロボットアームの動きを研究する工学者が用いており，「運動学」と呼ばれる．デビン・バルコムによる，折り紙を折るロボットに関する博士論文 [Bal04] に，この分野のまとめがある．

演習問題は，球面三角法の余弦定理を知らなくても取り組めるようになっている．実際，この定理を知っている学生は少ないだろう．そのため，このプロジェクトを球面三角法の導入として使うこともできる．ほとんどの学生は，球面に余弦定理があることを知っても驚かない．参考書としては [Hen01] などがある．ただし，このプロジェクトの中心は余弦定理ではないことに注意しよう．

このプロジェクトは視覚化が難しいかもしれない．特に，平面角 α_i（折り線のあいだの角度）と二面角 δ_i（平坦な面のあいだの角度）との違いに注意しなければならない．授業によっては，二面角について説明する必要があるだろう．2 つの領域が折り線を境に接しているとき，折り線に垂直な平面において，それぞれの領域との交線がなす角度が二面角だ．そして，二面角は球面四角形の内角に等しい．なぜなら，この折り紙の頂点が球の中心にあるので，それぞれの折り線が球の半径になり，球面四角形の 1 つの頂点で球に接する平面が折り線と垂直になるからだ．

3 次元の幾何の授業でも，平面角と二面角の違いが問題になるので，このプロジェクトを利用することができる．そのような幾何学と，多面体およびデカルトの定理との関係については，[Cro99] を参照．

● 球面三角法と剛体平坦折り 1

問 1 ここで大切なことは，$\cos(\pi - \alpha) = -\cos\alpha$，$\sin(\pi - \alpha) = \sin\alpha$ という事実を思い出すことだ．川崎定理の結果を式 (2) に代入すると，次の式が得られる．

$$\cos\xi = \cos\alpha_1 \cos\alpha_2 + \sin\alpha_1 \sin\alpha_2 \cos\delta_3$$

問 2 2 つの式の差をとると，

$$\sin\alpha_1 \sin\alpha_2 (\cos\delta_1 - \cos\delta_3) = 0$$

となる．角 α_i は $0°$ でも $180°$ でもないので，$\cos\delta_1 = \cos\delta_3$ である．さらに，二面角の定義から $0 \leq \delta_1 \leq \pi$ かつ $0 \leq \delta_3 \leq \pi$ としてよいので，$\delta_1 = \delta_3$ が得られる．

つまり，折り線が 4 本の 1 頂点平坦折りでは，向かい合う折り線の山谷が同じ場合，それらの折り線の二面角は，畳んだり広げたりするあいだ常に等しい．

δ_2 と δ_4 のあいだにも同様の関係が成り立つが，$\delta_4 \geq \pi$ であるため，事情が少し異なる．球面四角形の 2 つの頂点 δ_1 と δ_3 を線分 ξ で結ぶと，その線分は四角形の外側にある．δ_4 の折り線が山折りのため，対応する頂点が凹であるからだ．下図にそれを示す．

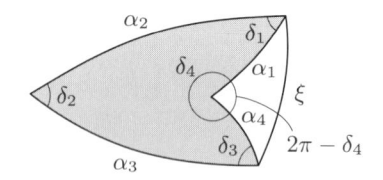

この場合でも，やはり球面三角形が 2 つできる．それぞれに球面三角法の余弦定理を適用すると，次の 2 式が得られる．

$$\cos\xi = \cos\alpha_2 \cos\alpha_3 + \sin\alpha_2 \sin\alpha_3 \cos\delta_2$$
$$\cos\xi = \cos\alpha_1 \cos\alpha_4 + \sin\alpha_1 \sin\alpha_4 \cos(2\pi - \delta_4)$$

川崎定理を適用した後辺々引くと，

$$\sin\alpha_1 \sin\alpha_2 (\cos\delta_2 - \cos(2\pi - \delta_4)) = 0$$

となるから，$\delta_2 = 2\pi - \delta_4$ が得られる．すなわち，向かい合う折り線の山谷が異なる場合，δ_4 の反対側の角と δ_2 が等しい．

●球面三角法と剛体平坦折り 2

演習問題の後半では，2 つの二面角 δ_1 と δ_2 の関係を表す複雑な式を，最初から証明なしに与えている．これはいささか手抜きだが，その理由は，この式の導出が非常に面倒なためだ．前半で見た球面三角法の余弦定理に加えて，球面三角法の正弦定理と，三角関数の膨大な計算が必要だ．学生にこの

式を導くよう求めるのは，よい考えではない（ただし，追加の単位を必要とする学生に対しては適切な課題かもしれない）．加えて，この式の導出は，問いに答えるための役に立たない．ここでの主題は剛体折り紙なので，この式から得られる事実を強調する必要がある．

問 3 ここで気づくべきことは，$(\sin^2 \delta_1 \sin\alpha_1 \sin\alpha_2)/(1-\cos\xi)$ が常に正だということだ．というのも，$\sin\delta_1$ の項は 2 乗されているし，$0 < \alpha_1 < \pi$, $0 < \alpha_2 < \pi$, $\cos\xi < 1$ がそれぞれ成り立つからだ．したがって，$\cos\delta_2 < \cos\delta_1$ である．$\cos$ は 0 から π の範囲では減少関数なので，

$$\delta_2 > \delta_1$$

が得られる．つまり，折り線が 4 本の 1 頂点平坦折り紙を折っている途中では，向かい合う折り線と山谷が異なる折り線での二面角が，向かい合う折り線と山谷が同じである折り線での二面角より，常に大きい．

問 4 問 3 の結果を用いると，古典的な正方形ねじり折りが剛体折りできないことを証明できる．特にプロジェクト 23「正方形ねじり折り」を終えた学生にとって，このことは興味深いだろう．授業でプロジェクト 23 を終えていない場合は，この展開図を平坦に折り畳む方法を示す必要があるだろう．実際に折ってみれば，これが剛体折りできないこと，すなわちすべての領域を平坦に保ったまま折ることができないことがわかるだろう．

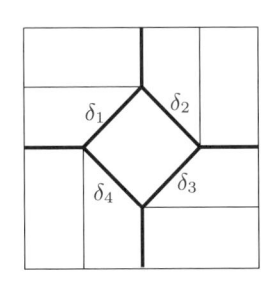

証明のためには，これが剛体折りできたと仮定して，上図で $\delta_1, \cdots, \delta_4$ として示した折り線の二面角に問 3 の結果を適用すればよい．上の頂点に注目すると，δ_1 は向かい合う折り線と山谷が同じで，δ_2 は向かい合う折り線

と山谷が異なる．したがって，$\delta_2 > \delta_1$ だ．次に右の頂点に注目すると，δ_2 は向かい合う折り線と山谷が同じで，δ_3 は向かい合う折り線と山谷が異なるので，$\delta_3 > \delta_2$ だ．下の頂点，左の頂点と見てゆくと，

$$\delta_1 < \delta_2 < \delta_3 < \delta_4 < \delta_1$$

という不等式が得られるが，これは起こりえない．

● **発展演習**

　プロジェクト 23「正方形ねじり折り」で見たように，正方形ねじり折りには，ほかの山谷割り当てがある．その中に剛体折り可能なものはあるだろうか．ただし，先ほどの例のように二面角の関係に矛盾が生じれば剛体折りできないことがわかるが，二面角の関係に矛盾が生じないとしても，剛体折りできるとは限らない．ガウス曲率モデルと組み合わせれば，展開図の剛体折り可能性について，かなり確かな証拠が得られる．それを剛体折りの定義としてよいかどうか考えてみよう．

　ところで，ラングの式で両辺の逆余弦（arccos）をとると，δ_2 を δ_1 と α_i で表すことができる．したがって，折り線が 4 本の 1 頂点平坦折り紙では，δ_1 を決めれば他の二面角がすべて決まる．すなわち，δ_1 を 0 から π まで動くパラメーターだと考えると，折っている途中の紙の動きが，その 1 つのパラメーターですべて決定される．実は，頂点が複数ある平坦折り紙の展開図であっても，すべての頂点で折り線の数が 4 であれば（例えばミウラ折り），すべての折り線の二面角が 1 つのパラメーターによって決定される．

　その場合，1 本の折り線の動きに注目すれば，すべての折り線の折り角がわかる．この事実と，プロジェクト 27「1 頂点立体折りの行列モデル」で調べた行列変換とを組み合わせれば，剛体折り紙の展開図を畳んだり開いたりするアニメーションを数式処理システムで作るのに必要なすべての要素が得られる．

科目別プロジェクトリスト

　以下に，数学の各科目で利用するのに適したプロジェクトのリストを示す．ただし，この分類は完全ではない．多くのプロジェクトが，それぞれいくつかの科目に関連するからだ．実際，本書のプロジェクトのすべてが幾何や数学的モデリングの演習だと言うこともできるだろう．それぞれの授業に応じてプロジェクトを自由に利用してほしい．

　このリストは，大学のカリキュラムを念頭に置いて作られている．本書を高校の授業で使う場合，このリストにこだわらず，それぞれのプロジェクトの中から使える部分を抜き出したほうがよいだろう．「幾何」に分類されたプロジェクトの多くは高校の授業でも利用できるが，それでも取捨選択が必要だ．

　また，本書を数学クラブなどで利用する場合も，このリストにこだわる必要はない．数学に興味を持っている人なら，どのプロジェクトも楽しめるだろう．

●教養課程の数学
　　プロジェクト 11　　芳賀の「オリガミクス」（→ p. 98）
　　プロジェクト 12　　スター・リング・ユニット（→ p. 115）
　　プロジェクト 13　　蝶爆弾（→ p. 124）
　　プロジェクト 14　　モリーの六面体（→ p. 134）
　　プロジェクト 15　　名刺ユニット（→ p. 147）
　　プロジェクト 16　　5 つの交差する正四面体（→ p. 155）
　　プロジェクト 19　　メンガーのスポンジ（→ p. 193）
　　プロジェクト 20　　羽ばたく鳥と彩色（→ p. 201）
　　プロジェクト 21　　1 頂点平坦折り（→ p. 209）
　　プロジェクト 22　　折り畳めない展開図（→ p. 223）
　　プロジェクト 23　　正方形ねじり折り（→ p. 229）

●初等的解析，初等的代数，三角比
　　プロジェクト 1　　正方形から正三角形を折る（→ p. 1）
　　プロジェクト 2　　折り紙三角比（→ p. 11）

プロジェクト 4	長さの正確な n 等分（→ p.31）
プロジェクト 5	螺旋を折る（→ p.38）
プロジェクト 6	放物線を折る（→ p.45）
プロジェクト 12	スター・リング・ユニット（→ p.115）
プロジェクト 14	モリーの六面体（→ p.134）

● **幾何**

プロジェクト 1	正方形から正三角形を折る（→ p.1）
プロジェクト 4	長さの正確な n 等分（→ p.31）
プロジェクト 5	螺旋を折る（→ p.38）
プロジェクト 6	放物線を折る（→ p.45）
プロジェクト 7	折り紙で角の3等分（→ p.59）
プロジェクト 8	三次方程式を解く（→ p.66）
プロジェクト 9	リルの解法（→ p.79）
プロジェクト 10	紙テープを結ぶ（→ p.91）
プロジェクト 11	芳賀の「オリガミクス」（→ p.98）
プロジェクト 12	スター・リング・ユニット（→ p.115）
プロジェクト 13	蝶爆弾（→ p.124）
プロジェクト 14	モリーの六面体（→ p.134）
プロジェクト 15	名刺ユニット（→ p.147）
プロジェクト 16	5つの交差する正四面体（→ p.155）
プロジェクト 17	折り紙フラーレン（→ p.168）
プロジェクト 18	折り紙トーラス（→ p.182）
プロジェクト 19	メンガーのスポンジ（フラクタル幾何）（→ p.193）
プロジェクト 21	1頂点平坦折り（→ p.209）
プロジェクト 22	折り畳めない展開図（→ p.223）
プロジェクト 23	正方形ねじり折り（→ p.229）
プロジェクト 24	山谷割り当ての数え上げ（→ p.236）
プロジェクト 25	自己相似による波（フラクタル幾何）（→ p.244）
プロジェクト 26	1頂点平坦折りの行列モデル（幾何学的変換）（→ p.255）
プロジェクト 27	1頂点立体折りの行列モデル（幾何学的変換）（→ p.262）
プロジェクト 29	剛体折り1：ガウス曲率（微分幾何）（→ p.289）
プロジェクト 30	剛体折り2：球面三角法（微分幾何）（→ p.308）

● 解析
プロジェクト 1　　正方形から正三角形を折る（→ p. 1）
プロジェクト 3　　長さの n 等分：藤本の漸近等分法（→ p. 19）
プロジェクト 5　　螺旋を折る（→ p. 38）
プロジェクト 6　　放物線を折る（→ p. 45）
プロジェクト 16　　5 つの交差する正四面体（ベクトル解析）（→ p. 155）

● 数論
プロジェクト 3　　長さの n 等分：藤本の漸近等分法（→ p. 19）
プロジェクト 10　　紙テープを結ぶ（→ p. 91）

● 組合せ論，離散数学，グラフ理論
プロジェクト 3　　長さの n 等分：藤本の漸近等分法（→ p. 19）
プロジェクト 17　　折り紙フラーレン（→ p. 168）
プロジェクト 18　　折り紙トーラス（→ p. 182）
プロジェクト 19　　メンガーのスポンジ（→ p. 193）
プロジェクト 20　　羽ばたく鳥と彩色（→ p. 201）
プロジェクト 21　　1 頂点平坦折り（→ p. 209）
プロジェクト 22　　折り畳めない展開図（→ p. 223）
プロジェクト 23　　正方形ねじり折り（→ p. 229）
プロジェクト 24　　山谷割り当ての数え上げ（→ p. 236）

● 線形代数
プロジェクト 26　　1 頂点平坦折りの行列モデル（→ p. 255）
プロジェクト 27　　1 頂点立体折りの行列モデル（→ p. 262）

● 抽象代数
プロジェクト 6　　放物線を折る（→ p. 45）
プロジェクト 7　　折り紙で角の 3 等分（→ p. 59）
プロジェクト 8　　三次方程式を解く（→ p. 66）
プロジェクト 9　　リルの解法（→ p. 79）
プロジェクト 10　　紙テープを結ぶ（→ p. 91）
プロジェクト 23　　正方形ねじり折り（→ p. 229）
プロジェクト 28　　折り紙と準同型写像（→ p. 270）

● **位相幾何**
プロジェクト 17　折り紙フラーレン（→ p. 168）
プロジェクト 18　折り紙トーラス（→ p. 182）

● **証明**
プロジェクト 11　芳賀の「オリガミクス」（→ p. 98）
プロジェクト 21　1 頂点平坦折り（→ p. 209）
プロジェクト 22　折り畳めない展開図（→ p. 223）
プロジェクト 23　正方形ねじり折り（→ p. 229）

● **モデリング**
プロジェクト 1　正方形から正三角形を折る（→ p. 1）
プロジェクト 3　長さの n 等分：藤本の漸近等分法（→ p. 19）
プロジェクト 6　放物線を折る（→ p. 45）
プロジェクト 21　1 頂点平坦折り（→ p. 209）
プロジェクト 22　折り畳めない展開図（→ p. 223）
プロジェクト 23　正方形ねじり折り（→ p. 229）
プロジェクト 26　1 頂点平坦折りの行列モデル（→ p. 255）
プロジェクト 27　1 頂点立体折りの行列モデル（→ p. 262）

● **複素解析**
プロジェクト 25　自己相似による波（→ p. 244）

文献

[Alp00] R. C. Alperin, A mathematical theory of origami constructions and numbers, *New York Journal of Mathematics*, Vol. 6, 2000, 119–133.

[AlpLan09] R. C. Alperin and R. J. Lang, One-, two-, and multi-fold origami axioms, in *Origami^4: Fourth International Meeting of Origami Science, Mathematics, and Education*, R. J. Lang (editor), A K Peters, 2009, 371–393.

[Auc95] D. Auckly and J. Cleveland, Totally real origami and impossible paper folding, *The American Mathematical Monthly*, Vol. 102, No. 3, March 1995, 215–226.

[Bal04] D. Balkcom, *Robotic Origami Folding*, Ph.D. thesis, Carnegie-Mellon University Robotics Institute, 2004.

[Bar84] D. Barnette, *Map Coloring, Polyhedra, and the Four Color Problem*, Mathematical Association of America, 1984.

[bel02] s-m. belcastro and T. Hull, Modeling the folding of paper into three dimensions using affine transformations, *Linear Algebra and its Applications*, Vol. 348, 2002, 273–282.

[Bell11] G. Bell, Five intersecting tetrahedra, *Cubism for Fun*, No. 85, 2011, 20–22.

[Belo36] M. P. Beloch, Sul metodo del ripiegamento della carta per la risoluzione dei problemi geometrici, *Periodico di Mathematiche*, Ser. IV, Vol. 16, 1936, 104–108.

[Bern96] M. Bern and B. Hayes, The complexity of flat origami, in *Proceedings of the Seventh Annual ACM-SIAM Symposium on Discrete Algorithms*, SIAM, 1996, 175–183.

[Bon76] J. A. Bondy and U. S. R. Murty, *Graph Theory with Applications*, North Holland, 1976.（邦訳：立花俊一, 奈良知恵, 田澤新成 訳『グラフ理論への入門』, 共立出版, 1991）

[Bri84] D. Brill, Asides: Justin's angle trisection, *British Origami*, No. 107, 1984, 14–15.

[Cox04] D. Cox, *Galois Theory*, John Wiley & Sons, 2004.（邦訳：梶原健 訳『ガロワ理論（上・下）』，日本評論社，2008, 2010）

[Cox05] D. Cox, J. Little, and D. O'Shea, *Ideals, Varieties, and Algorithms: An Introduction to Computational Algebraic Geometry and Commutative Algebra*, 2nd ed., Springer, 2005.（邦訳：落合啓之，示野信一，西山享，室政和，山本敦子 訳『グレブナ基底と代数多様体入門（上・下）』，丸善出版，2012）

[Coxe71] H. S. M. Coxeter, Virus macromolecules and geodesic domes, in *A Spectrum of Mathematics: Essays Presented to H. G. Forder*, J. C. Butcher, editor, Auckland University Press, 1971, 98–107.

[Cro99] P. R. Cromwell, *Polyhedra*, Cambridge University Press, 1999.（邦訳：下川航也，平澤美可三，松本三郎，丸本嘉彦，村上斉 訳『多面体』，数学書房，2014）

[Dem99] E. Demaine, M. Demaine, and A. Lubiw, Folding and one straight cut suffice, in *Proceedings of the Tenth Annual ACM-SIAM Symposium on Discrete Algorithms*, SIAM, 1999, 891–892.

[Dem02] E. Demaine and M. Demaine, Recent results in computational origami, in *Origami^3: Third International Meeting of Origami Science, Mathematics, and Education*, T. Hull (editor), A K Peters, 2002, 3–16.（邦訳：川崎敏和 訳「コンピュータ折り紙——最近の成果」，『折り紙の数理と科学』（川崎敏和 監訳，森北出版，2005）所収）

[Dem07] E. Demaine and J. O'Rourke, *Geometric Folding Algorithms: Linkages, Origami, Polyhedra*, Cambridge University Press, 2007.（邦訳：上原隆平 訳『幾何的な折りアルゴリズム——リンケージ，折り紙，多面体』，近代科学社，2009）

[DiF00] P. Di Francesco, Folding and coloring problems in mathematics and physics, *Bulletin of the American Mathematical Society*, Vol. 37, No. 3, 2000, 251–307.

[Eng89] P. Engel, *Folding the Universe: Origami from Angelfish to Zen*, Vintage Books, 1989.

[Fra99] B. Franco, *Unfolding Mathematics with Unit Origami*, Key Curriculum Press, 1999.

[Fuj82] 藤本修三，西脇正巳，『創造する折り紙遊びへの招待』，朝日カルチャーセンター制作，1982．

[Fuk89] H. Fukagawa and D. Pedoe, *Japanese Temple Geometry Problems*, Charles Babbage Research Centre, 1989.（日本語版：深川英俊，ダン・ペドー，『日本の幾何——何題解けますか？』，森北出版，1991）

[Gal01] J. A. Gallian, *Contemporary Abstract Algebra, 5th ed.*, Houghton Mifflin Co., 2001.

[Ger08] R. Geretschläger, *Geometric Origami*, Arbelos, 2008.（邦訳：深川英俊 訳『折紙の数学——ユークリッドの作図法を超えて』，森北出版，2002）

[Gje09] E. Gjerde, *Origami Tessellations: Awe-Inspiring Geometric Designs*, A K Peters, 2009.

[Gro93] G. M. Gross, *The Art of Origami*, BDD Illustrated Books, 1993.

[Haga95] 芳賀和夫，「オリガミクスへの招待」，『季刊 をる』No. 9–12，双樹舎，1995–1996.

[Haga99] 芳賀和夫，『オリガミクスⅠ——幾何図形折り紙』，日本評論社，1999.

[Haga02] K. Haga, Fold paper and enjoy math: origamics, in *Origami^3: Third International Meeting of Origami Science, Math, and Education*, T. Hull (editor), A K Peters, 2002, 307–328.

[Haga08] K. Haga, *Origamics: Mathematical Explorations Through Paper Folding*, World Scientific Publishing Co., 2008.

[Hart01] G. W. Hart and H. Picciotto, *Zome Geometry: Hands-on Learning with Zome Models*, Key Curriculum Press, 2001.

[Hat05] K. Hatori, How to divide the side of square paper. http://www.origami.gr.jp/Archives/People/CAGE_/divide/index-e.html（日本語版：羽鳥公士郎，「折り紙の辺を等分する法」．http://www.origami.gr.jp/Archives/People/CAGE_/divide/index.html）

[Hen01] D. Henderson, *Experiencing Geometry in Euclidean, Spherical, and Hyperbolic Spaces, 2nd ed.*, Prentice Hall, 2001.

[Hil97] P. Hilton, D. Holton, and J. Pedersen, *Mathematical Reflections: In a Room with Many Mirrors*, Springer, 1997.

[Huf76] D. A. Huffman, Curvature and creases: a primer on paper, *IEEE Transactions on Computers*, Vol. C-25, No. 10, Oct. 1976, 1010–1019.

[Hull94] T. Hull, On the mathematics of flat origamis, *Congressus Numerantium*, Vol. 100, 1994, 215–224.

[Hull02-1] T. Hull, The combinatorics of flat folds: a survey, in *Origami^3: Third International Meeting of Origami Science, Mathematics, and Education*, T. Hull (editor), A K Peters, 2002, 29–38.（邦訳：川崎敏和 訳「平坦折

り組合せ論 概論」,『折り紙の数理と科学』(川崎敏和 監訳,森北出版,2005)所収)

[Hull02-2] T. Hull (editor), *Origami*^{3}: *Third International Meeting of Origami Science, Mathematics, and Education*, A K Peters, 2002. (抄訳:川崎敏和 監訳『折り紙の数理と科学』,森北出版,2005)

[Hull03] T. Hull, Counting mountain-valley assignments for flat folds, *Ars Combinatoria*, Vol. 67, 2003, 175–188.

[Hull05-1] トム・ハル 著,羽鳥公士郎 訳,「オリガメトリー——折り紙の基本操作」,『折紙探偵団』90号,2005,14–15.

[Hull05-2] T. Hull, Exploring and 3-edge-coloring spherical buckyballs, 未発表原稿,2005.

[Hull11] T. Hull, Solving cubics with creases: the work of Beloch and Lill, *American Mathematical Monthly*, Vol. 118, No. 4, 2011, 307–315.

[HullCha11] T. Hull and E. Chang, The flat vertex fold sequences, in *Origami*^{5}: *Fifth International Meeting of Origami Science, Mathematics, and Education*, A K Peters/CRC Press, 2011, 599–607.

[Hus79] 伏見康治,伏見満枝,『折り紙の幾何学』,日本評論社,1984.

[Hus80] 伏見康治監修,『おりがみの科学』(『サイエンス』1980年10月号別冊付録),日本経済新聞社.〔訳注:折り紙による角の三等分の初出は,次の文献である.阿部恒,「折り紙で角の三等分を折る」,『数学セミナー』1980年7月号,日本評論社〕

[Huz92] H. Huzita, Understanding geometry through origami axioms: is it the most adequate method for blind children?, in *Proceedings of the First International Conference on Origami in Education and Therapy*, J. Smith, editor, British Origami Society, 1992, 37–70.

[Huz89] H. Huzita and B. Scimemi, The algebra of paper-folding (origami), in *Procedings of the First International Meeting of Origami Science and Technology*, H. Huzita (editor), 1989, 205–222.

[Ike09] U. Ikegami, Fractal crease patterns, in *Origami*^{4}: *Fourth International Meeting of Origami Science, Mathematics, and Education*, R. J. Lang (editor), A K Peters, 2009, 31–40.

[Jac89] P. Jackson, *The Complete Origami Course*, W. H. Smith, 1989.

[Jus84] J. Justin, Coniques et pliages, *PLOT, APMEP Poitiers*, No. 27, 1984, 11–14.

[Jus86] J. Justin, Mathematics of origami, part 9, *British Origami*, No. 118, 1986, 28–30.

[Jus97] J. Justin, Toward a mathematical theory of origami, in *Origami Science and Art: Proceedings of the Second International Meeting of Origami Science and Scientific Origami*, K. Miura (editor), Seian University of Art and Design, 1997, 15–29.

[Kas83] 笠原邦彦 著，前川淳 作，『ビバ！おりがみ』，サンリオ，1983．

[Kas87] K. Kasahara and T. Takahama, *Origami for the Connoisseur*, Japan Publications, 1987．(原著：笠原邦彦，『トップおりがみ』，サンリオ，1985)

[Kaw88] T. Kawasaki and M. Yoshida, Crystallographic flat origamis, *Memoirs of the Faculty of Science, Kyushu University*, Ser. A, Vol. 42, No. 2, 1988, 153–157.

[Koe68] J. Koehler, Folding a strip of stamps, *Journal of Combinatorial Theory*, Vol. 5, 1968, 135–152.

[Lang95] R. J. Lang, *Origami Insects and Their Kin*, Dover, 1995.

[Lang01] R. J. Lang, Tessellations and twists, 未発表原稿, 2001.

[Lang03] R. J. Lang, Origami and geometric constructions, 未発表原稿, 2003.

[Lang04-1] R. J. Lang, ReferenceFinder. http://www.langorigami.com/science/reffinder/reffinder.php4

[Lang04-2] R. J. Lang, Angle quintisection. http://www.langorigami.com/science/quintisection/quintisection.php4

[Lang09] R. J. Lang (editor), *Origami^4: Fourth International Meeting of Origami Science, Mathematics, and Education*, A K Peters, 2009.

[Lang11] R. J. Lang, *Origami Design Secrets: Mathematical Methods for an Ancient Art*, 2nd ed., A K Peters/CRC Press, 2011.

[Law89] J. Lawrence and J. E. Spingam, An intrinsic characterization of foldings of euclidean space, *Annales de l'institut Henri Poincaré (C) Analyse non linéaire*, Vol. 6, 1989（付録）, 365–383.

[Lill1867] E. Lill, Résolution graphique des équations numériques d'un degré quelconque à une inconnue, Nouv. Annales Math., Ser. 2, Vol. 6, 1867, 359–362.

[Lot1907] A. J. Lotka, Construction of conic sections by paper-folding, *School Science and Mathematics*, Vol. 7, No. 7, 1907, 595–597.

[Lun68] W. F. Lunnon, A map-folding problem, *Mathematics of Computation*, Vol. 22, No. 101, 1968, 193–199.

[Mae02] J. Maekawa, The definition of iso-area folding, in *Origami^3: Third International Meeting of Origami Science, Mathematics, and Education*, T. Hull (editor), A K Peters, 2002, 53–59.（邦訳：前川淳 訳「表裏同等折りの定義」,『折り紙の数理と科学』（川崎敏和 監訳, 森北出版, 2005）所収）

[Maor98] E. Maor, *Trigonometric Delights*, Princeton University Press, Princeton, NJ, 1998.（邦訳：好田順治 訳『素晴らしい三角法の世界——古代エジプトから現代まで』, 青土社, 1999）

[Mar98] G. E. Martin, *Geometric Constructions*, Springer, 1998.

[Mes86] P. Messer, Problem 1054, *Crux Mathematicorum*, Vol. 12, No. 10, 1986, 284–285.

[Miu89] K. Miura, A note on intrinsic geometry of origami, in *Proceedings of the First International Meeting of Origami Science and Technology*, H. Huzita (editor), 1989, 239–249.

[Mon79] J. Montroll, *Origami for the Enthusiast*, Dover, 1979.

[Mon09] J. Montroll, *Origami Polyhedra Design*, A K Peters, 2009.

[Mor24] F. V. Morley, Discussions: a note on knots, *American Mathematical Monthly*, Vol. 31, No. 5, 1924, 237–239.

[Mos] J. Mosely, *Menger Sponge*. http://theiff.org/oexhibits/menger02.html

[ORo11] J. O'Rourke, *How to Fold It: The Mathematics of Linkages, Origami, and Polyhedra*, Cambridge University Press, 2011.（邦訳：上原隆平 訳『折り紙のすうり——リンケージ・折り紙・多面体の数学』, 近代科学社, 2012）

[Ow86] F. Ow, Modular origami (60° unit), *British Origami*, No. 121, 1986, 30–33.

[Pal11] C. Palmer and J. Rutzky, *Shadowfolds: Surprisingly Easy-to-Make Geometric Designs in Fabric*, Kodansha International, 2011.

[Pet01] I. Peterson, *Fragments of Infinity*, John Wiley & Sons, 2001.

[Riaz62] M. Riaz, Geometric solutions of algebraic equations, *American Mathematical Monthly*, Vol. 69, No. 7, 1962, 654–658.

[Rob77] S. A. Robertson, Isometric folding of Riemannian manifolds, *Proceedings of the Royal Society of Edinburgh*, Vol. 79, No. 3–4, 1977–78, 275–284.

[Robi00] N. Robinson, Top ten favorite models, *British Origami*, No. 200, Feb. 2000, 1, 34–42.

[Row66] T. S. Row, *Geometric Exercises in Paper Folding*, Dover, 1966.（1893年の版の復刻）

[Rupp24] C. A. Rupp, On a transformation by paper folding, *American Mathematical Monthly*, Vol. 31, No. 9, 1924, 432–435.

[Sch96] D. P. Scher, Folded paper, dynamic geometry, and proof: a three-tier approach to the conics, *Mathematics Teacher*, Vol. 89, No. 3, 1996, 188–193.

[Ser03] L. D. Servi, Nested square roots of 2, *American Mathematical Monthly*, Vol. 110, No. 4, 2003, 326–330.

[Smi03] S. Smith, Paper folding and conic sections, *Mathematics Teacher*, Vol. 96, No. 3, 2003, 202–207.

[Tan01] J. Tanton, A dozen questions about the powers of two, *Math Horizons*, Sept. 2001, 5–10.

[Tuc02] A. Tucker, *Applied Combinatorics, 4th ed.*, John WIley & Sons, 2002.

[Wang11] P. Wang-Iverson, R. J. Lang, M. Yim, *Origami^5: Fifth International Meeting of Origami Science, Mathematics, and Education*, A K Peters/CRC Press, 2011.

[Wei1] E. W. Weisstein, Cubohemioctahedron, *MathWorld —A Wolfram Web Resource*. http://mathworld.wolfram.com/Cubohemioctahedron.html

[Wei2] E. W. Weisstein, Chiral, *MathWorld —A Wolfram Web Resource*. http://mathworld.wolfram.com/Chiral.html

[Wen74] M. J. Wenninger, *Polyhedron Models*, Cambridge University Press, 1974.

索引

アルファベット
FIT → 5つの交差する正四面体
Geogebra 47, 52, 54–56, 68, 72, 86, 89, 209, 211, 214
Geometer's Sketchpad 47, 54, 86, 214
Origamido Studio 189
OrigamiUSA 118, 137
PHiZZ ユニット（PHiZZ unit）168–192
TUP 99, 103–105

あ
阿部恒 62
アルキメデスの螺線（Archimedean spiral）252
池上牛雄 254
位相幾何（topology）182–192
一葉双曲面（hyperboloid of one sheet）44
5つの交差する正四面体（five intersecting tetrahedra）155–167
ウィンドスピナー（wind spinner）38, 41
運動学（kinematics）311
円環面（torus）→ トーラス
円錐折り紙（cone fold）241
オイラーの公式（Euler's formula）154, 168, 173, 178, 185–192
オイラーの ϕ 関数（Euler ϕ function）91, 96
黄金比（golden ratio）18, 165
オウ（Francis Ow）155, 156, 161
——の 60°ユニット（Ow's 60° unit）155–157, 161
オッペンハイマー（Lillian Oppenheimer）137
オリガミクス（origamics）65, 97–114

折り紙写像（folding map）261, 274, 281, 282, 287
折り紙数（origami number）59, 77
折り鶴（crane）201–208, 274, 275, 278, 283–286

か
回転（rotation）42, 261–269
ガウス曲率（Gaussian curvature）289–308, 314
ガウス写像（Gauss map）290–292, 296–307
角錐の体積（volume of a pyramid）135, 140
角の 3 等分（angle trisection）59–65
角の 5 等分（angle quintisection）78
重ね箱（Masu Box）124, 126, 129–131
壁紙群（wallpaper group）286–288
紙テープを折る（folding strips）19–30, 91–97
ガリビ（Ilan Garibi）247
カルダーヘッド（Kyle Calderhead）166
ガロア理論（Galois Theory）63
川崎定理（Kawasaki's Theorem）209–222, 225, 228, 255, 260, 262, 269, 308, 309, 311, 312
川崎敏和 214, 278
カワムラ（Kenneth Kawamura）124, 133, 148
カーン（Molly Kahn）135
幾何学的変換（geometric transformation）244, 247–250, 255–288
球面幾何（spherical geometry）289–314
球面三角法（spherical trigonometry）

308–314

──の余弦定理（spherical law of cosines）308, 309, 311, 312

球面多角形（spherical polygon）299, 300, 309, 310

鏡映変換（reflection）42, 63, 255–269, 272–288

行列（matrix）255–269

行列式（determinant）268

極限（limit）42

曲率（curvature）289–314

クー（Jason Ku）43

クラインの壺（Klein bottle）192

クラスノー（Lee Krasnow）166

グラフ理論（graph theory）168–192, 201–208

群（group）233, 270–288

計算折り紙（computational origami）208, 228

結晶群（crystallographic group）286

ゲレトシュレーガー（Robert Geretschläger）109

原始根（primitive root）29

剛体折り（rigid fold）289–314

合同算術（modular arithmetic）28, 30, 93, 96–97

高分子膜（polymer membrane）243

コクセター（H. S. M. Coxeter）168, 180, 181

弧度法（radian angle measure）42–44

さ

彩色（coloring）168–192, 201–208

サイモン（Lewis Simon）133

作図（geometric construction）31–37, 45–90

算額（sangaku）97, 107

三角比（trigonometry）11–18, 38–44, 79, 121–123, 140

三次方程式（cubic equation）66–90

シェプカー（Hans Schepker）166

ジオデシックドーム（geodesic dome）176, 179–181

自己交差（self-intersecting）217, 218, 226, 228

自己相似（self-similar）244–254

──による波（Self-Similar Wave）244–254

指数関数的減衰（exponential decay）19, 24

四面体（tetrahedron）131, 142–144, 147, 149, 151, 153, 155–167

ジャーディ（Eric Gjerde）235, 279

ジュスタン（Jacques Justin）62, 214

準同型写像（homomorphism）270–288

定規とコンパスによる作図（straightedge and compass construction）45, 53, 59, 62–64, 77

ジョンソンの立体（Johnson solid）147, 150, 153, 154

ジングラス（Emily Gingras）8

スター・リング・ユニット（Modular Star Ring）115–123

スンダラ＝ラオ（T. Sundara Row）49

正三角形を折る（folding equilateral triangles）1–10

正十二面体（dodecahedron）155, 160, 162, 168, 170–172, 174–177, 179

正多角形を折る（folding regular polygons）1–10

正二十面体（icosahedron）147, 149, 151, 153, 180, 181, 186

正八面体（octahedron）124, 130–132, 136, 145–147, 149, 151, 153

正方形ねじり折り（square twist）229–235 , 271, 278, 308, 310, 313

正六角形（regular hexagon）10

接線（tangent line）45, 47, 49–52, 57, 66, 67, 71, 74, 75

漸化式（recurrence equation）195, 197–199, 200

線形独立（linearly independent）260, 268

線形変換（linear transformation）260,

268
双曲線（hyperbola）45, 56
双曲放物面（hyperbolic paraboloid）289, 294–295, 303–305
双三角錐（triangular dipyramid）137, 147, 150, 152
薗部ユニット（Sonobe Unit）131

た

大円（great circle）306
対称性の群（symmetry group）233, 270–288
対数螺線（logarithmic spiral）252
楕円（ellipse）45, 56–57
多項式方程式を解く（solving polynomials）79–90
多面体（polyhedron）124–181
―――の裁ち合わせ（polyhedral dissection）134, 140–145
タントン（James Tanton）21, 27
チャン（Eric Chang）242
蝶爆弾（Butterfly bomb）124–133
直交行列（orthogonal matrix）268
ディ=フランチェスコ（Philippe Di Francesco）243
テセレーション（tessellation）131, 235, 270, 271, 276, 278, 279, 286
展開図（crease pattern）138, 145, 201–208, 210, 215, 222–231, 234, 238, 241, 242, 244, 247, 252, 254, 261, 266, 270–288
伝承作品（traditional origami）41, 118
等長変換（isometry）260, 268, 269
動的幾何学ソフトウェア（dynamic geometry software）45, 47, 54, 66, 68, 86, 89, 209, 211, 214
ドメイン（Erik Demaine）228
トーラス（torus）182–192

な

2 彩色可能（two-colorable）205–208
二次方程式（quadratic equation）45–58,
75
二次方程式の解の公式（quadratic formula）51
2 進小数（binary decimal）19, 21, 25–26
二面角（dihedral angle）166, 264, 306, 308–314
ニール（Robert Neale）133, 136, 145
ノートン（Michael Naughton）133

は

媒介変数表示（parametrization）9, 47, 50–52
倍角の公式（double-angle formula）11, 12, 14–15
ハウスドルフ次元（Hausdorff dimension）253
芳賀和夫 98, 103
芳賀定理（Haga's Theorem）65, 100, 107–110
八面体スケルトン（Octahedron Skeleton）132, 134–146
羽ばたく鳥（flapping bird）201–208, 238, 274, 278, 283–286
ハフマン（David Huffman）305
ハミルトン閉路（Hamilton circuit）168, 171, 174–176
バルカウスカス（Don Barkauskas）166
バルコム（Devin Balkcom）311
パルマー（Chris Palmer）247, 279
バレット（Paulo Baretto）247
半径（radius）43, 120–123
バーンサイドの定理（Burnside's Theorem）229, 233
ピタゴラスの定理（Pythagorean Theorem）65, 108, 109, 139, 140
表裏同等折り（iso-area）232
平織り → テセレーション
ビーンストラ（Tamara Veenstra）22, 28
ファーナム（Ann Farnham）123
深川英俊 97
負曲率（negative curvature）174, 182, 297

複素数（complex number）244, 250–252
覆面正八面体（capped octahedron）124–133
藤本修三 30, 252
藤本の漸近等分法（Fujimoto approximation）19–30
物理（physics）242
フラクタル（fractal）193–200, 244–254
———次元（fractal dimension）253
———の木（fractal tree）253
フラーレン（Buckyball）168–181
平坦折り（flat folding）201–243, 255–261
平面角（plane angle）311
平面的グラフ（planar graph）168–181, 207
ベルカストロ（sarah-marie belcastro）185, 187, 189, 190
ベローク（Margherita Beloch）81, 84
法 n に関する整数の剰余類（integers mod n）28, 30, 91, 93, 96–97
傍系（coset）96
法線ベクトル（normal vector）290, 291, 298, 300–302
放物線（parabola）45–58, 67, 71, 72, 74, 76
包絡線（envelope）52
母関数（generating function）199
星形多面体（stellation）131
ポトッカ（Katarzyna Potocka）9

ま

前川淳 214, 247, 252
前川定理（Maekawa's Theorem）209–222, 225, 226, 228, 232, 239–241
マルケビッチ（Cary Malkiewich）87
ミウラ折り（Miura map fold）288, 289, 293, 302–303, 314
三浦公亮 293, 302, 305
ミラー（Andy Miller）104
無限折り（infinite progression fold）247, 252

結び目（knot）91–97
名刺（business card）147–154, 193–200
メッサー（Peter Messer）64
メンガーのスポンジ（Menger's Sponge）154, 193–200
モズリー（Jeannine Mosely）148, 197
モリーの六面体（Molly's Hexahedron）132, 134–146

や

山谷割り当て（mountain-valley assignment）218, 222, 228, 232–234, 238–243, 314
ユー（Haobin Yu）36
ユニット折り紙（modular origami）115–200
四色定理（Four Color Theorem）176

ら

ラグランジュの定理（Lagrange's Theorem）97
螺旋（helix）38–44
螺線（spiral）251
ラマチャンドラン（Gowri Ramachandran）179
ラング（Robert Lang）78, 310, 311, 314
離散力学系（discrete dynamics）19, 21, 27–28
立方体倍積問題（doubling the cube）59, 63–65
立方八面体（cuboctahedron）131, 142, 144
立方半八面体（cubohemioctahedron）131
リル（Eduard Lill）84
リルの解法（Lill's Method）79–90
六角形ねじり折り（hexagon twist）234
六面体（hexahedron）134–146
ロピタルの定理（L'Hospital's Rule）42

著●トーマス・ハル
Thomas Hull
8歳から折り紙を始める．
大学在学中から折り紙の数学の研究を始め，1994年に最初の論文を発表．
1997年，ロードアイランド大学にてPh.D.（数学）取得．
メリマック大学，シンシナティ大学を経て，
現在ウェスタンニューイングランド大学准教授．
折り紙，数学，教育について世界各地で講演している．
また，物理学者，工学者，芸術家とのコラボレーションで折り紙を応用している．

訳●羽鳥公士郎
はとり・こうしろう
翻訳家，折り紙アーティスト．
大学在学中に本格的に折り紙を始める．
1999年に東京大学で修士号（科学史・科学哲学）を取得したのち，
2002年にジョージワシントン大学でM.A.（美術館学）を取得．
現在，日本折紙学会評議員．
英訳書に，前川淳著『Genuine Origami』および『Genuine Japanese Origami』
（原著『本格折り紙』『本格折り紙 $\sqrt{2}$』，日貿出版社）がある．

ドクター・ハルの折り紙数学教室

2015年 9月20日　第1版第1刷発行

著者―――――トーマス・ハル
訳者―――――羽鳥公士郎
発行者――――串崎 浩
発行所――――株式会社　日本評論社
　　　　　　　〒170-8474　東京都豊島区南大塚3-12-4
　　　　　　　電話　（03）3987-8621［販売］
　　　　　　　　　　（03）3987-8599［編集］
印刷―――――藤原印刷
製本―――――難波製本
写真―――――奥山和久
装丁―――――STUDIO POT（山田信也）

Ⓒ HATORI Koshiro 2015
Printed in Japan
ISBN978-4-535-78713-1

|JCOPY| 〈（社）出版者著作権管理機構　委託出版物〉
本書の無断複写は著作権法上での例外を除き禁じられています．複写される場合は，そのつど事前に，（社）出版者著作権
管理機構（電話 03-3513-6969，FAX 03-3513-6979, e-mail: info@jcopy.or.jp）の許諾を得てください．
また，本書を代行業者等の第三者に依頼してスキャニング等の行為によりデジタル化することは，個人の家庭内の利用で
あっても，一切認められておりません．